おっぱいの愛し方

辰見拓郎 × 三井京子 ◎ 著
張紹仁 ◎譯

極致愛撫①
——胸部特集

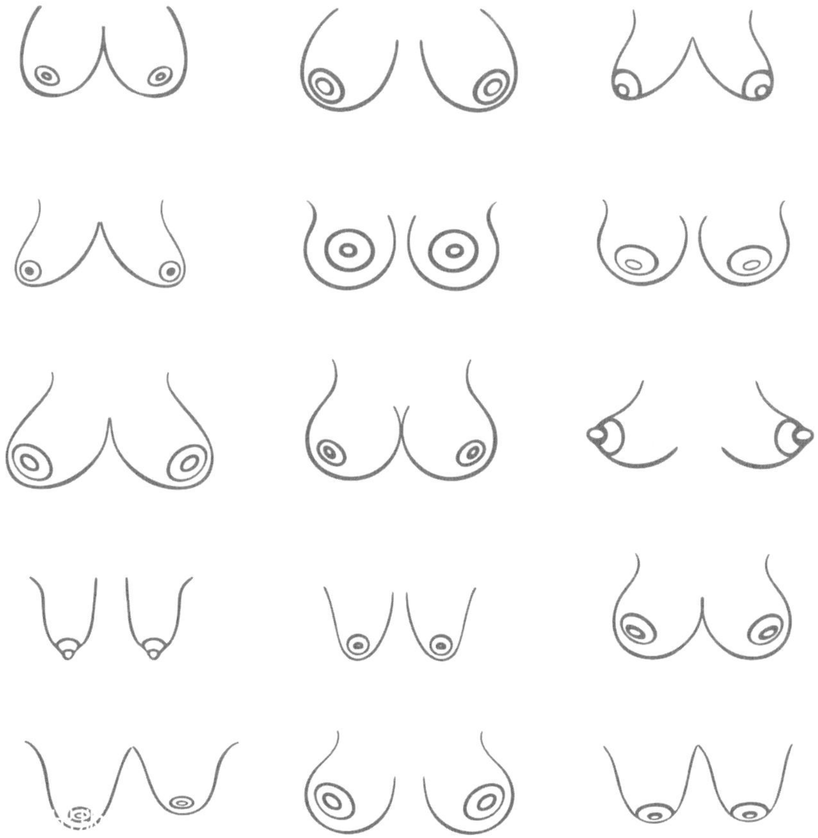

前言

●男人終其一生，在精神上都無法斷乳，一輩子都愛著胸部（辰見拓郎）

嬰兒長大之後會斷乳，但是男人終其一生，在精神上都無法斷乳，男人就是這麼喜歡胸部。就算沒有ＳＥＸ，只要摸著胸部，就可以紓解心情，胸部就是這種放鬆精神的部位。男人只要把臉埋進雙乳之間，就會感到「男人的幸福」是無與倫比的幸福時光。「胸部」這個名字聽起來不正是會讓人心情愉快嗎？精神不振的時候、垂頭喪氣的時候，只要向胸部撒嬌，心情就會變得坦率，精神和勇氣也自然而然地湧現出來了。胸部、胸部、胸部……我最喜歡了！

●如果陰蒂的快感是百分之百，那麼乳頭的快感就是百分之八十

人類的遠祖進行生殖行爲時只會用後背式，所以胸部並沒有性魅力，也沒有膨脹起來。相對於此，雌獸則是由紅通通的屁股來展現「ＳＥＸ」挑逗雄獸。後來轉變成面對面的體位，開始會進行帶有愛意的生殖行爲。這麼一來，展現「ＳＥＸ」的部位就從臀部變成胸部，胸部脹大，開始迸發出性魅力了。這過程中的影響仍然殘留在現代，現今的男性還是很喜歡女性的臀部，一直追在女性的屁股後面跑。

乳頭也變成了充分發達的性感帶。據說，如果陰蒂的快感是百分之百，那麼乳頭的快感就是百分之八十。乳頭也被稱做「上半身的陰蒂」，靠著愛撫胸部的方法，也有些女性僅靠著愛撫乳頭就能達到高潮，這是很令人羨慕的快感。

●男人都很喜歡胸部吧（三井京子）

我是本書的共同作者：三井京子。對女性來說，胸部是展現「SEX」的象徵。富有彈力的堅挺胸部足以讓女性自傲，感受到男性的視線時，也會感到幸福。男人都很喜歡胸部吧！但是，就如同男性會在意陰莖的尺寸一樣，女性也可能會對胸部的大小或形狀感到自卑。不過，雖然有些胸部對男性來說揉起來沒感覺，而每個人乳頭的敏感度也有差異，但是平均還是能獲得陰蒂百分之八十左右的快感。辰見老師寫說「這是很令人羨慕的快感」，不過乳房有兩個，乳頭也有兩個，同時愛撫兩顆乳頭的話，就會變成百分之一百六十的快感了。對女性來說，乳頭是想得到充分愛撫的地方。

●當乳頭被愛撫時，女性會忍耐不住，那裡也會變得溼潤

本書《極致愛撫①——胸部特集》內容是描寫胸部的感覺，並且由享譽已久的性學作家辰見老師詳細解說介紹愛撫胸部的方法，可以說是愛撫胸部的說明書，沒有一本書寫得比這更詳細了。請各位讀者在學習愛撫胸部的方法之後，充分愛撫女朋友的胸部吧！乳頭被高明的技巧愛撫的話，女性會心癢難耐，那裡也會變得溼潤。

如果是對乳頭非常敏感的女性，也有可能只透過愛撫乳頭而達到高潮。即使沒有達到高潮，靠著你的陰莖，也能讓即將高潮的女性性器瞬間升天。請充分愛撫胸部吧！接下來請看本文。

極致愛撫①——胸部特集◆目錄

第2章 愛撫胸部的方法：用手指揉搓愛撫

第3章 愛撫胸部的方法：吸吮舔舐乳頭

第4章 用龜頭摩擦乳頭及胸部

第5章 同時愛撫三顆陰蒂

第1章　滿滿都是胸部

讓人想撒嬌的胸部

我在前言也有提到，就算過了離乳期，男人終其一生，在精神上都無法斷乳。在解說愛撫胸部的方法之前，第一章先來細說胸部。

男人很喜歡胸部，這點無須贅言。像是觸摸胸部，或是把臉埋到胸部裡，這些動作都能讓男性感到愉快，還體會到精神上的舒適，以及幸福的興奮狀態。然而，女性則是將胸部視為向男性展現性魅力的部位。

胸部有獨自的個性，看著各式各樣的胸部，心情自然會感到幸福。接下來我想一邊介紹胸部的照片，一邊解說胸部的知識。如果能知道女性的真心話，愛撫胸部的技巧也能加以提升。各位讀者應該也有自己所喜歡的胸部類型吧，不過，我（作者）就以個人的獨斷與偏見，來介紹幾種會讓人想撒嬌的胸部。

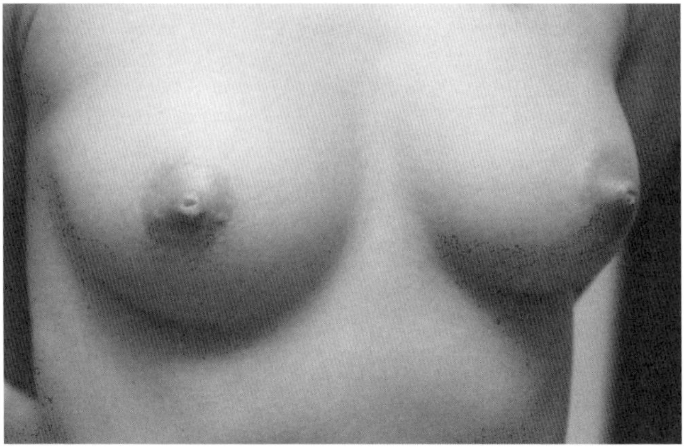

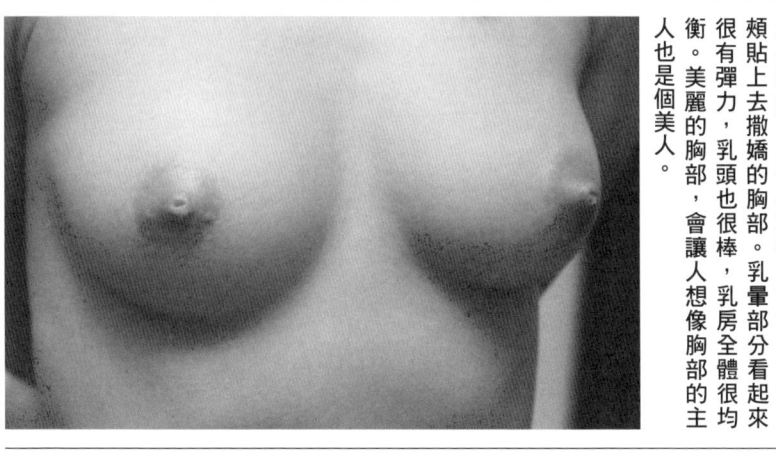

大小剛好可以一手掌握，會讓人想把臉頰貼上去撒嬌的胸部。乳暈部分看起來很有彈力，乳頭也很棒，乳房全體很均衡。美麗的胸部，會讓人想像胸部的主人也是個美人。

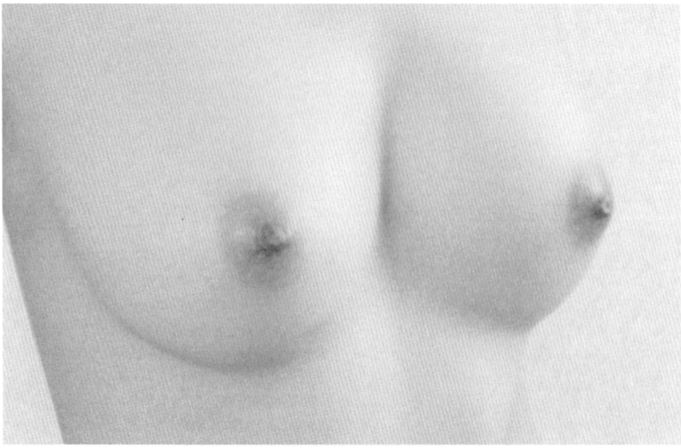

會讓人想都不想一頭埋進去的胸部。很遺憾沒辦法讓大家看到彩色圖片。雪白的肌膚加上粉紅乳頭，乳頭的粉色中還帶著微紅，就像成熟飽滿的果實一樣。正是讓人想要撒嬌的胸部。

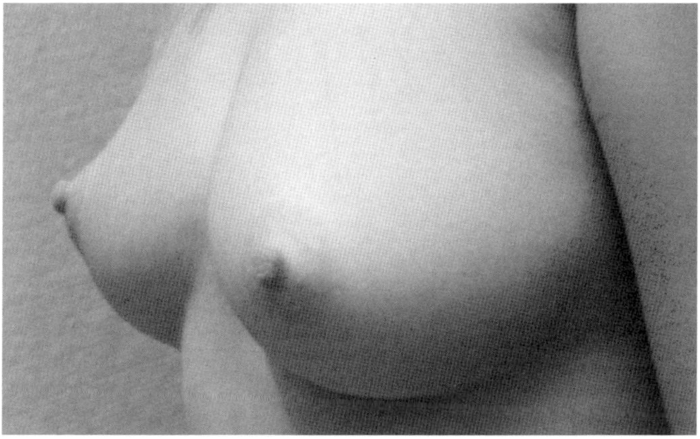

乳頭尖而上揚，會讓人想用兩手把胸部往中間擠，再把臉埋進去。年輕女性的胸部無視重力影響，就好像甜美的果實一樣，現在正是美味的季節。

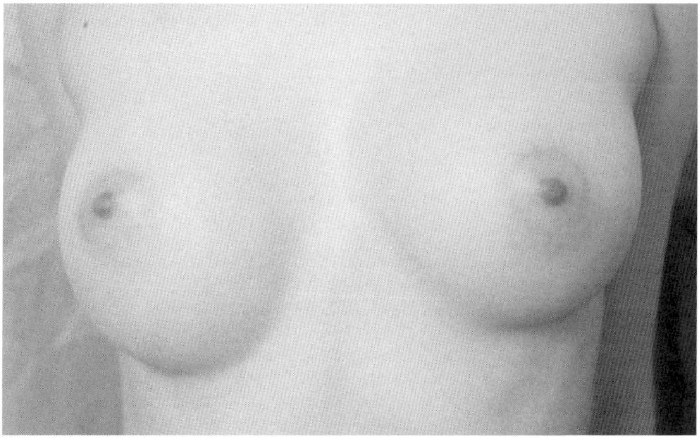

看似馬上就要噴發出乳汁一般，這種發揮著母性本能的胸部會讓人想要撒嬌。白皮膚，乳暈和乳頭是淡粉紅色。這種胸部正是能治癒人心的胸部。

●胸部的真心話

胸部舒服的眞心話，由本人三井京子（本書共同作者）來負責解說。對女性來講，胸部就是性命。男性很喜歡胸部，把胸部當作治癒人心的部位。不過只要乳頭受到愛撫，這種舒服的感覺也能讓女性感受幸福的快感，使心靈得到治癒。

辰見老師在前言中寫到，如果陰蒂的快感是百分之百，那麼乳頭的快感就是百分之八十。如果同時愛撫兩邊的乳頭，快感相乘之下，會比陰蒂還要舒服。

陰蒂的快感是集中在一點，但是胸部的快感是緩緩的擴散，會讓全身都變成性感帶一樣的敏感。要讓女性高潮的話，重點就在於愛撫上半身的陰蒂。

讓人想要疼愛的可愛胸部

胸部也有各式各樣的表情，有讓人想撒嬌的胸部，也有讓人想疼愛的可愛胸部。如果胸部的大小剛好可以一手掌握，就會想要邊揉邊疼愛它。

胸部膨脹起來的部分，除了乳頭和乳暈以外都不具有快感，不過被揉的時候會因為觸感產生興奮，如果更加揉搓的話，會讓全身的血液流動變好，乳頭也因此會變得敏感。前言中也有寫到，乳頭被稱做上半身的陰蒂，如果陰蒂有百分之百的快感，那麼乳頭就有百分之八十的快感。

雖然每個人的狀況不盡相同，不過女性可以說是有三顆陰蒂。從男性的角度來看的話，就是有三顆龜頭的意思。這是一種令人羨慕的快感。要讓女性高潮，最重要的愛撫重點就是乳頭，關鍵就在於愛撫胸部的方法。

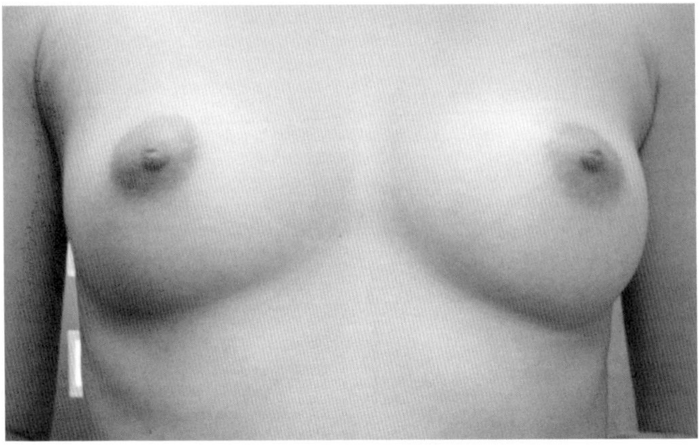

剛好可以一手掌握，讓人想疼愛的可愛胸部。這對胸部並沒有強烈展現性魅力，卻反而讓人感到可愛，想啾啾地吸吮乳頭。

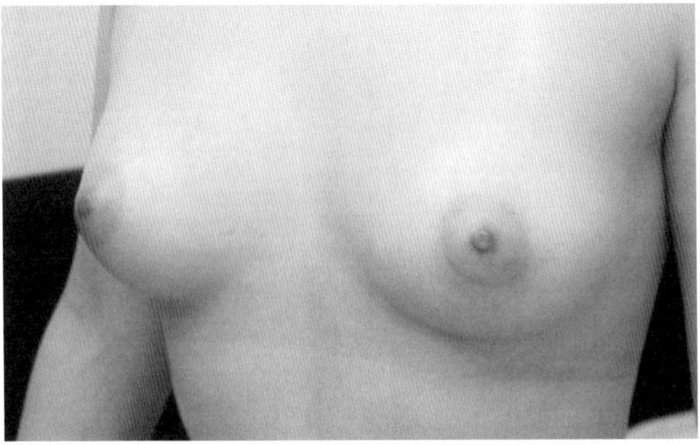

每個人對於胸部形狀及大小的喜好不同，不過這位女性的胸部卻特別讓人覺得可愛。如果她沒有孩子的話，這就是專屬於你的東西了。就是這種胸部。

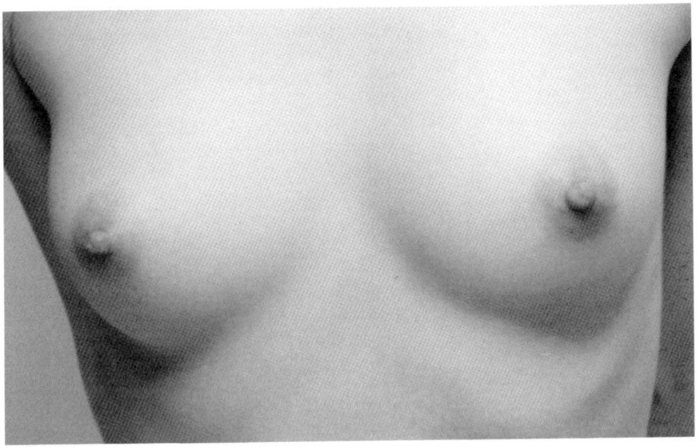

這對胸部在穿著上衣時不顯眼，但不管是大小或是形狀，都非常可愛，是讓人想要疼愛的胸部。這位女性的臉孔也完全符合胸部的特性。

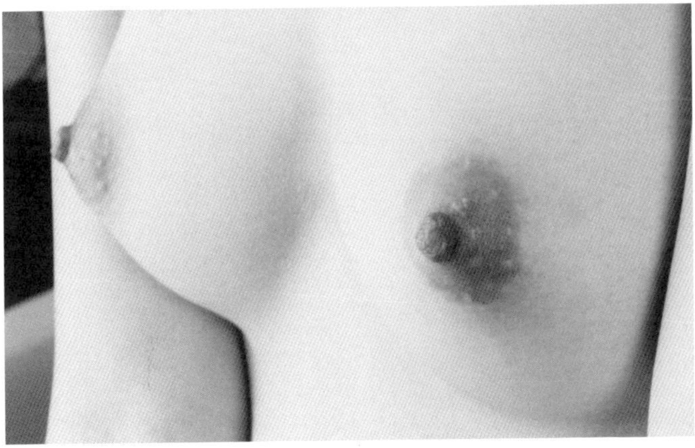

胸部雖然隆起的不明顯，但乳頭已經完全勃起，感受度似乎很不錯。胸部的主人是娃娃臉，她的乳暈膨脹，據說被吸吮乳頭時喜歡被連著乳暈一起吸吮。

●找女友時較少選擇巨乳

講到這個，雖然跟情色無關，不過從人類學的觀點來看，據說胸部是爲了要吸引男性、留下子孫而存在的SEX象徵。確實會有女性因爲自己的胸部好看而自傲，並且有刻意強調胸部的傾向。這點不管是對男性或女性都會表現出來，而無意識中過於強調自我存在了。

反過來說，女性中也有人對於胸部感到自卑，因此胸部也是足以影響人生的重要部位。就算胸部小，乳頭的敏感度仍然是陰蒂的百分之八十，請愛撫胸部吧！不知道爲什麼，男性找女友時較少選擇巨乳的女性，似乎是認爲巨乳比較適合玩玩就好。

有大乳頭的胸部

乳頭大並不代表一定比較敏感。但是大乳頭比較方便愛撫，感覺會比小乳頭舒服。在吸吮乳頭的時候，吸的面積會比較大，因而也會比小乳頭舒服。此外，能舔到的面積也比小乳頭來的大，所以也比較舒服。

當乳頭變大，勃起到最大限度的時候，用手指愛撫或是用臉頰摩擦的觸感會讓男性很舒服。雖然胸部不是性器官，但是也能讓人感受到幸福的快感與刺激。對女性來說，胸部被愛撫時，除了感覺舒服以外，據說也會刺激母性本能，可得到幸福的快感。滿滿都是胸部，對男性而言，可以說「胸部的數量就代表幸福的數量」也不過分。

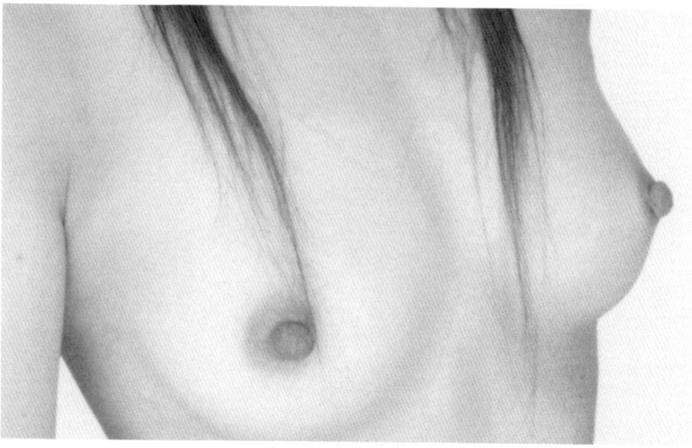

乳頭變大，完全勃起。面積變大的話也便於愛撫，含在嘴裡就能感受到幸福的刺激。把大乳頭含在嘴裡吸吮或輕咬的感受不錯。

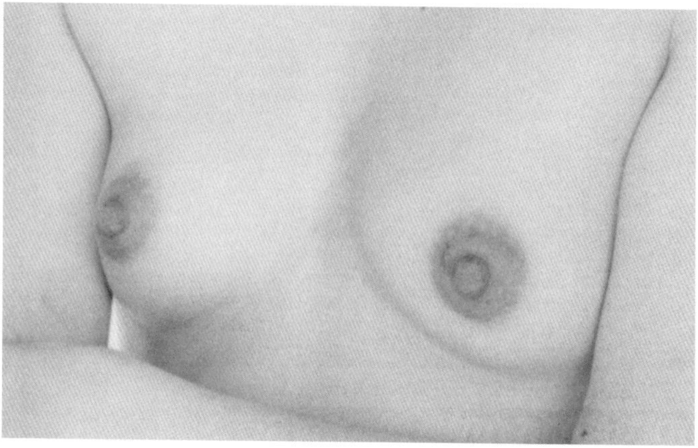

胸部本身雖然是脂肪的團塊，不過乳頭和旁邊的乳暈有著密集的神經末梢，有著十分敏感的觸覺。吸舔大乳頭的時候男性會興奮，被吸吮的女性也會興奮。

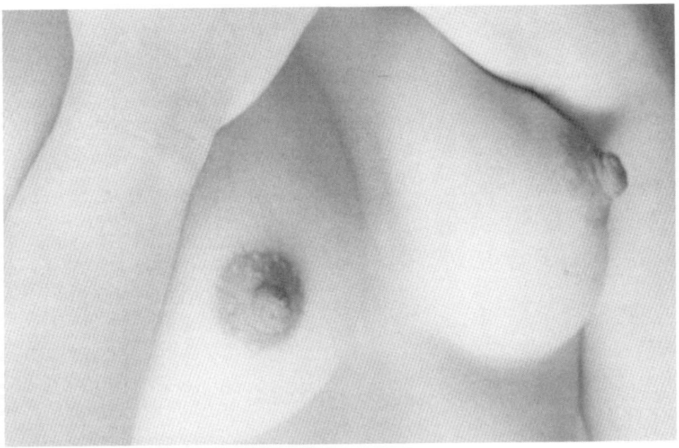

乳頭勃起到會有點痛的狀態。擁有這種非常敏感的乳頭，會成為讓人能愉快愛撫的胸部。首先，揉搓的觸感會很舒服，用手指揉捏大乳頭再吸舔的觸感也很棒。

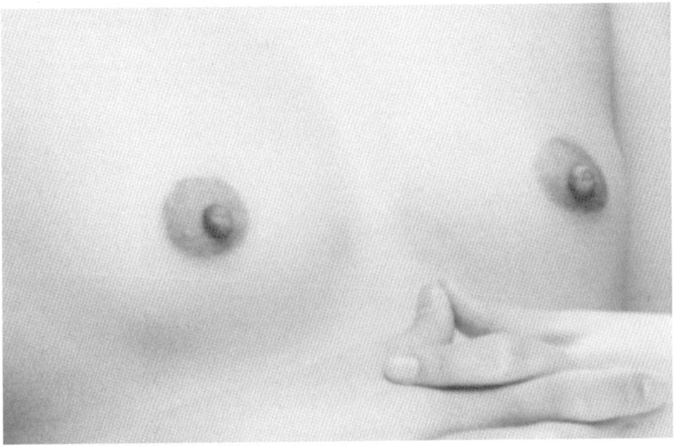

若是胸部較小，乳頭反而會更顯眼。雪白的胸部，加上粉色中帶有微紅的乳暈和乳頭，比起暗沉的乳頭，看起來更加美味。這或許是男人的偏見，也是男人的本能。

●乳頭也有精神上的快感

比起小乳頭，大乳頭受到刺激的面積較大，感覺可能也比較舒服。不過只要把乳頭含進嘴裡吸吮，不管是怎麼樣的乳頭都會覺得舒服。

雖然我沒有小孩，不太了解這種情形，不過聽說在替嬰兒餵乳的時候，乳頭被吸吮的感覺很舒服。這種舒服的感覺和被男性吸吮的時候不同。因爲看著吸吮自己乳頭，喝奶喝得很高興的嬰兒，就會覺得他很像天使一樣，極爲惹人憐愛，這種情形可以說是非常幸福的。

不過，被男性吸吮而感到舒服時，也會覺得吸吮自己的男朋友變得很可愛，這也是事實。陰蒂被舔舐可以得到直接快感，但乳頭還會得到精神上的快感。

揉起來有感覺的胸部

會讓人不禁想要伸手去揉的胸部，正是胸部中的胸部。男人只要看著胸部就能得到幸福。如果揉起來很有感覺，又能邊揉邊吸乳頭的話，可以說是最幸福的時刻了。

女性性器是性的象徵，但胸部卻是女性美妙身體的象徵。沒有一種東西像胸部這麼吸引男人，只要摸到豐腴的胸部就會感到安心，愈揉愈能得到治癒。

人類祖先的胸部並未膨脹。雌獸要展現性魅力是靠著紅通通的屁股。等到進化成二腳步行之後，就開始會用面對面的姿勢，胸部也開始膨脹，成為性的象徵。此後，胸部就化為DNA的一部分，深植於男性的腦中，直至今日。男人終其一生都無法離開胸部。

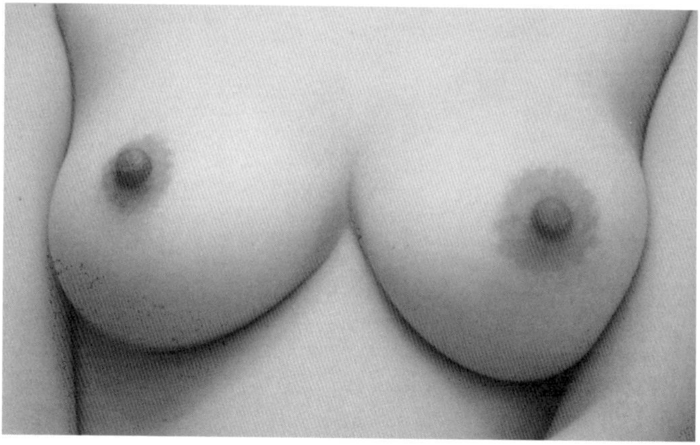

會讓人不自覺想用雙手捧起來的胸部。乳頭也完全勃起了，如果能邊揉邊吸乳頭的話，就是能感覺到「男人的幸福」的胸部了。很想揉到滿足為止。

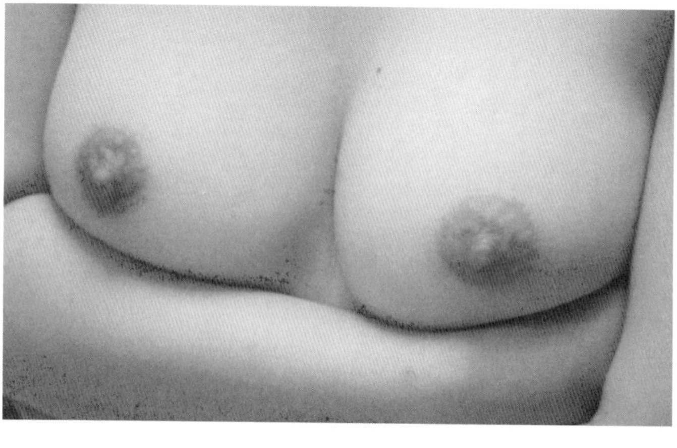

會讓人想一邊揉，一邊把臉埋進去的胸部。邊揉邊發出聲音吸著乳頭，感覺好像會被對方摸摸頭。是會讓人不禁懷念鄉愁的胸部。

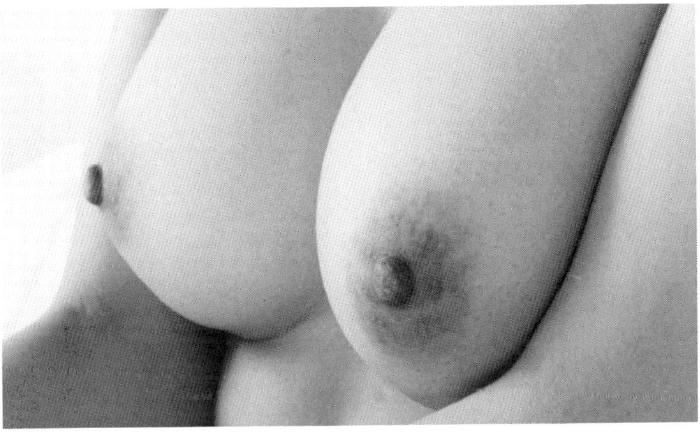

很想先充分享受被緊抱在胸前的快感，再揉胸部揉個夠，最後再吸乳頭吸到滿足為止。是能發揮母性本能的胸部。

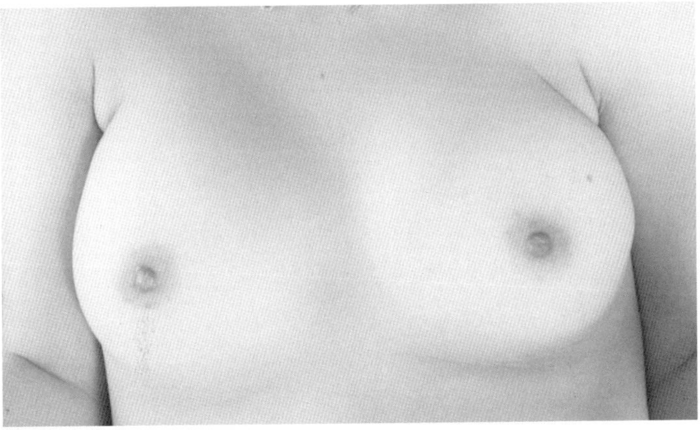

就算躺著，也很飽滿的胸部。很想用雙手用力揉看看。想要一邊用力揉，一邊舔著乳頭，品嘗到滿足為止。

●女性會變得無從抵抗

面對碰到胸部就會開始撒嬌的男性，會使女性的母性本能受到刺激。看到對方把臉埋在自己胸口，就會不自覺地抱緊他，這也是能感受到女性的幸福的美妙時刻。在性愛的過程中，胸部也占有重要的地位呢！

辰見老師有解說了愛撫胸部的方法，不過只要來個美妙的吻，並同時隔著衣服撫摸胸部的話，這種美好的過程會讓女性無從抵抗。首先先接吻，再開始深吻，同時撫摸胸部，女性的乳頭會勃起，用手搓揉的話感覺很舒服，請揉到滿意爲止吧！女性也很期待這種撫摸，只要男朋友高興，女性也會感受到相應的喜悅。

男性的憧憬：想隨心所欲玩弄的巨乳

自己的女友就算胸部不大也沒關係，不過男人還是會嚮往巨乳。雖然失禮，不過這些是會讓人想隨心所欲玩弄的巨乳。如果穿著T恤出門的話，常常會受到男性的視姦吧！我身為性學作家，常有機會接觸到巨乳。不過很多都是被搭訕，玩玩之後就結束了。

然而在性愛中，巨乳是很令人享受的，有著各種玩法。最近，巨乳的乳交已經變成理所當然的事情了。不過本書是《極致愛撫①——胸部特集》，愈是巨乳，就要好好揉她的胸部和肩膀，這樣對方才會高興。因為巨乳的重量不輕，很多女性都受肩膀痠痛所苦。

順道一提，記載在金氏世界紀錄的世界第一巨乳，一邊的重量就有五點九公斤重。拿著兩個五公斤重的啞鈴，會感到很沉重吧！真是難以想像的巨乳。

因為是巨乳，胸部受重力影響而往左右兩邊偏。用雙手托起來揉，會感到有重量，很想撫摸。不知何故，巨乳的主人也同意了。

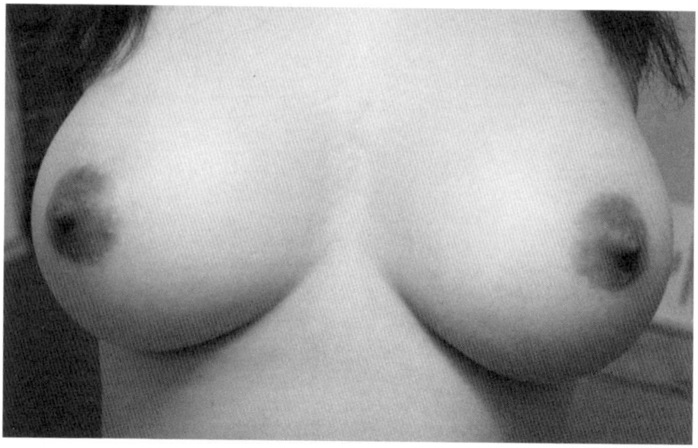

本來應該無法以胸部大小來分類個性的。但是，不知道為什麼，巨乳的女性個性都很穩重大方，就算隨意玩弄胸部，她們也會有高興的反應。

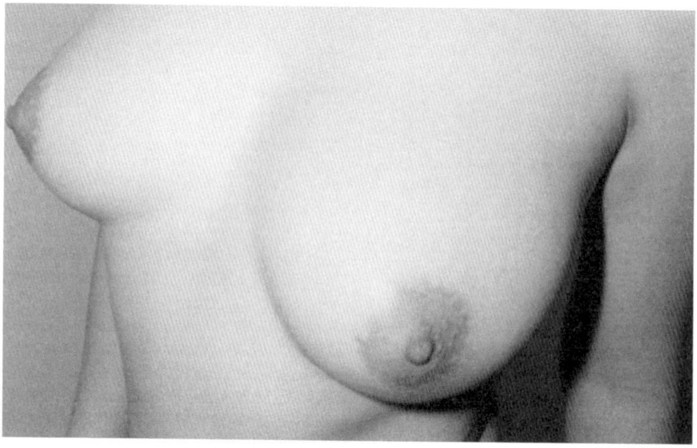

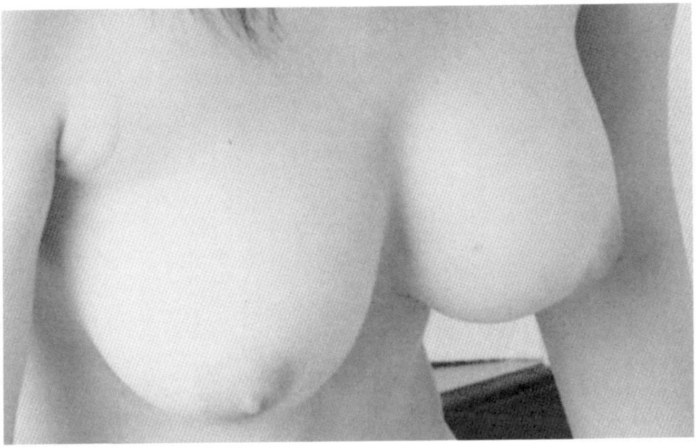

豐滿成熟的巨乳。看起來確實很重，會肩膀痠痛的樣子。我先繞到背後幫她按摩肩膀，開始愛撫胸部後，她就什麼都讓我做了。巨乳的乳交真是天下第一。

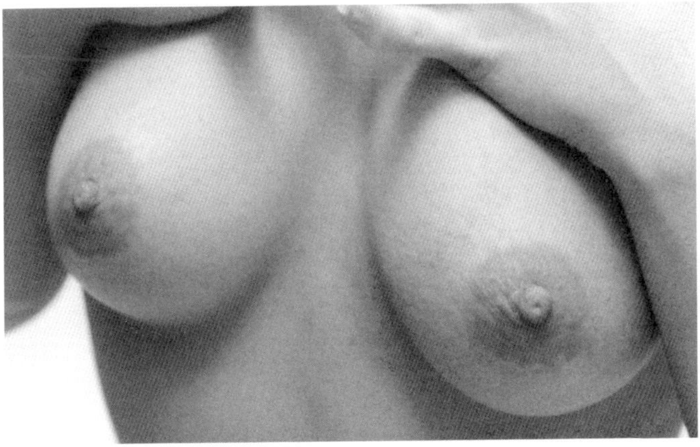

巨乳充滿脂肪膨脹著，一揉之下很多都是柔軟的胸部。只要稱讚她，就同意我做各種事，性格很大方開朗。ＳＥＸ的過程也很愉快，有著各種享受的方法。

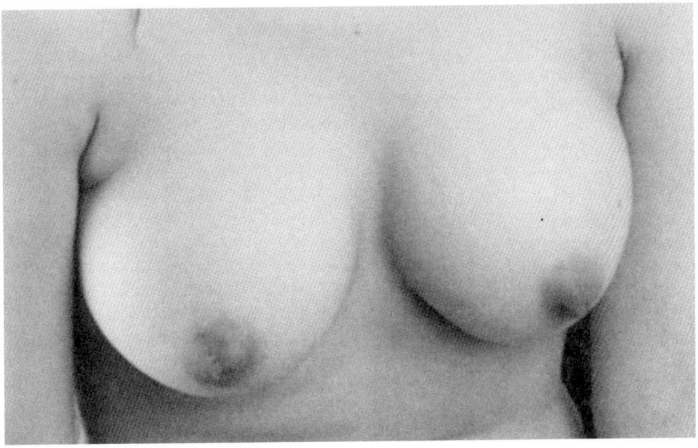

常常聽到人說巨乳喜歡ＳＥＸ，不過這種說法不太對，原因在於巨乳較容易吸引男性。儘管如此，有巨乳的女人只要男人覺得高興，自己也會覺得興奮。

巨乳的母性本能很強，會主動讓男性吸吮自己的胸部。這是因為男性看到巨乳會興奮，母性本能受到強烈刺激就會想讓人吸吮胸部。

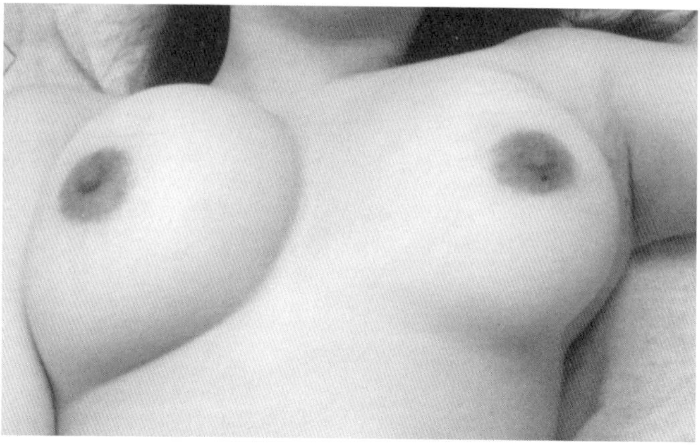

躺下去的巨乳也很重嗎？之前有提過單邊重五點九公斤的世界第一巨乳，這位巨乳大概單邊重兩公斤左右，感覺很重。這種大小剛好。

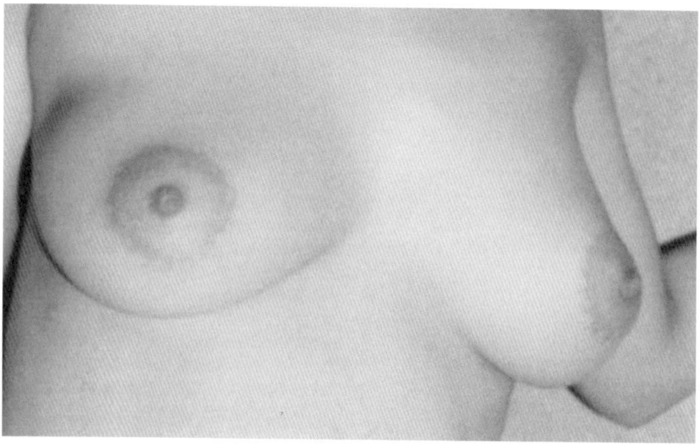

這位是特種行業的女性。特種行業中也有巨乳專門店，最大的賣點當然就是乳交。也有用乳頭摩擦龜頭性交的方式，被胸部包覆著射精，可以充分享受到巨乳。

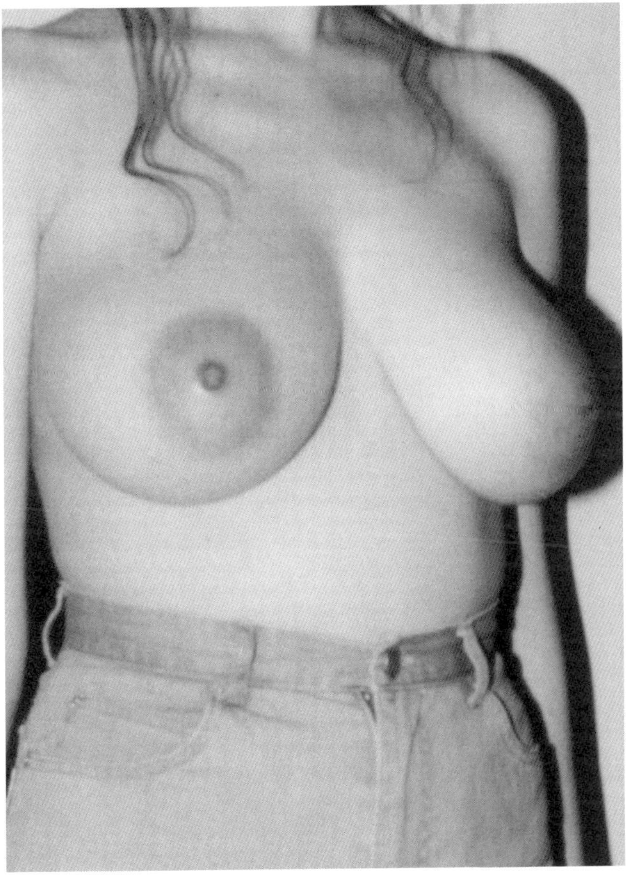

這是我介紹的女性當中胸部最大的一位。她常常受到男性好奇的眼光注目，不過本人倒很看得開，覺得因為自己是巨乳，所以也是沒辦法的事。她本人的性格非常大方穩重。

不知道是不是因為胸部太大，男人會猶疑是否要跟她交往，目前還是單身，不過卻很享受性愛。當然，她的男性對象也很享受她的巨乳。不管是觀賞或是SEX都很愉快。

●巨乳的個性多是大方穩重

沒錯。不知爲什麼，巨乳女性的個性多半大方穩重，能讓男性感到愉快。我認識的人之中也有巨乳，個性大方，不會拒絕男性的邀約，這絕對不是因爲她笨的關係。此外她的敏感度也很好，特別是乳頭最敏感。

男性享受巨乳，她也享受得很愉悅。確實，比起小胸部，大胸部的享受方法比較有變化，而且一旦抱緊男人，用豐滿的胸部埋住他的臉，就會覺得他非常可愛。不過愛撫胸部的方法是共通的，請一視同仁地愛撫胸部吧！你是問我的胸部嗎？我的胸部算是豐滿的。

即使是超平胸，乳頭的敏感度也很好

有巨乳，自然也有平胸。到了超平胸的程度，胸部本身的存在感很低，揉起來也沒感覺。不過她們也不是自己喜歡才變成平胸的，只是胸部不容易累積脂肪而已。乳頭的敏感度跟巨乳差不多。

身高較矮又是平胸的話，整體看起來比較苗條，像是小孩子一樣。不過這類型也能表現出這類型的可愛。就像三井所寫的一樣，希望各位能一視同仁地愛撫胸部。就算平胸揉起來沒感覺，充分揉搓胸部還是很重要。

一邊揉一邊用掌心摩擦乳頭，對方會感覺很舒服。乳頭被愛撫的時候，快感會緩緩的傳遞到全身，溼潤的陰道也會溢出愛液，敏感度會變好。首先先充分愛撫上半身的兩顆陰蒂，這麼一來，下半身的陰蒂就會期待被愛撫，變得愈來愈心癢難耐。

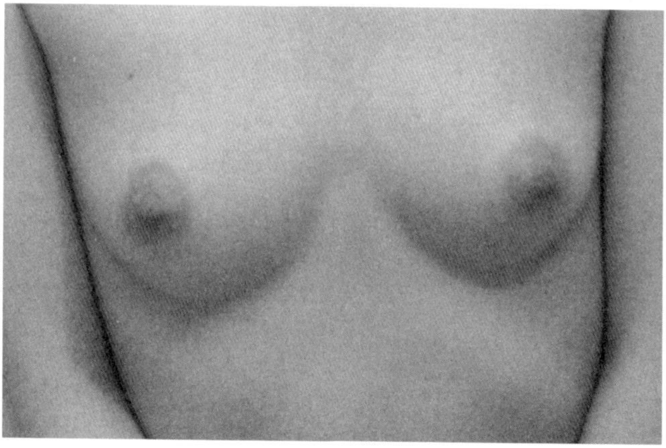

所謂的超平胸。她的臀部和身體也很瘦小，身形纖細，像是小孩子一樣。不過陰道毫無疑問已經是成年女性了。就算是超平胸，也要珍重地愛撫，這才是男人的溫柔。要仔細愛撫。

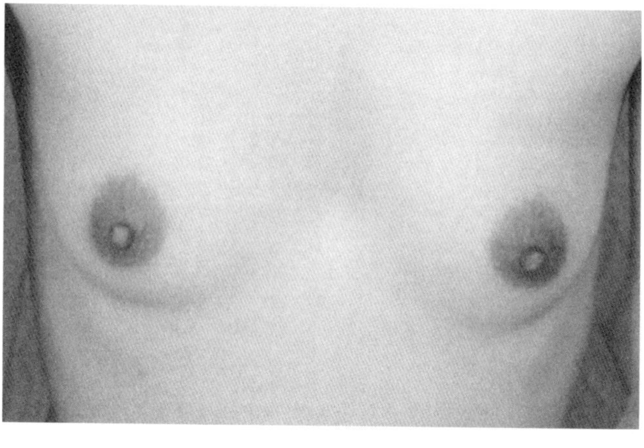

她是身材高挑的平胸。雖然身材苗條，但是胸部不容易累積脂肪，連胸部也很苗條。雖然跟巨乳相比之下，揉起來幾乎沒感覺，不過只要想成是可愛的胸部就好了。

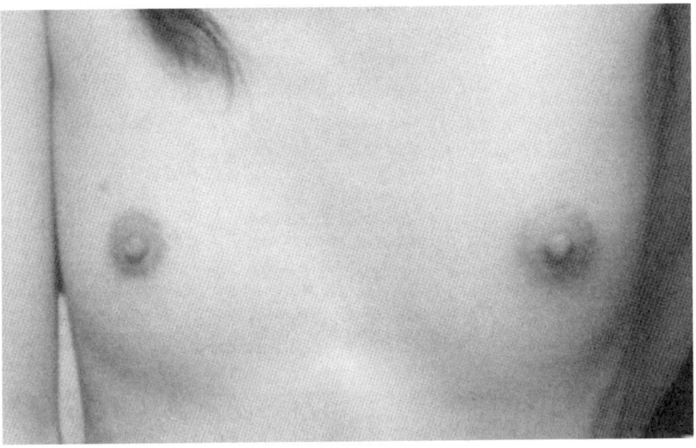

就算是平胸，從後面揉還是比從正面揉更有感覺。邊接吻邊揉著胸部、愛撫乳頭，如此雙方都能得到滿足。平胸要從後面揉。

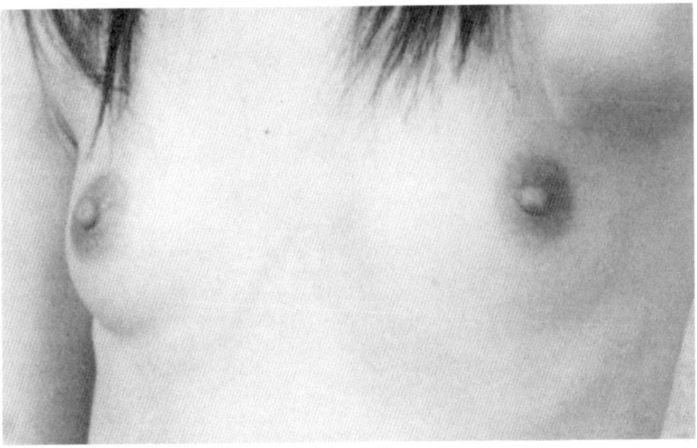

這是本書介紹的胸部之中，最平胸的一位，不過本人個性非常明快開朗。由於乳頭的敏感度非常好，好到只透過愛撫乳頭就達到高潮了。

●即使是平胸，也能提升揉搓的手感

平胸是種很失禮的說法。她們是因為體質的關係，所以沒有辦法改變。不過最近去做胸部整形的女性也增加了。罩杯升級之後，自卑感似乎也會消失。平胸就是這麼失禮的字眼，胸部小的人會因此而感到痛心的。

辰見老師寫到平胸要從後面揉才有感覺，這是真的。而且，就算胸部比較小，一邊接吻，一邊愛撫的話，比較容易受氣氛影響的女性也會很有感覺。如果男性躺著，女性在上方的話，就算胸部比較小，也會因為重力影響而下垂，揉搓的手感會更好。比這個更嚴重的是不會勃起的陷沒乳頭。

向胸部撒嬌的愛撫方法

向胸部撒嬌的話，母性本能會受到刺激，性愛的過程會更加順暢。當然，這是在充分接吻之後的情形，但即使一邊接吻，一邊觸摸胸部，女性也不會拒絕。

我慢慢的脫掉她的衣服，她也沒有反抗。我再把臉埋到她的胸部，用臉頰摩擦，藉由此步驟讓過程更順暢。另外，向女性的胸部撒嬌的話，她也會變得更加可愛，會不禁想抱緊你。

藉由愛撫胸部的過程，即可進行到最後階段。先充分愛撫女體的三顆陰蒂之後，兩人做愛時，就能把「最棒的高潮」送給她當禮物。SEX的高潮，可以說是取決於胸部的愛撫方法也不為過。當然，巨乳或平胸都符合這段敘述。三顆陰蒂的敏感度相差並不大。

先來個美妙的吻，再同時進行深吻和愛撫胸部。在接吻的同時慢慢脫掉她的衣服，然後向胸部撒嬌。只要對女性的胸部撒嬌，就能刺激她的母性本能，而她會變得可愛，在不知不覺中緊緊抱著你。依照這個過程，就能進行到最後階段。一邊揉，一邊向胸部撒嬌的話，效果會非常好。「向胸部撒嬌」也是愛撫胸部的方法中重要的一環。

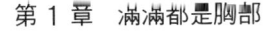

向胸部撒嬌之後，要向乳頭撒嬌。揉搓雙峰，同時吸著乳頭（要像嬰兒一樣發出聲音來吸），如此就能更加刺激母性本能，乳頭的快感會遍布全身，陰蒂也會完全勃起。跟女朋友第一次做愛的時候，愛撫胸部非常重要。只要進行到向胸部撒嬌的階段，母性本能受到刺激後就無法拒絕了。

●延長愛撫胸部的時間

本書是我與辰見老師共著的《極致愛撫①——胸部特集》，同時也是疼愛女性的方法。如果SEX只是任由男性單方面的想法去做，那麼愛情會冷卻，兩人的關係也會變得惡劣。要經常使用向胸部撒嬌的愛撫方式，刺激母性本能，如此，你對她來說就是可愛的存在了。

比起愛撫女性性器的時間，對胸部愛撫撒嬌的時間應該要來的更長，女性應該支持這個看法吧！隨著本書內容的進展，男性應該會感到自己對愛撫胸部的方法仍有不足。如果突然就開始愛撫女性性器的話，對方會感到害羞，但是愛撫胸部就完全不會有抵抗感了，女性會期待男性能向自己撒嬌。

充分按摩胸部

雖然胸部的性感帶只有乳頭和乳暈，但被男朋友揉搓的觸感仍然會導致精神上的興奮與快感。透過充分按摩胸部，全身的血液流動也會變好，特別是上半身的陰蒂——兩顆乳頭，以及兩腿之間的陰蒂，都會變得更加敏感。

揉搓胸部，可使敏感度緩緩提升。只要花時間慢慢揉的話，全身會變得更敏感，愛液也會流溢而出。要充分的揉搓、舔舐、吸吮胸部，如此就可以將女性引導至高潮。

在揉搓胸部的同時愛撫乳頭，會有很好的效果。一邊品嘗著胸部，一邊會意識到對方的胸部正在被你愛撫，這樣一來，雙方都能充分感到興奮及幸福。胸部的存在感就是如此巨大，雖然實際上沒有味道，但卻有滿滿的幸福滋味喔！

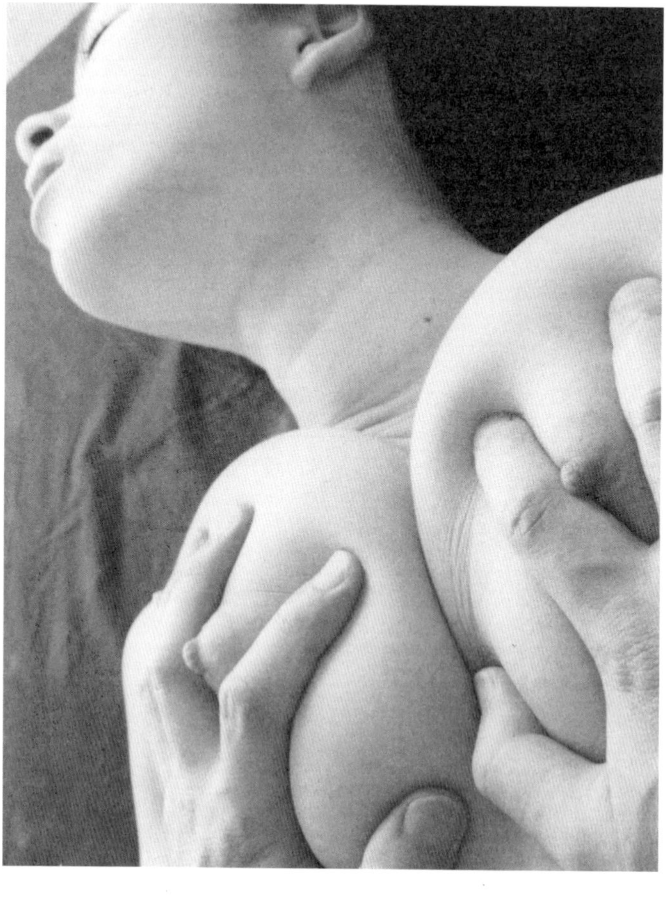

充分按摩胸部後，全身的血液循環會變好，整個身體都會變成性感帶，更加敏感。上半身的陰蒂（兩顆乳頭）及兩腿之間的陰蒂也會變得敏感，陰道逐漸充滿溼潤的愛液。彈力良好的胸部揉起來很有感覺，這種觸感會讓男性覺得幸福，陰莖也會完全勃起。這種感覺到幸福的興奮，正是愛撫胸部的醍醐味。

充分按摩胸部之後，就能一邊揉搓，一邊舔舐吸吮，充分享受胸部。若同時愛撫乳頭的話，能更加提升女性的敏感度，不過在此則是先交互吸吮兩顆乳頭。同時愛撫兩顆乳頭的技巧在第二章的四十六頁起有解說。比起愛撫一顆，同時愛撫上半身的兩顆陰蒂的效果，會更加良好。

●感受女人的幸福，全身發熱

當男友愛撫我的胸部的時候，我會感受到女人的幸福，全身開始發熱。光是被揉這件事就會產生興奮和快感。想到對方揉我的胸部時產生興奮，我就會變得愈來愈淫。

就像辰見老師所寫的一樣，如果同時愛撫兩顆乳頭，感覺會非常的棒。同時愛撫的話，兩顆陰蒂的快感產生相乘效果，會感到極爲舒服。手掌的愛撫要維持同樣的動作，一邊的乳頭用嘴巴，另一邊的則用手指，如此一來女性會非常的興奮，剩下那顆陰蒂也會覺得心癢難耐。一開始先親吻，之後再深吻並同時撫摸胸部，這正是美妙的SEX過程。

SEX的象徵：胸部

三井（本書共著者）寫到「胸部是女人的性命」，表現出高度性魅力的胸部不僅會讓擁有者幸福，同時也會讓周圍的人感到幸福，是不可思議的存在。

男性的SEX象徵是陰莖，但女性的不是陰道，是胸部。雖然這種說法會有點失禮，但女性性器絕非是美麗的存在。但是一旦做愛之後，就能給雙方帶來最棒的快感。

胸部就很美。左右兩頁中，兩位女性的胸部強烈展現出性魅力。男性讀者如果看到這兩位的照片，感受到幸福的話，就是跟我一樣非常喜歡胸部。這兩位的胸部都很豐滿，也充滿了能誘惑男性的自信，飄盪著性魅力。這是女性的最盛期，男人會被胸部迷住。女性的身體真的很美。

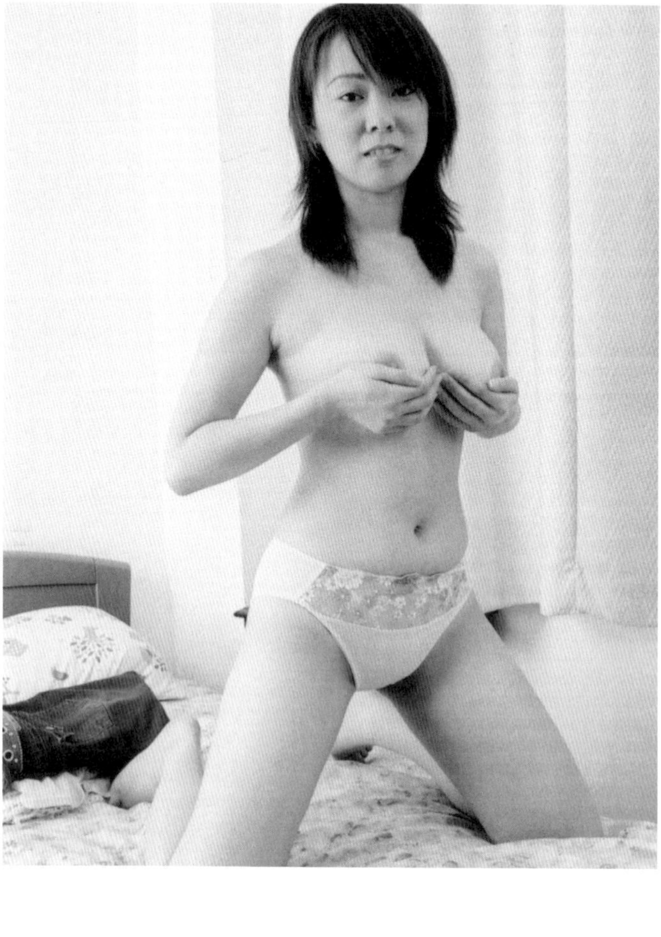

如前所述，人類的遠祖只用後背式進行生殖行為，所以是用紅通通的屁股吸引雄獸。之後才轉變成面對面的體位，胸部發達，成為性象徵，膨脹成美麗的形狀。臀部也保留著祖先的痕跡，仍然保持會讓男性興奮的美妙形狀。女性的身體就宛如是以全身來誘惑男性的美麗存在，太美妙了。

豐滿成熟的胸部。當然，這是她身體美麗的一部分。但如果沒有小孩的話，這個部分就是專為男性存在的了，我就算這麼說也不為過吧！在眼前出現這身肉體，必然會覺得興奮，而且還會想要揉搓胸部並向胸部撒嬌。內褲常被稱為女性性器的包裝紙，這塊小布料也會讓人興奮。三井京子也常會故意強調胸部。

●足以左右人生的重大存在

女性之所以會強調胸部，是因爲對胸部有自信的關係。如果被男人稱讚說「妳的胸部很棒呢」、「胸部的形狀很棒呢」、「眞美的胸部啊」之類的，我就會感到高興而溼透了。

女性的胸部是希望被男性呵護的存在，讓人有自信的胸部更是足以左右女性人生的重要部位。女性想要讓自己變得更美，是爲了自己，此外當然也是因爲強烈意識到異性的緣故；但同時也會很介意同性。

如果男朋友想要自己的身體而感到亢奮，女性自己也會高興而亢奮。當對方陰莖勃起的時候，我會因爲他對我亢奮而感到高興；如果對方能讓我舒服的話我會更興奮。

我在上面有說明過，胸部其實只是脂肪的團塊。大胸部的脂肪較多，被稱為平胸的胸部脂肪則較少。瘦的人變胖的時候，胸部也會跟著變大，這是因為脂肪會蓄積在全身的關係。有些人身材雖然較瘦，但卻有豐滿的胸部。然而，胸部的大小、形狀、顏色，這些特性會根據體質而有所不同。

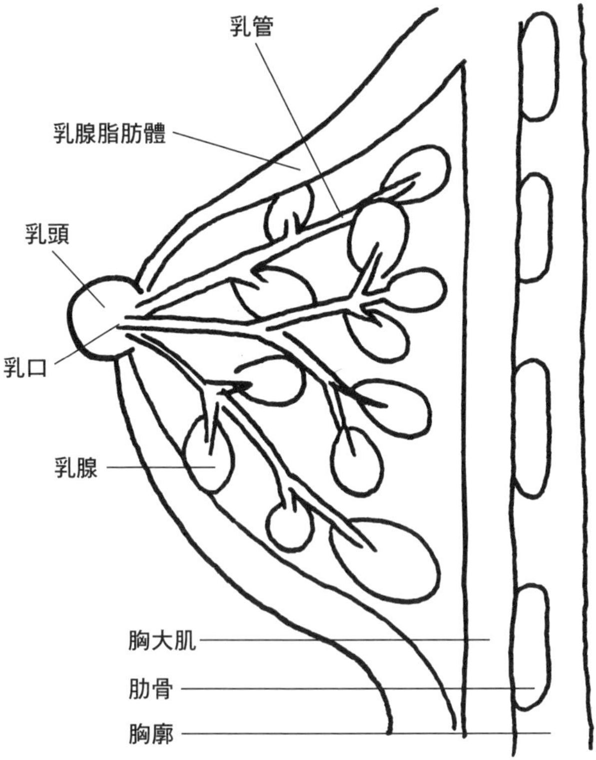

※本圖是將胸部的構造簡略化後繪製而成

胸部的構造與機制

胸部的容積有百分之九十是脂肪，百分之十是由乳腺構成，而支撐這些的是「胸大肌」。一個乳房中擁有十五至二十五個乳腺，這些乳腺以放射狀排列在乳頭的四周圍，每個乳腺的葉狀物都有乳管連接到乳頭。

乳頭、乳暈擁有密集的神經末梢，能感受到觸覺，所以對刺激很敏感。對乳頭的刺激會立即傳遞到腦部，腦部會下令「不隨意肌」收縮，使乳頭勃起。勃起的乳頭會對刺激更敏感，會使陰蒂勃起，愛液也開始大量溢出。這就是身體已經逐步開始進行做愛的準備了。

此外，愛撫乳頭時要對兩邊乳頭公平的愛撫，這樣效果會更好。並列於上半身的兩顆陰蒂，會因相乘效果而使快感倍增。仔細愛撫乳頭是性高潮的必修課程。

如前所述，胸部除了乳暈、乳頭以外是沒有快感帶的。但是男性在揉胸部的時候，女性的胸部本身即會獲得觸感刺激，產生精神上的快感使乳頭勃起。

如果在揉胸部的同時用手掌碰觸乳頭，即可讓乳頭完全勃起。而乳頭的快感是一種慢慢提升的快感，不久之後快感會急遽上揚，提升到陰蒂的百分之八十。

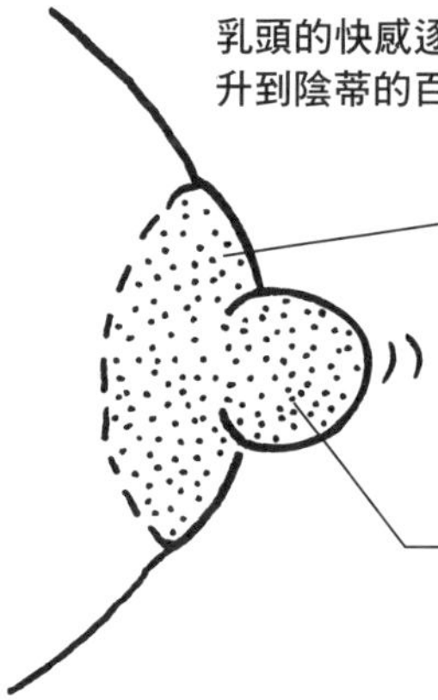

●快感從百分之六十上升到百分之八十

陰蒂受到刺激的話，一下子就能感到快感。但是乳頭受愛撫時，一開始只會感到有點癢癢的舒服感，隨著揉搓胸部的過程才會逐漸變得興奮，這時乳頭的敏感度會提升，直接受到刺激的話就會完全勃起。此刻乳頭的快感大約只有陰蒂的百分之六十，再加以刺激則會上升到百分之八十。

辰見老師寫到，胸部的容積有百分之九十是由脂肪構成，另外百分之十則是乳腺。假設百分之九十的脂肪比率能構成形狀良好的胸部，那麼超過百分之一百五十就會成爲巨乳，比例反而變差了。如果脂肪少於百分之五十則會被分類爲平胸。

胸部是女性展現性魅力的象徵。女性身體的構造就是希望對方能先愛撫她的胸部。如果她對於你一邊親吻，一邊揉胸部的動作沒有反抗，那這就代表說可以做到最後了。

深吻之後，維持著興奮狀態揉搓胸部，脫掉她的衣服再充分愛撫胸部，之後就輪到愛撫陰蒂，充分淫潤的陰道代表已經完成做愛的準備了。

三顆陰蒂擁有的快感

女性的上半身有兩顆陰蒂（兩顆乳頭），兩腿之間則有陰蒂。男性的快感極度集中於陰莖上，但女性則擁有四個強烈快感部位：雙峰的乳頭、陰蒂、陰道。說全身都是性感帶也不為過。

如果是熟悉的肉體，也可以馬上就替她口交。不過胸部是女性的象徵，女性身體的構造就是希望對方能先愛撫她的胸部。

對於剛認識不久的女朋友，如果她對於你一邊親吻，一邊揉胸部的動作沒有反抗，那麼只要充分愛撫乳頭再做的話，就能讓她舒服到最後。要是突然就把手伸進對方裙子裡，很有可能會被討厭。不過對揉胸部沒有反抗的話，就是代表ＯＫ的意思了，可以繼續愛撫胸部，提升情緒。

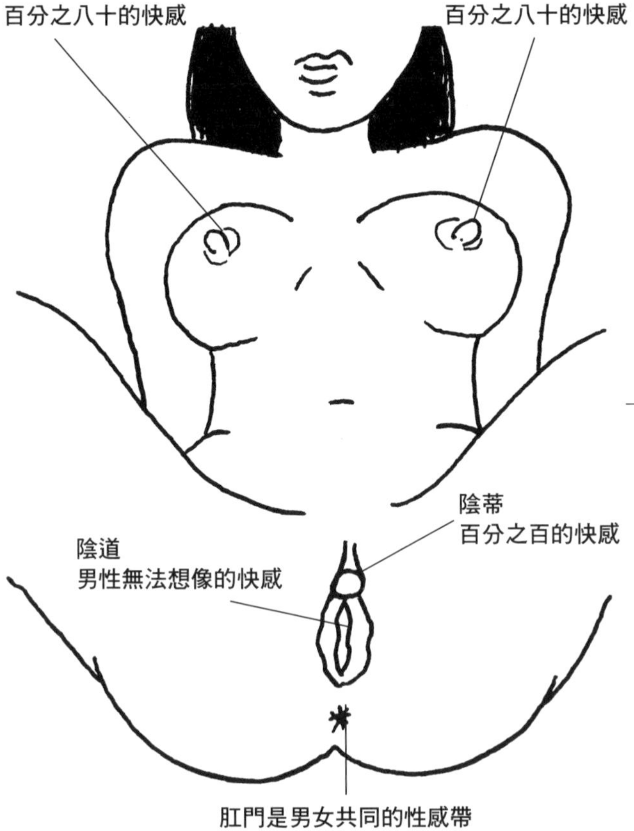

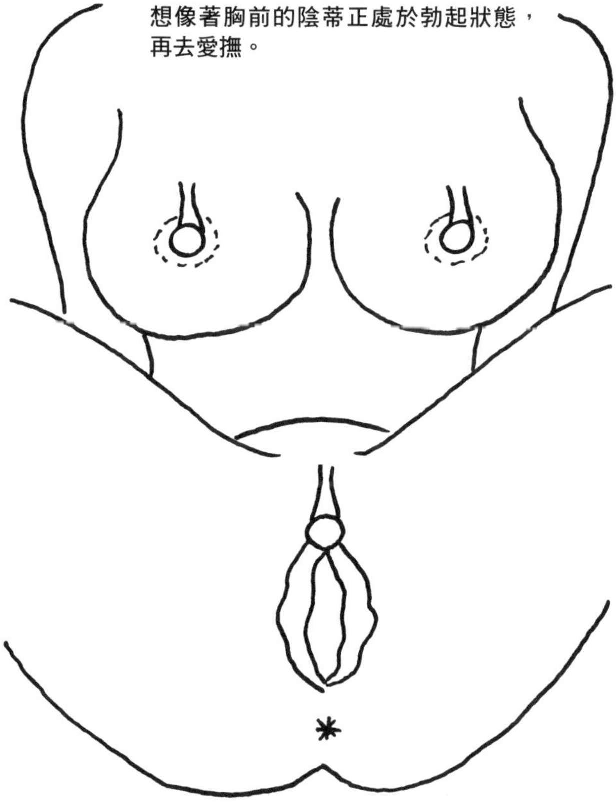

兩顆乳頭是上半身的陰蒂，
想像著胸前的陰蒂正處於勃起狀態，
再去愛撫。

如果把乳頭當作是上半身的陰蒂來愛撫，那麼愛撫的方法就會跟之前完全不同，女方的反應也會有劇烈變化。想像著女方胸前的陰蒂正處於勃起狀態，再去愛撫，她的敏感度也會提升，你在愛撫時也會更加興奮，變得更仔細愛撫。這樣一來，保證女友愉悅的姿態會讓你感動。

●女性也會想要性愛

我和辰見老師共同寫作《極致愛撫①——胸部特集》這本書的其中一個理由，就是因爲要指出「愛撫胸部」已經愈來愈敷衍隨便了。胸部的存在雖然是爲了要讓男性興奮，但是對女性來說，胸部也是讓性行爲能順暢進行的部位。希望各位男性讀者能充分了解這件事。

女性也會想要性愛。首先從令人陶醉的親吻開始，有時則變成激烈的親吻，一邊揉著胸部，這麼一來女性也會變得想要。請在揉胸部時把乳頭當成陰蒂來愛撫吧，如此陰道也會充分溼潤，對你勃起的陰莖想要得不得了。

同時愛撫三顆陰蒂。一邊把乳頭當作陰蒂愛撫，一邊進行口交，如此能帶給女性最大的快感。對於上半身的兩顆陰蒂，用手指做相同動作的愛撫，同時也開始舔舐吸吮雙腿之間的陰蒂。同時愛撫三顆陰蒂，這麼一來陰道就會非常想要陰莖，哀求你「趕快進來」！

●當作陰蒂愛撫

如果沒有充分愛撫胸部，女性理想中的性愛過程就會受到妨害。充分愛撫乳頭，可以使快感連結到陰蒂及陰道，而陰蒂受到愛撫，對方就會想要你硬梆梆的陰莖，想要得受不了。

此時陰道已感到焦躁難忍，與其做愛之後，由陰莖所進行的性交可讓女性獲得最棒的摩擦感，這種能讓女性有高潮預感的SEX，會讓女性變得大膽，進而成爲一場愉快的性交。

到目前爲止，本章「滿滿都是胸部」解說的是有關胸部的事情。從第二章開始則是實際指導「愛撫胸部的方法」。

第 2 章　愛撫胸部的方法：用手指揉搓愛撫

胸部遭受愛撫就沒輒

在介紹愛撫胸部的方法之前，我要用四個步驟來介紹、解說愛撫胸部這件事在性愛中是何等重要。本人身為性學作家，透過許多女性進行實際體驗取材，深刻了解到愛撫胸部的方法可以引導女性進入性愛。

此外，本書的另一位作者三井京子也是性學作家，她代表女性發表感想，意見也與我相同。對胸部撒嬌，或者是一邊親吻一邊愛撫胸部的話，那麼大部分的女性都會讓你做到最後。女性容易受氣氛影響，也對胸部愛撫沒輒；特別是胸部被撒嬌時，會激發出她們的母性本能，很容易同意男性做到最後。

這四個步驟是撒嬌、巧妙地脫衣、淫蕩的行為、從後面愛撫。我將以這四個主題配合不同的狀態來解說。

親吻，隔著衣服向胸部撒嬌。

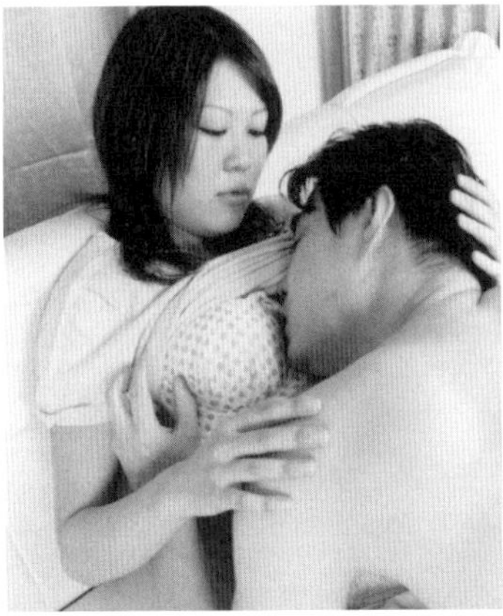

這時她已經會允許你做到最後了。

女性會受到母性本能刺激而抱緊你。

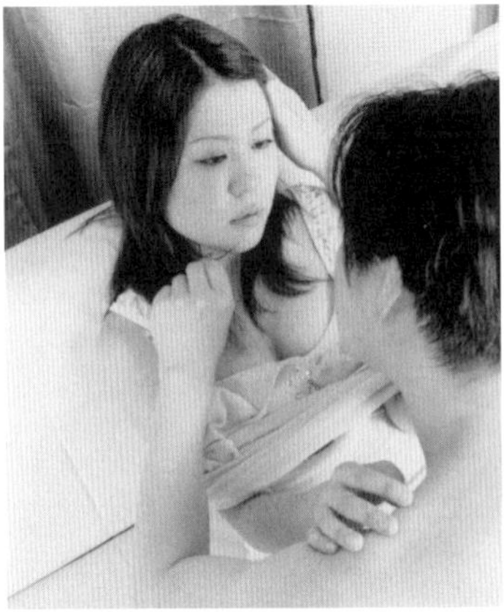

一邊溫柔地撒嬌，一邊脫去她的衣服。

透過肌膚向胸部撒嬌，一邊脫去胸罩。

充分愛撫胸部之後再進到下一個階段。

直接揉搓胸部並接吻。

吸舔一邊乳頭，另一邊用手指愛撫。

●女性對高潮的預感

這是考慮過女性心情後的美妙步驟。在這個時候，女性已經預感到會有高潮，因此會感到安心，能把身心全部託付給你。從你親吻她開始，到把臉埋進她胸部，她抱緊你的這個時候，她就已經允許你做到最後了。

乳頭是上半身的陰蒂，充分愛撫乳頭，可使兩腿之間的陰蒂完全勃起，陰道也會非常溼潤。如果上半身的陰蒂感到舒服，那兩腿之間的陰蒂也會愈來愈受不了，開始期待能被愛撫。只要陰蒂受不了，陰道也會變得受不了，非常想要你堅挺的陰莖。這種時候，只要用勃起的陰莖觸碰摩擦，陰道就會到達即將爆發的狀態。

巧妙的脫衣，是成年人的性愛步驟

首先從淺嘗即止的親吻開始，再進入到深吻。一邊輕輕吻她，一邊解開上衣的鈕釦。她目前已經沉醉在氣氛之中，會允許你做到最後了。這種巧妙的脫衣過程，對於初次交往的女朋友也非常有效，是成年人的性愛步驟。

脫掉上衣之後，解開胸罩，邊輕吻邊用手抱著她的肩，另一手則撫摸胸部。此後，若能再充分愛撫胸部，則到最後為止都能在良好的氣氛下維持美妙的過程。這是從一開始就能將女方導向高潮的性愛。

在這段步驟中，一邊親吻，一邊脫去自己的衣服，也能維持良好的氣氛。在愛撫乳頭之後，用「公主抱」將她抱到床上，她就會成為你的俘虜，不管你做什麼都ＯＫ！

※公主抱：一手環繞女性腰間，一手抱著大腿，將整個人捧起來的摟抱姿勢。

一邊親吻，一邊解開上衣的鈕釦。

深吻之後的輕吻，會更有氣氛。

她已經完全把身體交付到你手中。

一邊親吻，一邊脫去上衣。

如降雨般連續輕吻，同時脫去胸罩。

一邊親吻，同時漸漸加大揉搓的力道。

在親吻的同時，首先先輕輕撫摸胸部。

對方很有感覺，發出大聲的喘息。

●我已經快高潮了

這是會讓女性沉醉於氣氛中的步驟。女性對親吻及氣氛很沒輒，如果衣服再被巧妙的脫去，在那時候就能預感到高潮了。因爲會完美進行到最後一步，所以請充分愛撫胸部吧！

一邊讓親吻之雨降落到嘴唇上，一邊解開胸罩，這種事會讓我的陰道溼到不行，感到非常興奮。如果就在當場進行到最後一步也無所謂，但竟然會被「公主抱」抱到床上，這實在是太棒，我已經快高潮了！胸部是爲了讓性愛能更美妙進行的部位，我想各位已經充分理解了吧！成年人美妙的性愛，下一步就是「淫蕩的行爲」，這也具有各種變化，會讓我很興奮。

積極、淫蕩的行為

一邊透過衣服撫摸胸部，同時深吻或是纏繞彼此的舌頭，直到兩人都達到極度興奮的狀態後，就解開上衣的鈕釦並移開胸罩，同時揉搓胸部並愛撫乳頭，且繼續伸出舌頭交纏。

拉著女方的手，隔著褲子放到勃起的陰莖上，一邊愛撫她雙峰的乳頭，一邊將手伸進裙子裡，用手沾取陰道滿溢而出的愛液。將愛液塗在勃起的陰蒂上，用滑溜的手指愛撫，同時也要愛撫上半身的兩顆陰蒂。

一邊交纏舌頭，一邊讓對方脫到全裸，自己也全裸。讓女方握住自己的陰莖，並用手指愛撫她雙峰的乳頭，這種淫蕩的行為會讓彼此都很興奮。在她摩蹭陰莖時讓她為你口交，同時也愛撫她的乳頭，這種行為可以讓彼此都愉快。

一邊交纏舌頭，同時激烈揉搓胸部。

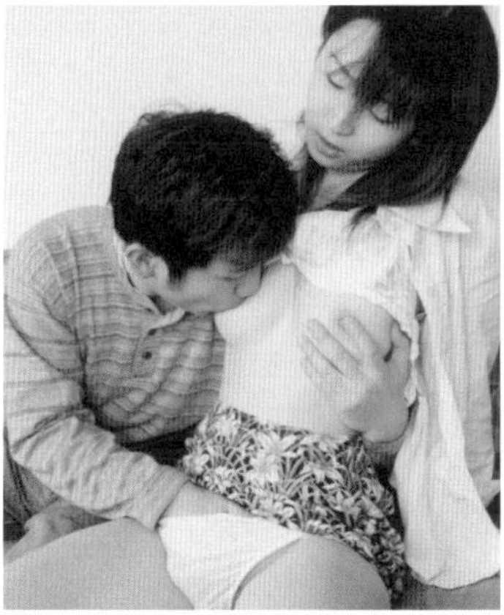

愛撫雙乳乳頭，同時用愛液沾溼手指。

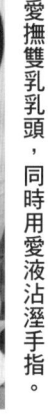

一邊交纏舌頭，同時透過肌膚揉搓胸部。

同時愛撫雙乳乳頭及陰蒂。

兩人都成為全裸，舌頭也激烈交纏。

女方摩蹭著你的陰莖，興奮地想要它。

引導女方的頭，將她帶至口交的過程。

●有時女方也會變得大膽

性愛就是由淫蕩轉爲興奮。如果乳頭受到充分的愛撫，那麼興奮與快感就會戰勝羞恥心，使羞恥心消失。這種步驟對於初次性愛的情侶也很有效。女性只要產生快感，達到激烈興奮的話，就會變得大膽，忘我地投入性行爲中。只是，如果沒有伴隨著興奮與快感，那麼就會變成過於羞恥的行爲，對於突然的口交要求也會感到困擾。

對男性來說，女性的身體有很多地方都能享受。但對女性而言，男性的身體能享受的，就只有勃起的陰莖而已。盯著它看、握著它而興奮，摩蹭它會感到更興奮。只要品嘗口交之後，愛液自然就會從陰道流出了。

從後面擁抱並愛撫

這種從後面擁抱的動作，會讓性行為更有氣氛。女方的背部和你的胸部緊密結合，讓她轉過頭來親你。一邊親吻，一邊把雙手滑進上衣裡，從胸罩上方撫摸胸部。在這個時候女方已經把自己完全交託給你了。

因為正保持親吻的動作，所以就算怎麼樣揉胸部，也不會有抵抗感。先解開背後的胸罩扣，再用雙手直接透過肌膚撫摸胸部，同時親吻女方的頸項，如此一來就能讓女方完全陶醉於浪漫氣氛之中。

一邊愛撫雙乳乳頭，同時繼續接吻，這麼一來上半身的陰蒂就會感到心癢難耐，兩腿之間的陰蒂也會開始期待愛撫，陰道也十分溼潤，正期待著做愛時被勃起陰莖摩擦的快感。

女方的背部和你的胸部貼緊並接吻。

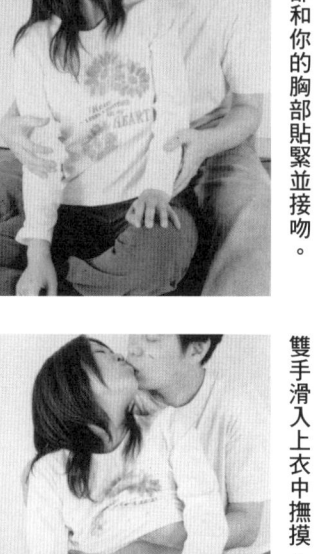

一邊接吻，一邊脫去胸罩。

雙手滑入上衣中撫摸。

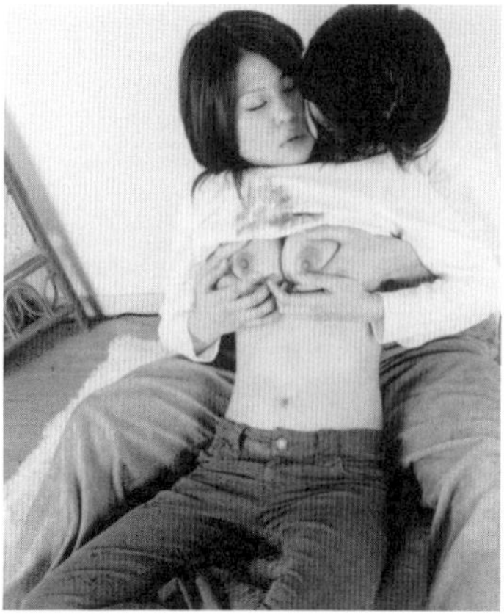

以兩手揉搓胸部，同時親吻脖子。

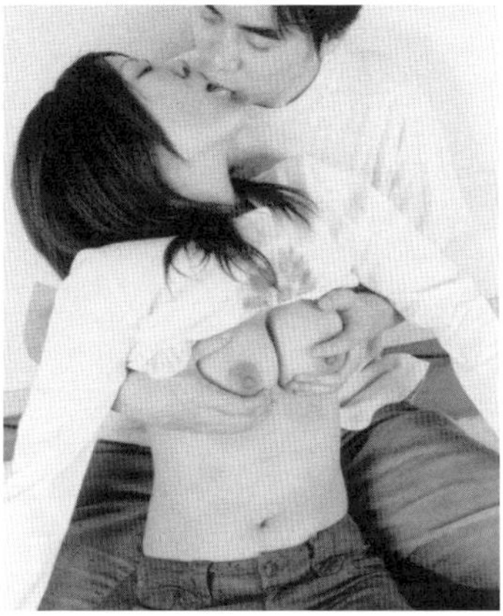
一邊親吻，一邊按摩胸部。

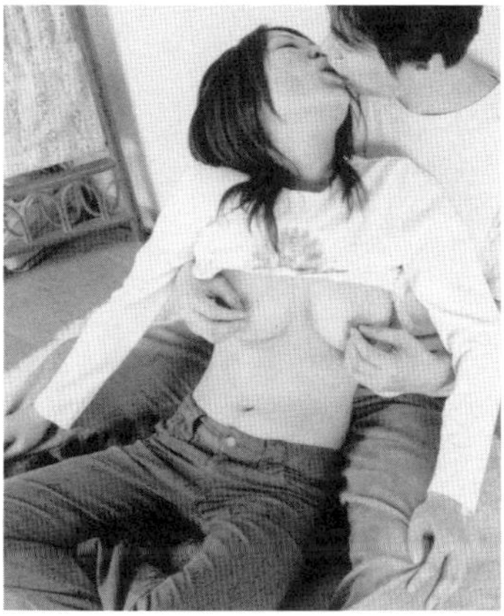
女方已經愈來愈忍受不住乳頭的快感。

保持接吻，同時愛撫雙乳乳頭。

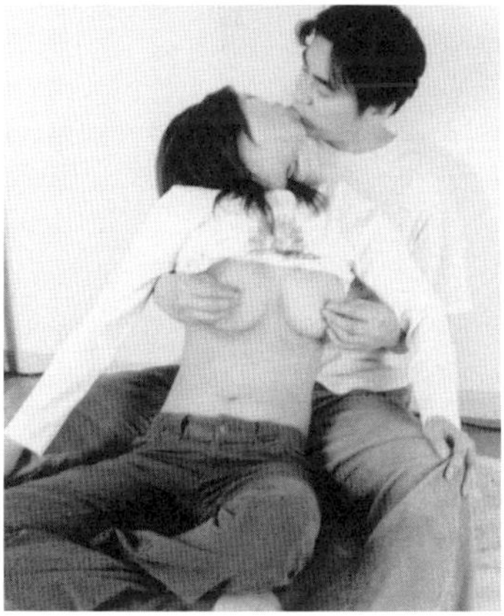
陰蒂與陰道也十分期待，開始溼了。

●男性的溫柔與氣氛

從後面被擁抱之後愛撫胸部的這種步驟，我想絕大部分的女性都會支持吧！女性雖然也喜歡從前面被擁抱，但從後面擁抱的話，會有更美妙的氣氛，在這種時刻就會想要將全身都許託給對方。女性對男性的溫柔與氣氛非常沒輒。

這種從後面開始愛撫的步驟，對女方來說是完全交託給男方。牛仔褲和裙子不同，比較難脫，但只要在雙方都興奮的情況下，女性也會在無意識之間協助男方脫去，所以也不會造成任何困擾。有時也請試著從後面擁抱來進行看看吧！可以獲得新鮮的興奮，以及新鮮的性愛過程。

愛撫胸部的方法：揉搓

胸部有百分之九十是脂肪，藉由男性的揉搓，被按摩後血液流動會變好，也會因揉搓而使興奮轉為快感，全身也都變得敏感。同時乳頭也被揉捏的話，乳頭會勃起而使快感逐漸增加。

乳頭的快感會慢慢傳遞到全身，使陰蒂勃起、陰道溼潤。這和會突然興奮想要射精的陰莖不同，女性胸部受到愛撫後會沉醉於氣氛之中，快感會逐漸上升，達到最高潮時的快感是男性無法相比的。在宛如爆發般的高潮之後，也會有舒服的餘韻殘留。

胸部雖然可以依照男性的喜好揉搓，但抱持著替對方按摩的心情，溫柔地揉搓最佳。女性對男性的溫柔很沒轍，這也是一種精神上的愛撫。

柔軟並充滿彈性的胸部，不會讓人感到淫蕩。豐滿又美麗，光是看著就能讓人幸福。手感很柔軟，可以傳遞體溫，感覺好像被治癒了。這種會讓人想要把臉埋進去的胸部可以刺激母性本能，女方被撫摸時也露出了幸福的表情。胸部是治癒效果最棒的交流部位。

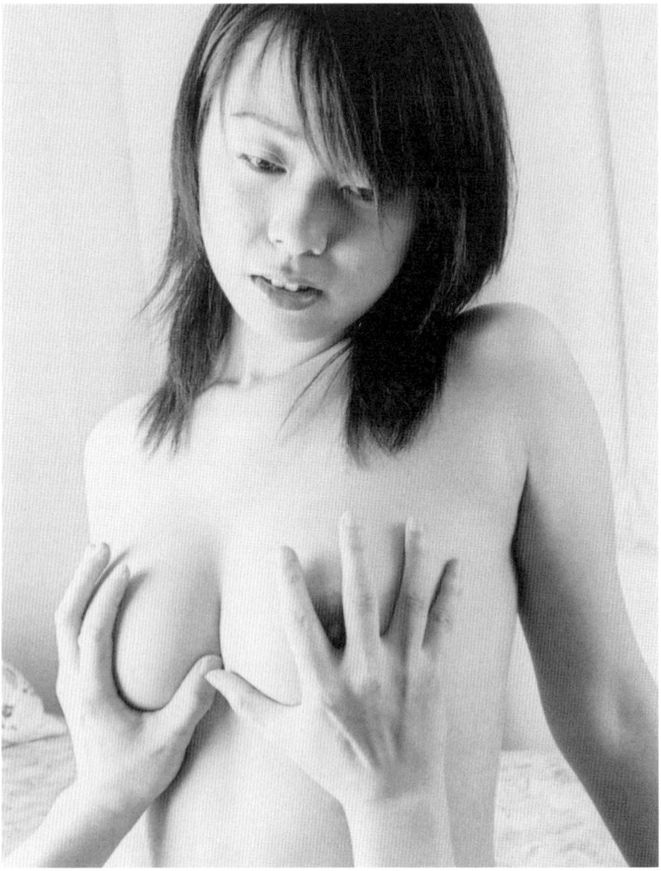

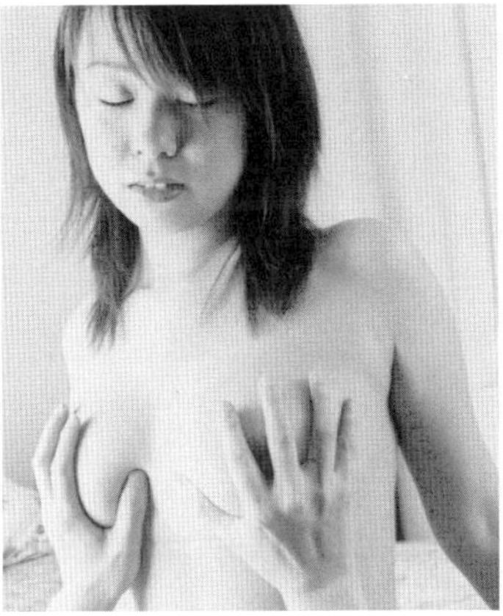

溫柔地撫摸胸部，享受這種觸感。

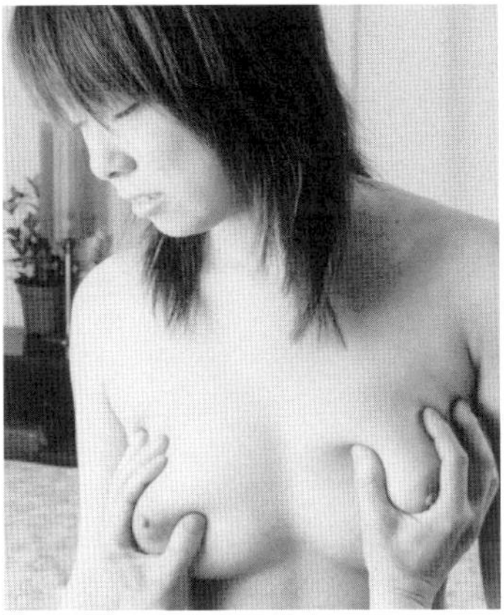

以按摩的技巧盡情享受揉搓的樂趣。

邊揉搓邊揉捏乳頭，女方恍惚的表情。

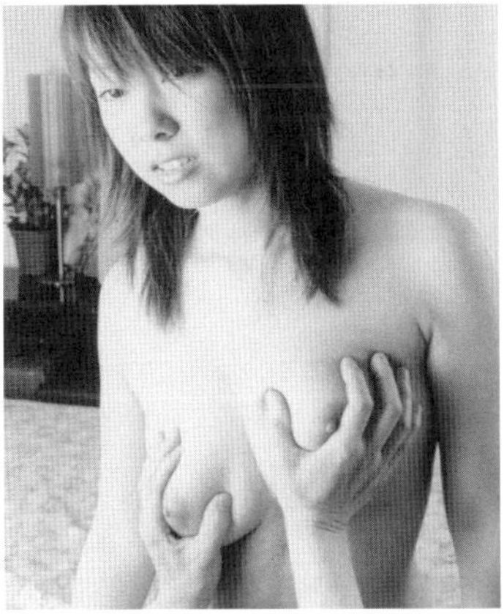

一邊觀賞乳頭，一邊上下交互揉搓。

乳頭完全勃起

男性眞的很喜歡胸部。對於這種喜歡的心情，我身爲女性會感到高興且興奮。如果用按摩的技巧來揉搓胸部的話，會成爲溫柔的揉搓方式，我喜歡這種。如果是粗暴地揉搓，那麼女性就會認爲這個男的只是想跟她做愛，母性本能就不會發揮作用。

本書是《極致愛撫①——胸部特集》，愛撫這件事，就是希望對方對你溫柔。只要受到溫柔的按摩，女性就會感到幸福，乳頭也會完全勃起。受此觸發，陰蒂會開始勃起，而陰道也開始溼潤。男性會馬上勃起而想要插入，女性則是慢慢轉變爲接受的態勢。男性很喜歡胸部，而胸部則是很喜歡被揉搓。

充分按摩胸部

性興奮會使乳頭勃起，而陰蒂會開始勃起，陰道也開始溼潤。這雖然是處於性愛的第一階段，但此時全身的血液流動已經變好，身體也開始變得敏感了。

在這個階段，如果充分按摩胸部的話，你的溫柔會透過胸部充分傳達給女方，女方也會開始受不了。之後如果集中愛撫乳頭的話，敏感度會急速提升，陰蒂也會完全勃起，陰道則變得十分溼潤，這時已經充滿了想要做愛的感覺了。

在性愛過程中，愛撫是很重要的。愛撫的過程可說是直接關連到高潮也不為過。一開始可以隨自己喜好去撫摸，但雙乳具有相同的構造，用同樣的動作揉搓會有更佳的效果。如果一邊揉搓，一邊刺激乳頭的話，效果會非常之好！

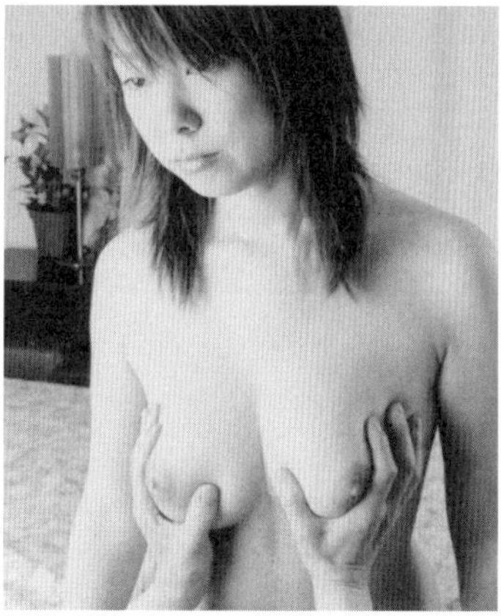

捧起胸部，享受胸部的重量。

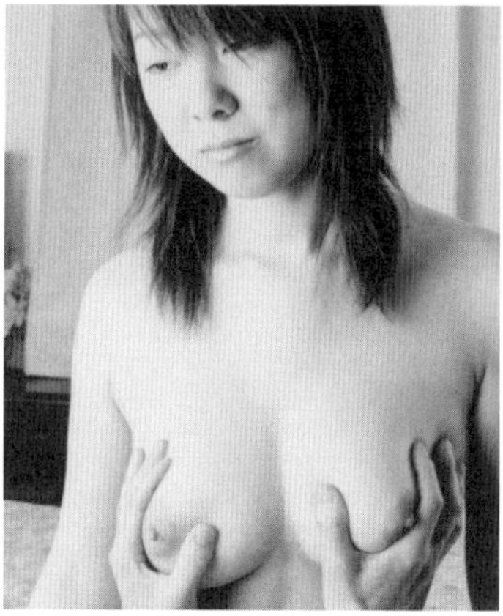

揉搓著胸部，兩人都感到幸福的快感。

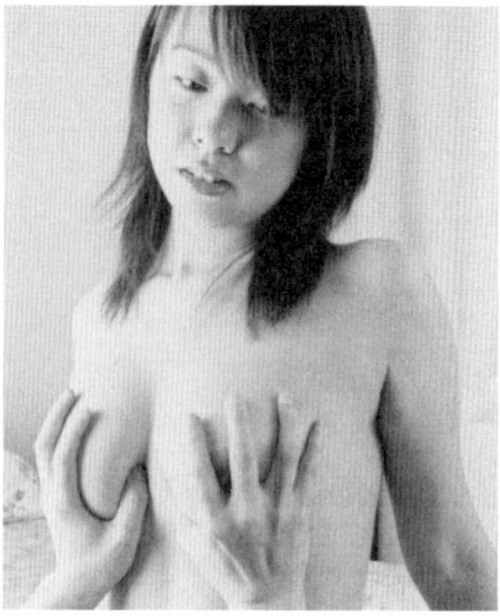

先隨自己的喜好撫摸，並且觀察女方。

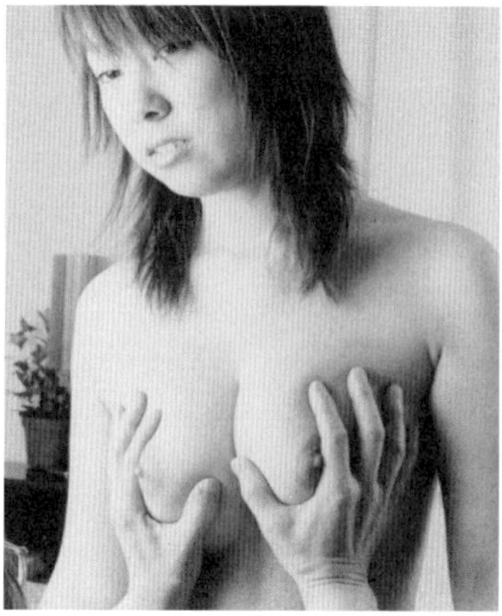

邊觀賞邊揉搓，會覺得女方愈看愈可愛。

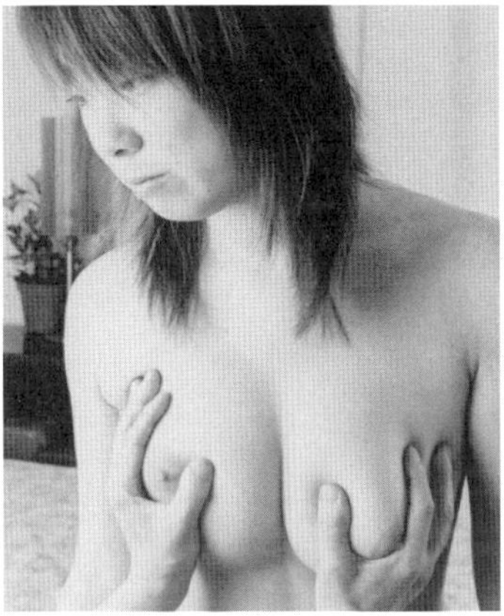

為更看清楚女方，於是退後一點揉搓。

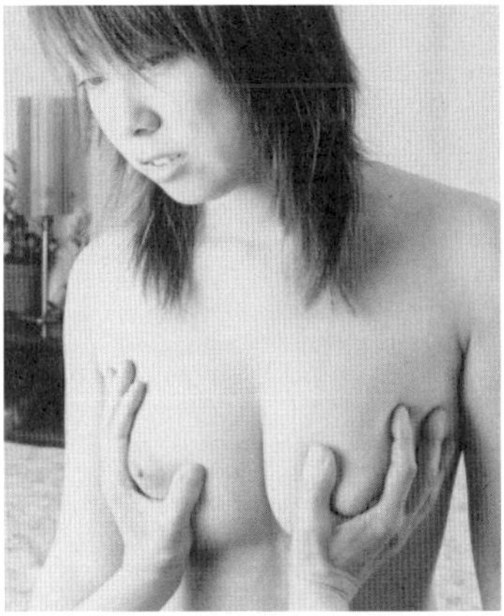

應該要邊親吻邊揉，效果才會好。

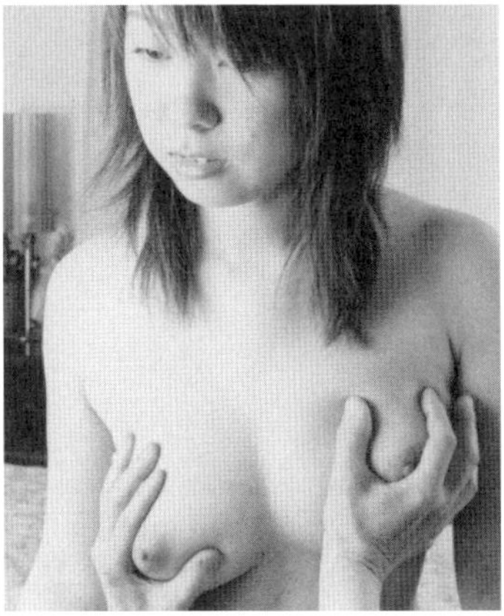

上下揉搓，隨自己喜好撫摸胸部。

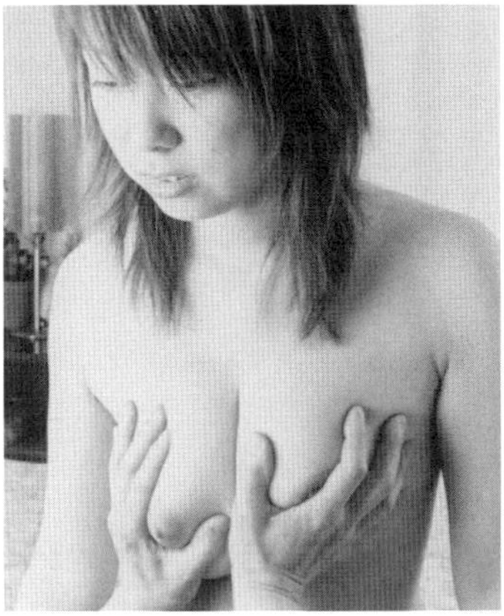

一壓就會彈回來，彈力十足。

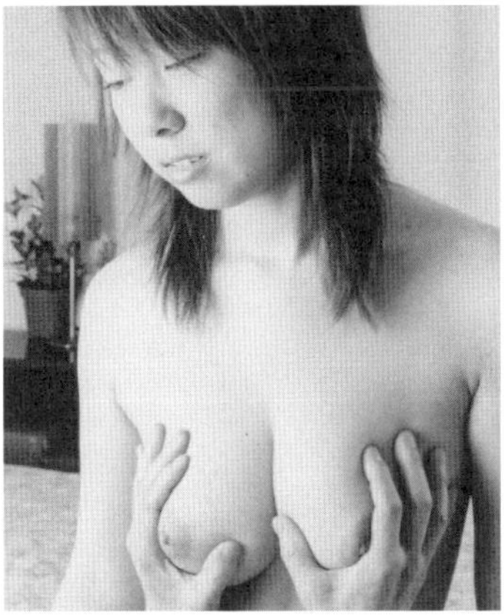

握住胸部看看，手感會讓你感到幸福。

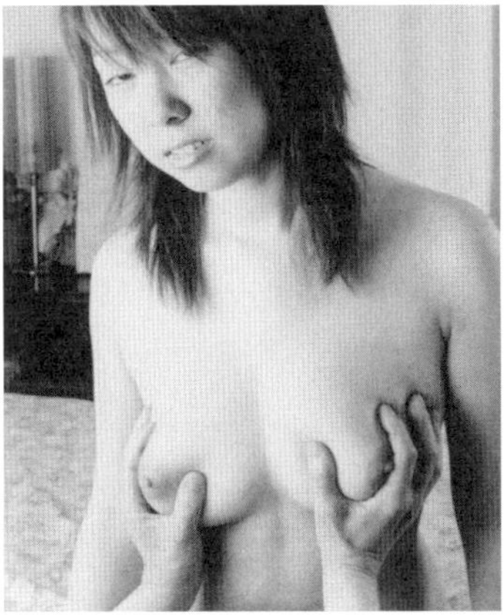

豐滿結實的胸部，正是享用的時刻。

先隨自己的喜好享受胸部的觸感，再同時平均按摩雙乳。用雙手從下方碰觸，好像要把胸部捧起來一下。這種重量感是難以言喻的觸感，手感很舒服。

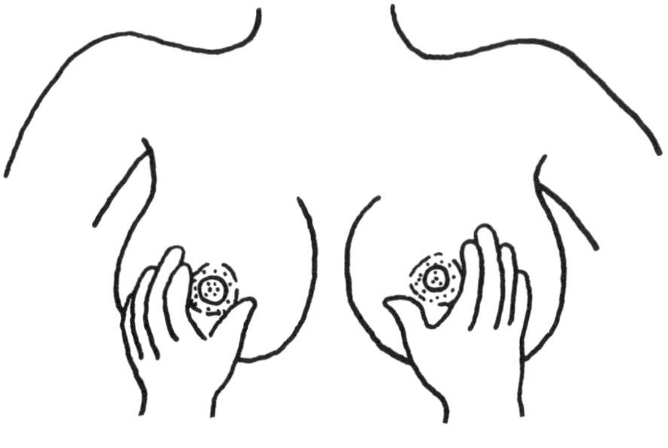

用手貼上去，好像要捧起胸部一樣。

用雙手將胸部往內推。雙乳的構造相同，使用同樣的按摩方式，可以讓兩邊都得到充分的按摩。胸部的乳溝也能刺激視覺，使人興奮。

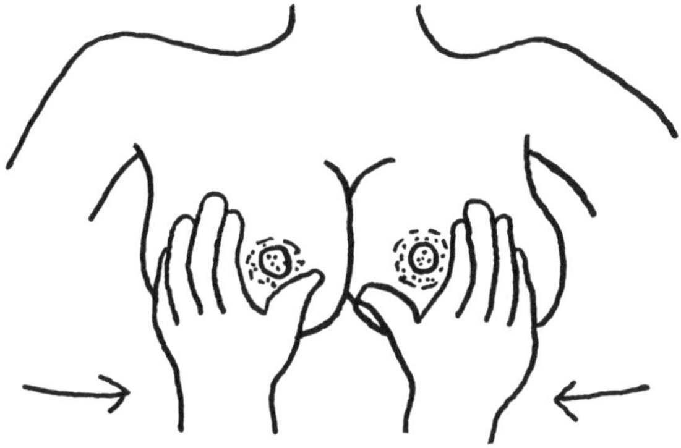

用雙手將胸部往內推。

用雙手同時抬起胸部。胸部正可說是為了要讓男性揉搓而存在的。捧起胸部的觸感會讓男性幸福，是一種治癒行為。必須溫柔地揉。

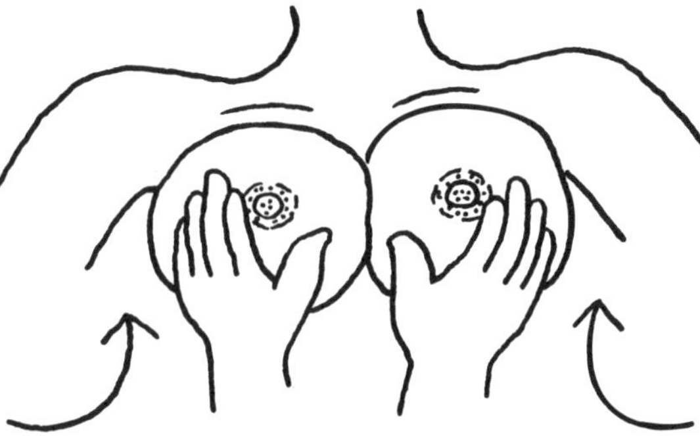

用雙手邊揉邊抬起胸部。

用雙手抬起之後，各自往左右來回按摩。按摩可以促進血液流動，讓乳頭完全勃起。乳頭會渴求刺激，愈來愈心癢難耐。

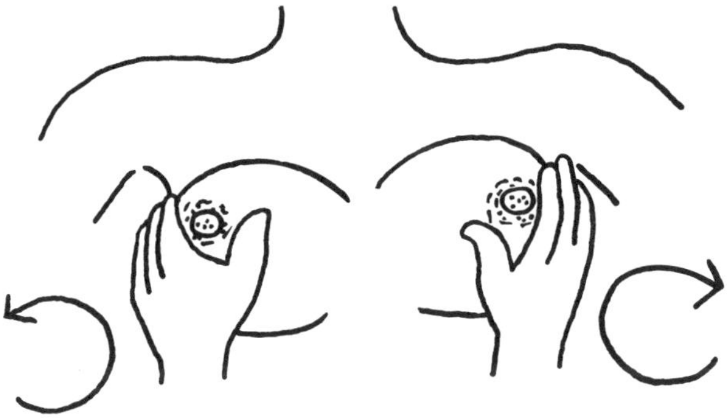

抬起胸部之後，往左右來回按摩。

回到一開始抬起胸部的位置，輕輕上下移動手掌，享受這種觸感。沒有同時抬起乳頭，是為了要吊胃口。在充分按摩胸部之後，也要同時愛撫乳頭。

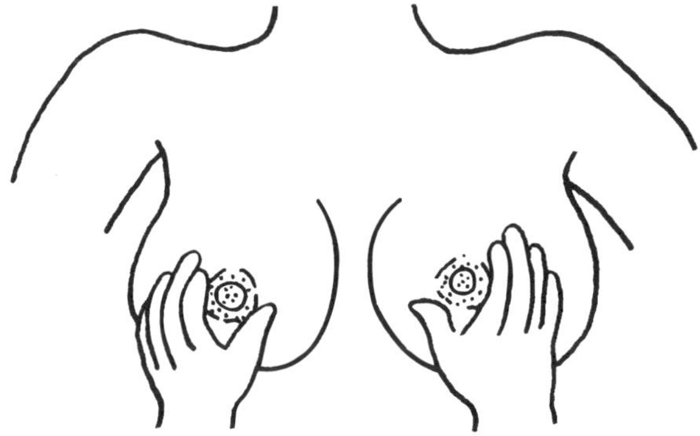

揉了一圈之後，回到原來的位置。

為了讓讀者容易理解，在此使用同一張圖。回到原來的位置後，用雙手將胸部往內推。雖然想把臉埋進乳溝裡撒嬌，但還是要一邊接吻，一邊做這個動作。

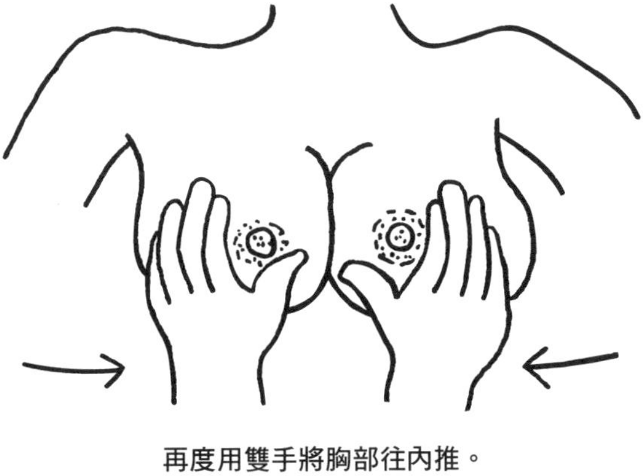

再度用雙手將胸部往內推。

用雙手將胸部往內往上推。如果動作比一開始更大，那麼胸部會更加放鬆，血液流動也會變好。如果一邊深吻，一邊這樣做的話，氣氛會更佳。

用雙手將胸部往內往上推。

用大動作左右來回揉搓。交纏雙方舌頭進行深吻，若同時揉搓並深吻，女方就能達到恍惚的興奮狀態，彷彿要吐露出喘息聲一樣。同時接吻和揉搓胸部的效果非常好。

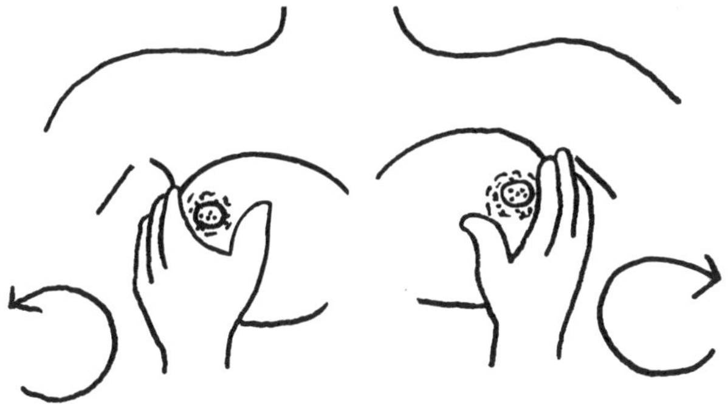

用大動作左右來回揉搓。

用大動作左右來回揉搓胸部，使胸部回到一開始的位置。暫時停止動作，一邊撫摸胸部，一邊集中於深吻。接吻與揉搓胸部可以提升氣氛。

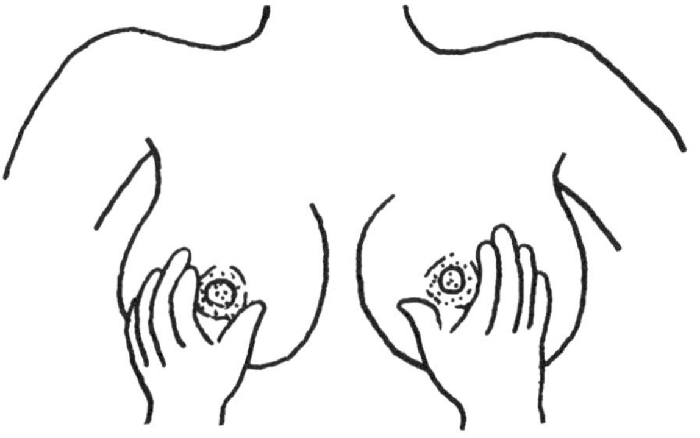

一邊撫摸胸部一邊深吻。

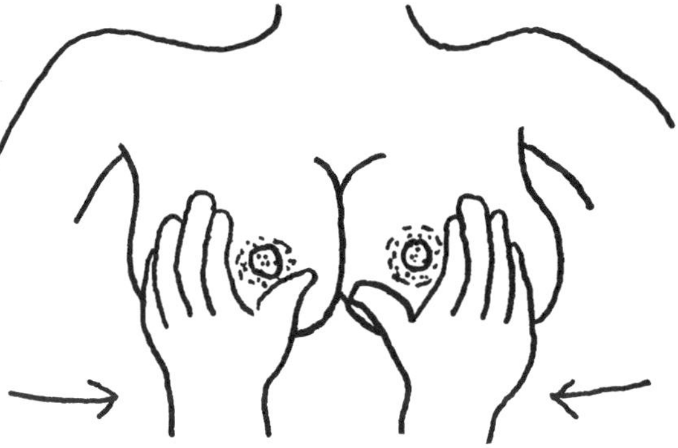

重複揉搓的動作。

再度展開大動作，將胸部往內推。接吻和揉搓胸部帶來的興奮與快感會讓女方全身的血液流動變好，乳頭、陰蒂、陰道也會變得敏感，體溫急速上升。

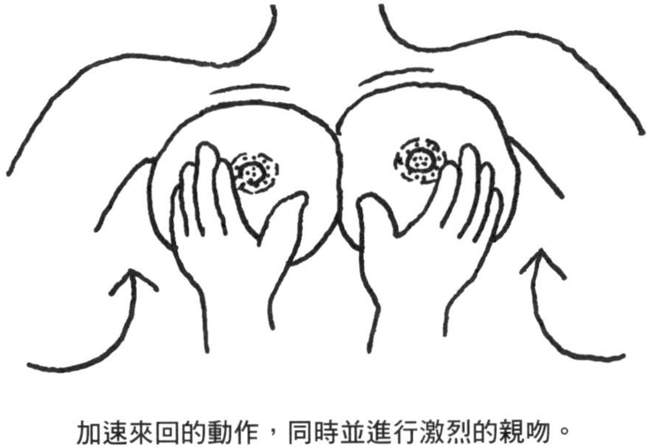

加速來回的動作，同時並進行激烈的親吻。

用大動作捧起胸部，稍微加快速度，左右來回揉搓。此時若進行激烈的親吻，那麼愛撫胸部的氣氛會達到最高潮，女方也會激烈地回應你的吻。

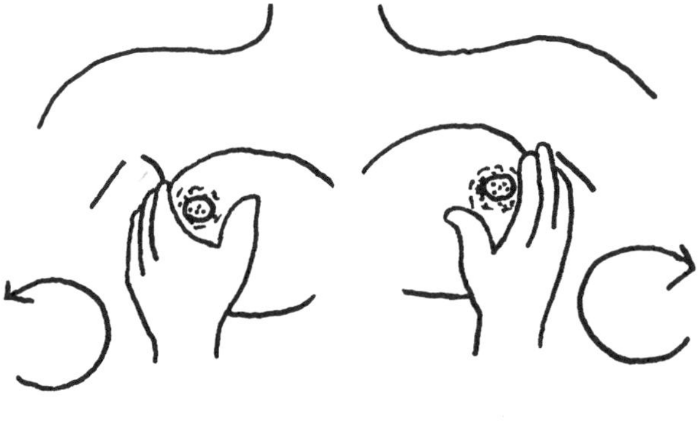

用誇張的動作左右來回揉搓。

稍微加速，用誇張的動作左右來回揉搓。這樣一來胸部也已經充分放鬆，乳頭也期待被愛撫，陰蒂完全勃起，陰道也已經溼透了。

充分按摩之後，一邊深吻，一邊用淫蕩的方式撫摸。雙方都會興奮，這也會成為性愛愉快過程的一部分。首先先享受胸部的觸感，隨自己喜歡的方式揉。

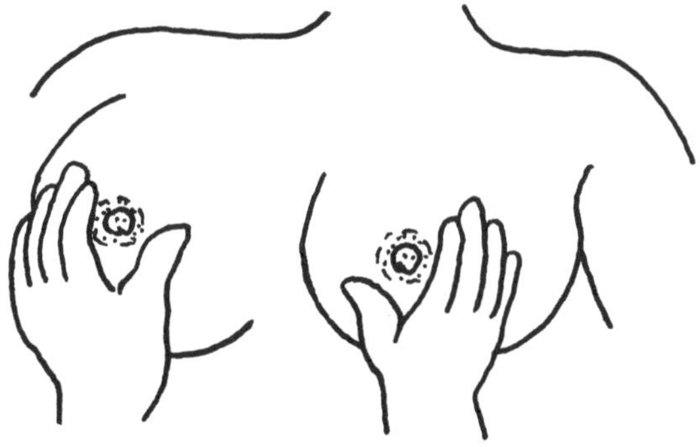

用淫蕩的方式撫摸。

壓低一邊的胸部，並抬高另一邊的胸部。此時手掌整個抓住胸部，可以進行深吻或是互相纏繞舌頭，這麼一來也會帶起淫蕩的氣氛。

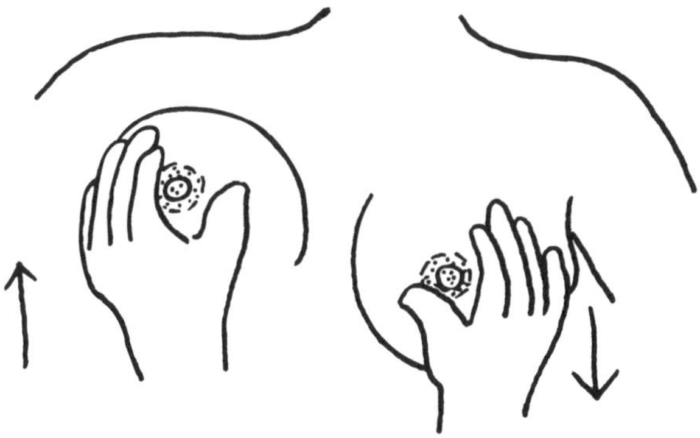

一把抓住胸部，朝箭頭的方向揉搓。

將處於下方的胸部抬高，處於上方的胸部壓低，一邊深吻，一邊持續做這個動作。這時還先不要愛撫乳頭，吊吊胃口，讓她難以忍受。

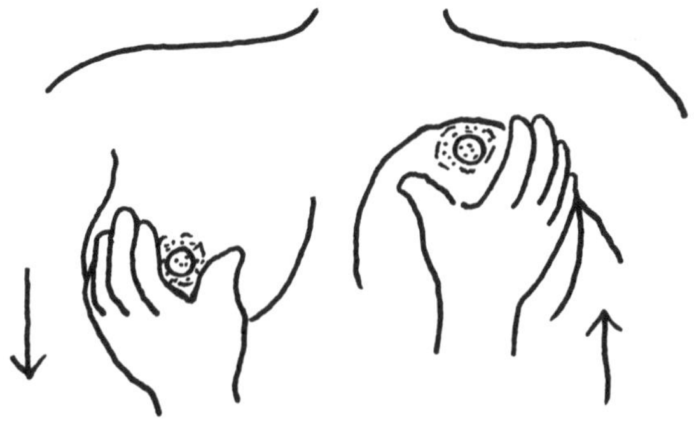

以大動作交互上下揉搓，會變得更淫蕩。

面向你右邊的胸部往右揉，面向你左邊的胸部則照圖片的方式揉。這種揉法就像是在惡作劇一樣，讓人興奮。

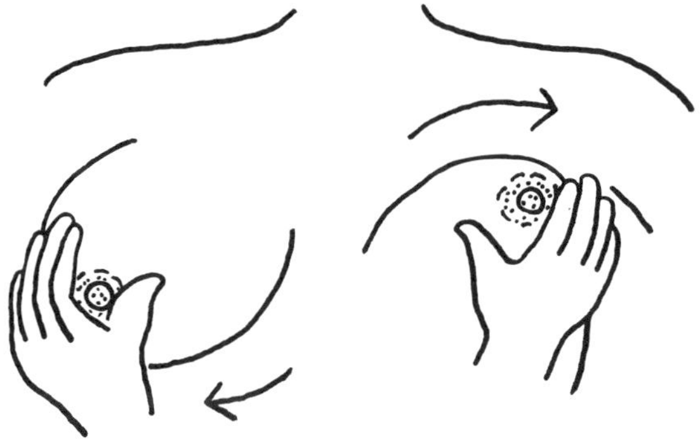

以順時針方式豪爽地揉搓雙乳。

加大來回揉搓的動作。雙乳迴轉的樣子除了刺激觸覺之外，也會刺激視覺。這就好像在玩弄胸部一樣，讓彼此能帶起淫蕩的氣氛。

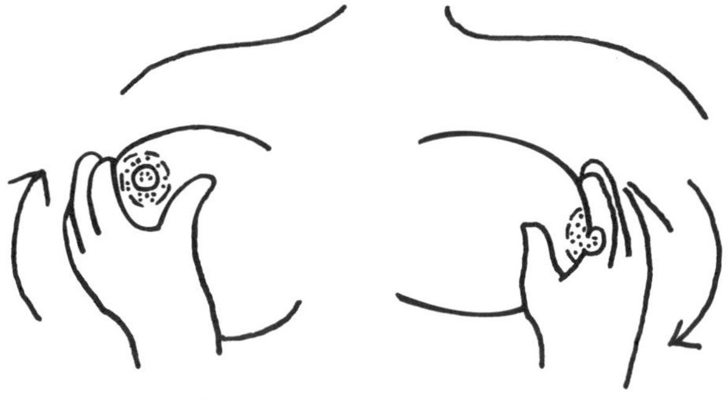

朝同一個方向移動，大動作來回揉搓。

雙手抓住雙乳，往同一個方向來回揉搓。先順時針揉，之後再逆時針揉，充分享受胸部，興奮的女方也用舌頭與你激烈交纏。

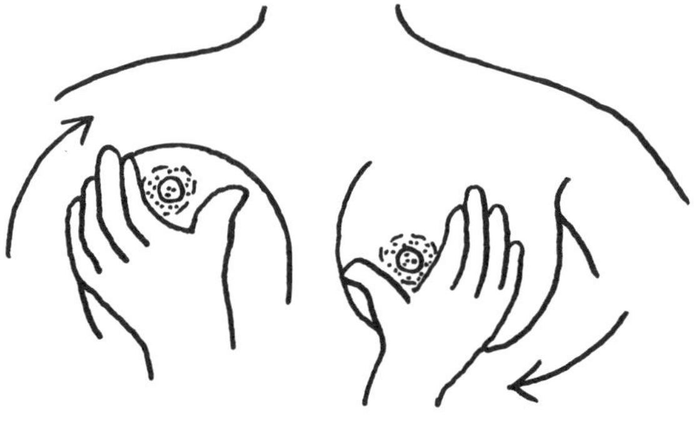

一邊搓揉雙乳，一邊進行舌頭的激烈交纏。

對乳頭已經充分吊足胃口，開始愛撫。張開手掌，用掌心碰觸乳頭。一開始先輕輕給予刺激，讓乳頭會更想要你的愛撫，給她一種焦急的快感。

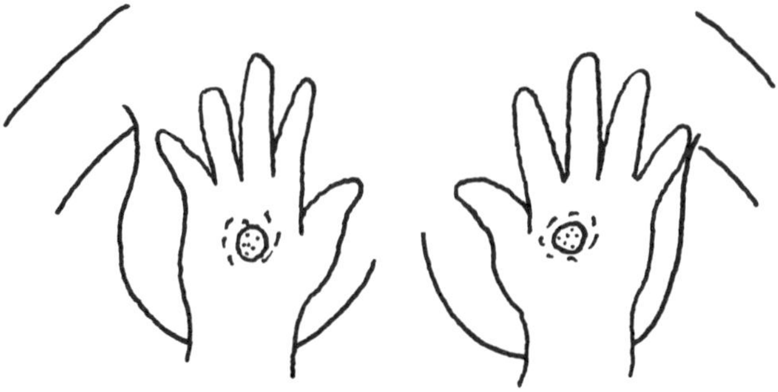

張開手掌，用掌心輕輕碰觸乳頭。

從側邊說明。用手掌輕輕碰觸乳頭前端，此時乳頭已充分被吊足胃口，用手掌直接碰觸刺激，乳頭會更加期待愛撫，愈顯焦急。

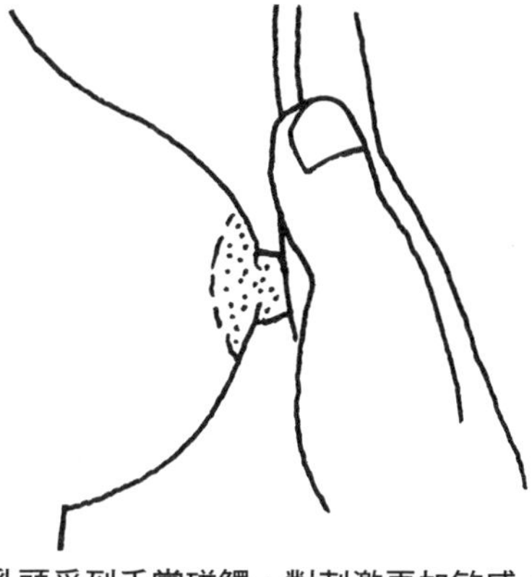

乳頭受到手掌碰觸，對刺激更加敏感。

用手掌輕輕碰觸乳頭，張開手指輕輕握住胸部。這種溫柔的愛撫會使對方焦急，乳頭會更加期待下一次的愛撫，變得愈來愈心癢難耐。陰蒂這時也是處於心癢難耐的狀態。

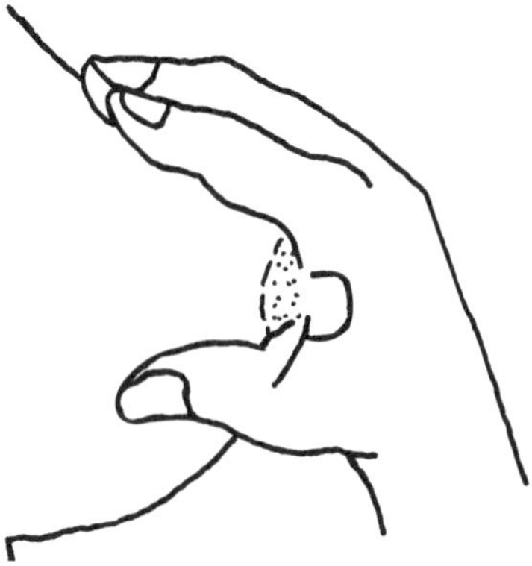

張開手指，輕輕握住胸部。

用手掌輕輕碰觸乳頭，輕輕握住胸部，溫柔地來回揉搓。兩手先往內側來回揉搓，就像畫圓一樣旋轉揉搓乳頭。這種輕微的刺激會帶來焦躁的快感，使對方心癢難耐。

雙手手掌向內側畫圓旋轉。

用雙手畫圓，照著箭頭的方向摩擦胸部，旋轉揉搓乳頭。溫柔地摩擦胸部，同時輕輕旋轉刺激乳頭，這種焦躁的快感使對方難以忍受。

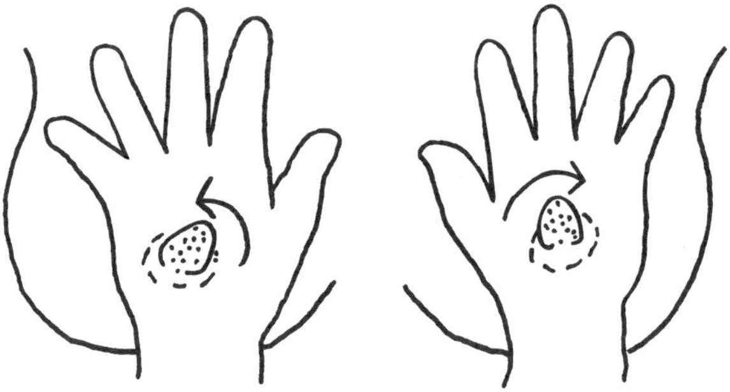

輕輕旋轉、揉搓乳頭。

雙手旋轉，使手掌摩擦乳頭尖端，焦躁的乳頭會想要更加舒服，慾求變強，期待感也會讓興奮度和快感提升，愈來愈心癢難耐。

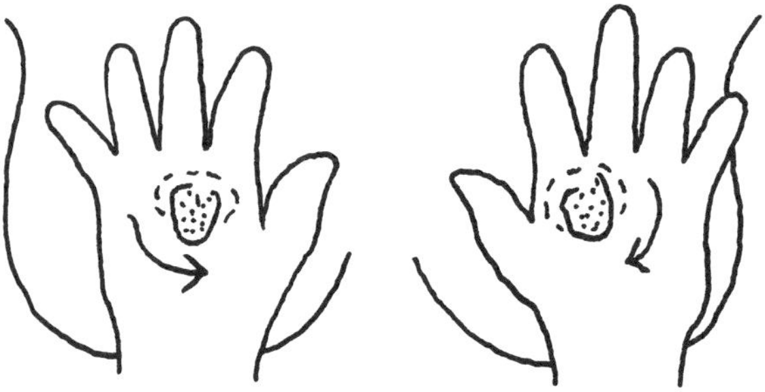

用手指輕輕摩擦胸部。

為了方便理解，放大一隻手的圖來解說。用手掌畫圓，好像在用手指摩擦胸部一樣。以手掌輕輕旋轉、揉搓乳頭，重複畫圓運動，給予乳頭焦躁的快感。

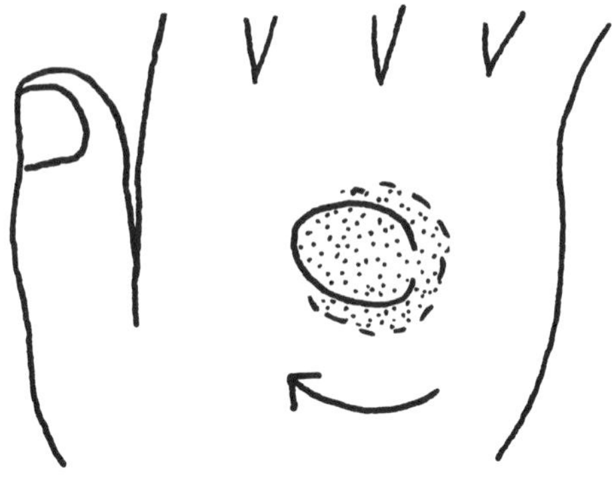

有如畫圓一般旋轉、摩擦乳頭。

以手掌漸漸加強力道壓迫乳頭並畫圓。乳頭受壓迫會更激烈旋轉，快感也會逐漸變強。心癢難耐的乳頭受到愛撫，快感隨之提升。

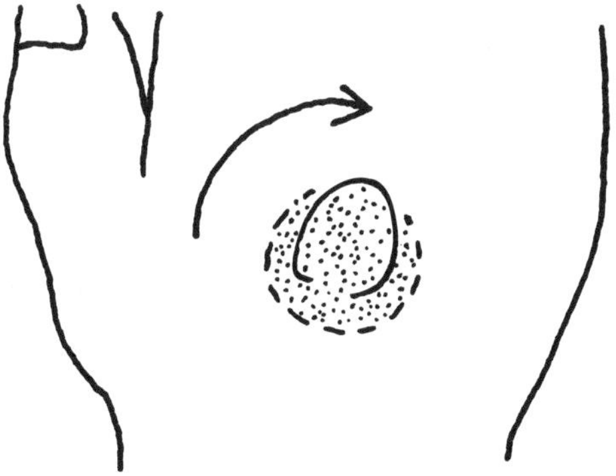

以手掌壓迫乳頭，旋轉刺激。

用手指溫柔地摩擦胸部，並且用手掌出力壓迫乳頭旋轉，這種溫柔與強烈快感的結合會感動女方。保持接吻，或是停止接吻集中愛撫乳頭都可以。

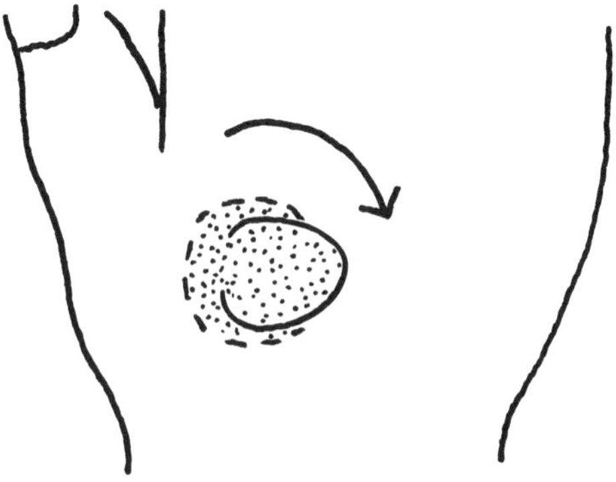

壓迫乳頭，給予旋轉刺激。

深吻之後，女方會受到強烈的快感而喘息，所以要繼續接吻的話輕吻比較好。再來更加出力壓迫乳頭，以畫大圓的方式刺激。

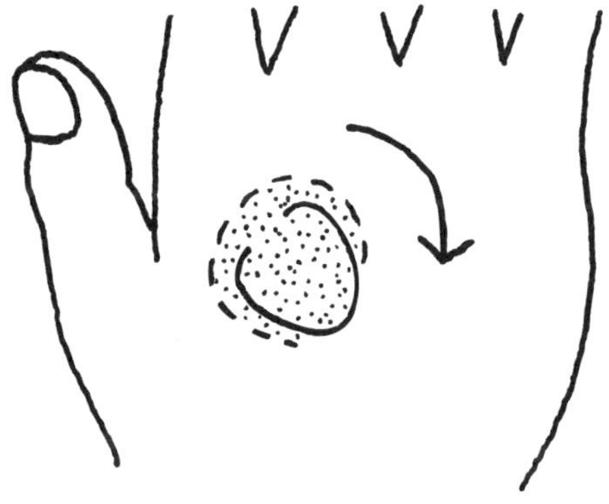

更加出力壓迫乳頭旋轉。

用力旋轉乳頭，好像要壓壞它一樣，快感也愈來愈強。用雙手手掌及手指包覆刺激，乳頭和胸部都能得到快感，女方的表情也開始恍惚。

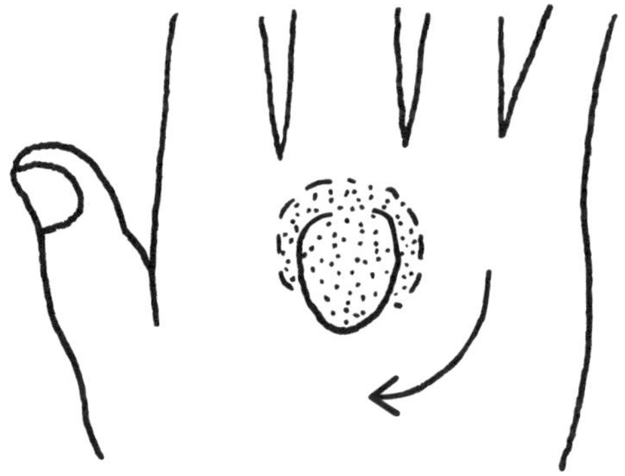

用力旋轉乳頭，好像要壓壞它一樣。

再更加用力壓迫乳頭，好像要把乳頭壓進胸部一樣，邊出力邊轉動手掌。同時愛撫胸部與乳頭的效果非常好，請務必要對女朋友試試看，這種不同的快感會讓她非常高興。

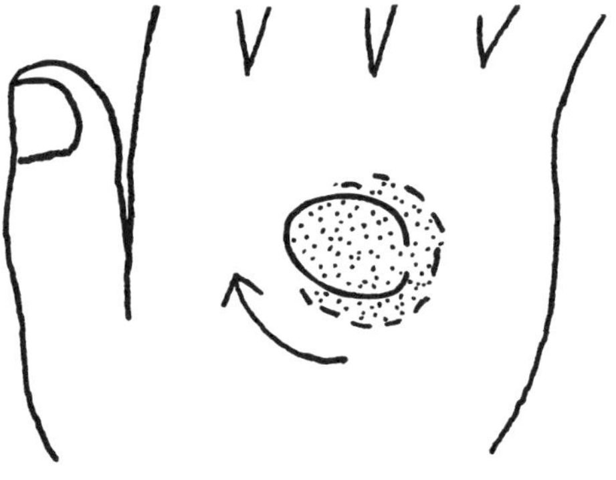

壓迫旋轉，好像要把乳頭壓進胸部一樣。

為了使刺激更強，在壓迫旋轉乳頭的同時，也對胸部進行按摩愛撫。以手掌壓迫乳頭的動作握住胸部，乳頭此時已經完全勃起，在掌中滾動。

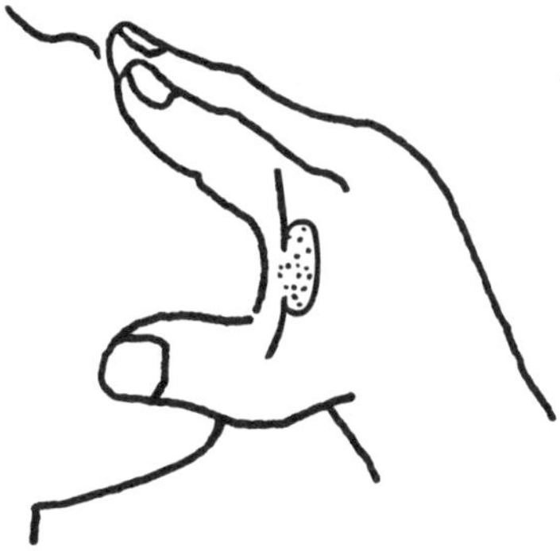

壓迫乳頭，握住胸部。

在進行畫圓運動的時候，要從下而上畫圓，如同輕輕壓迫整個胸部一般。胸部會被揉搓到放鬆，一邊受到強力揉搓，乳頭也受畫圓運動所壓迫刺激。

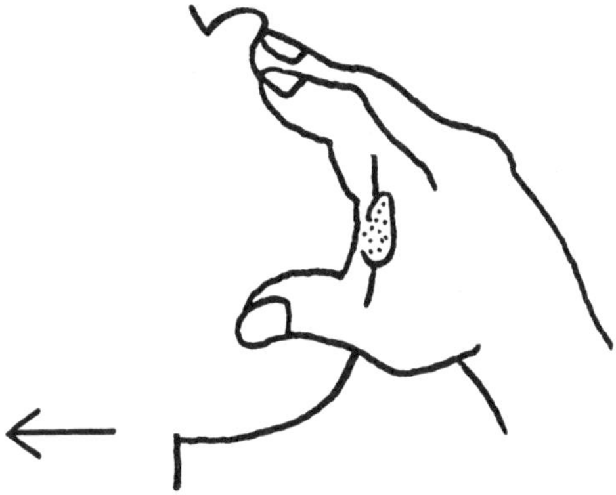

一邊抬起胸部，一邊壓迫胸部。

將胸部抬高，同時輕輕壓迫胸部並揉搓按摩，乳頭受強力壓迫則會使刺激變強。對於愛撫胸部的方法來說，興奮度和快感都很高。

一邊按摩，一邊出力壓迫乳頭。

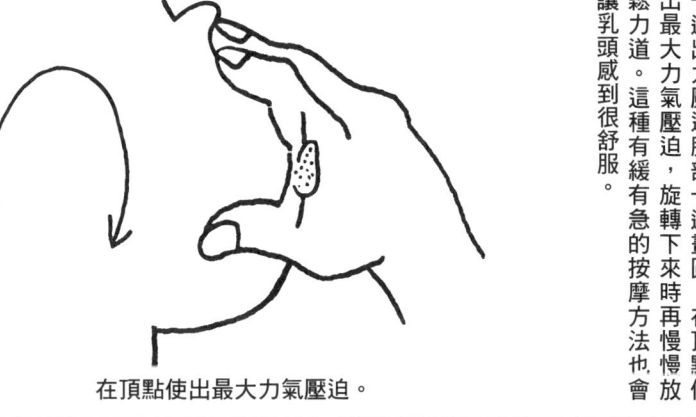

一邊出力壓迫胸部一邊畫圓，在頂點使出最大力氣壓迫，旋轉下來時再慢慢放鬆力道。這種有緩有急的按摩方法也會讓乳頭感到很舒服。

在頂點使出最大力氣壓迫。

旋轉回到原處時放鬆力道。在發動旋轉時逐漸加強力道壓迫。用雙手按住雙乳，往外旋轉愛撫。三井會在下面的欄位說明感想。

旋轉回到原處時逐漸放鬆力道。

●快感更勝陰蒂

沒什麼感想好說的，我的乳頭勃起了。本書《極致愛撫①——胸部特集》，是由想愛撫胸部的性學作家辰見老師，以及同樣身爲性學作家且胸部想要被愛撫的我，兩人合著的共同作品。所以就算用「舒服的不得了的愛撫胸部方法」做標題也不奇怪。

胸部受到如此愛撫，女方就已經有高潮的預感了，因此可以安心沉浸於快感之中。只要學會本書的技巧，你就可以成爲愛撫胸部的達人。愛撫胸部的方法到目前爲止只算是剛開始而已。乳頭是上半身的陰蒂，如果同時用同樣的方式愛撫兩顆乳頭，會帶來相乘效果，使乳頭的快感更勝陰蒂。

從後面愛撫胸部

從後面愛撫胸部，更能享受到胸部的觸感。因為兩人並沒有面對面，也不會因此感到害羞，可以盡情地揉，使兩人都能感到興奮及快感。緊緊抱著，使身體貼合，同時盡情愛撫胸部，這樣一來陰莖也會漸漸勃起，摩擦到女方的腰際，使雙方都會興奮。

看不見對方的臉，就能產生淫蕩的想像而製造氣氛。之前已經介紹過一邊接吻，一邊從後面揉搓胸部的方式了，但是性愛的開始階段以「從後面擁抱」開始的話，過程也會變得順利，女方也比較不會害羞，即使用力揉搓胸部，女方也不會抵抗。如果盡情地揉搓她的胸部，享受這種觸感到滿足為止，那麼對方也能享受到被揉的感覺，對於碰觸到腰際的陰莖觸感也會覺得興奮。

胸部要從後面揉，揉起來的感覺才好。一把抓住胸部，盡情地揉搓享受。由於是從後面揉，不管是用什麼方式揉，女方也比較不容易害羞，可以盡情揉搓，

享受胸部觸感。女方的背後跟男方的身體緊密接觸，腰際碰觸到勃起的陰莖，會因為同時得到胸部和陰莖的雙重觸感而非常興奮。

由於沒有面對面，因此也比較不會害羞。

盡情淫蕩地揉，雙方都興奮。

盡情地揉，享受胸部觸感。

腰際碰觸到陰莖，這種摩擦的感覺很棒。

●請隨意對待胸部

我被從後面擁抱揉搓胸部的話，就會覺得又美妙又淫蕩而感到興奮，就算被隨便揉，也不太會感到害羞，請隨意對待我的胸部吧！揉的愈激情，胸部就愈能放鬆，全身也會變得敏感。

腰際碰觸到勃起陰莖的感覺，正是對方興奮揉搓胸部的證明。女性會認爲男性是對自己產生興奮而勃起，並因此而感到高興。胸部就是要爲了被揉而存在的，請充分愛撫胸部吧！就算是平胸，從後面揉的感覺也是比從前面揉來的好一些，充分地揉吧！

在激烈接吻的同時揉搓胸部

從後面進行深吻並大動作揉搓胸部的話，女方會立刻感到興奮，過程也會變得更愉快。一邊交纏舌頭，一邊盡情用力揉搓胸部的話，女方也會回應你，將舌頭主動纏上來。

當陰莖觸碰到女方腰際時，可移動陰莖摩擦，如此女方也會擺動腰部刺激陰莖。從後面揉搓胸部的行為就和這個一樣能讓雙方興奮。

捧起雙乳，同時以畫圓運動按摩，將乳頭夾於指尖，一邊出力壓迫一邊揉弄，或是僅掐住乳頭揉捏。如果用手指捏著兩邊的乳頭，又拉又扯，那麼深吻會變得更加激烈。

乳頭的快感大約是陰蒂的百分之八十，這前面已經介紹過很多次了。兩顆陰蒂（乳頭）的快感則會超過百分之一百六十。

接吻的同時從後面揉搓胸部，這是擁有美妙氣氛的過程。隨著愈來愈激烈的熱吻，也同時用力揉搓女方的胸部，如此雙方都能立刻感到興奮，過程也會變得更愉快。藉由勃起的陰莖摩擦女方腰際，可以將女方的興奮帶至最高潮，進而主動擺動腰部刺激陰莖。兩人身體緊密貼合後會抱得更緊。

在接吻的同時，享受抬起胸部的觸感。不管是採取何種揉搓方式，只要是在接吻的同時，女方都不會抵抗。如果用陰莖摩擦她的腰際，會更能讓女方興奮。

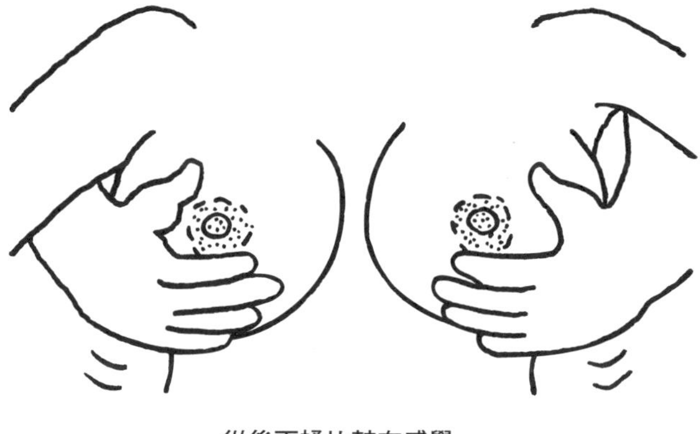

從後面揉比較有感覺。

抬起胸部按摩。熱吻逐漸激烈，以大動作揉搓胸部可使女方非常興奮。興奮的她會擺動腰部刺激陰莖。

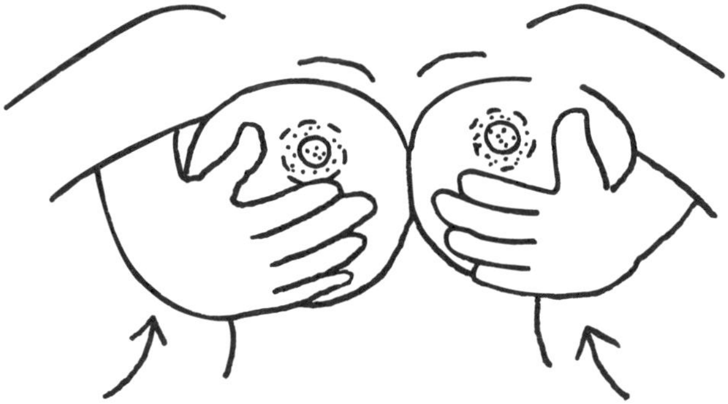

以勃起的陰莖摩擦女方的腰際。

用兩手畫大圓按摩胸部，抬起胸部後左右移動揉搓。要同時、均等地按摩雙乳，這是基本的愛撫方式。

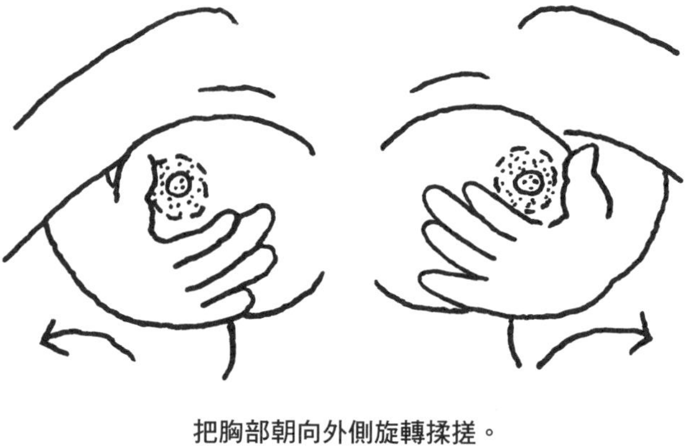

把胸部朝向外側旋轉揉搓。

從左右畫大圓，不斷按摩。如果舌頭一邊激烈交纏，一邊按摩的話，興奮度可達到最高潮，乳頭會想要受到愛撫而堅挺勃起。繼續猛烈地來回揉搓。

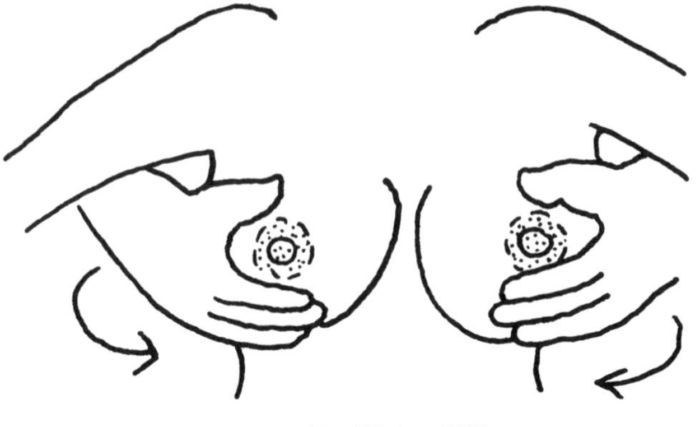

猛烈地來回揉搓。

將乳頭夾在食指與中指之間，用力壓著，像畫圓一樣來回揉搓；同時愛撫乳頭與胸部的效果非常好。兩人的舌頭交纏著，可以聽到女方激烈的喘息聲。

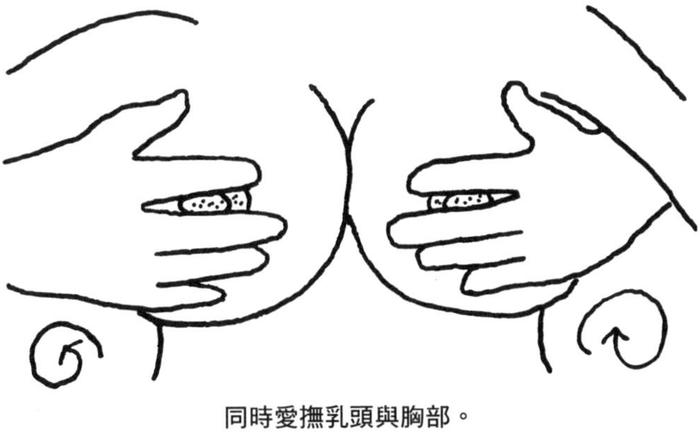

同時愛撫乳頭與胸部。

乳頭已經堅挺勃起，非常想要受到愛撫，此時用手指捏著乳頭旋轉、摩擦。乳頭最喜歡被捏著轉了。兩顆乳頭合計有百分之一百六十的快感，但在相乘效果之下會有百分之兩百的快感。

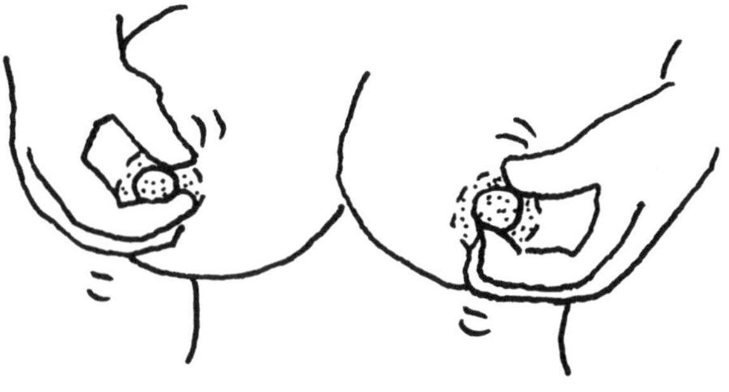

用手指捏著乳頭旋轉、摩擦。

捏著乳頭往左右旋轉。指頭可以出點力，或是輕輕捏著旋轉，如此可以提供帶有輕重不同力道的刺激。旋轉時也可輕輕旋轉和用力旋轉，效果會更好。

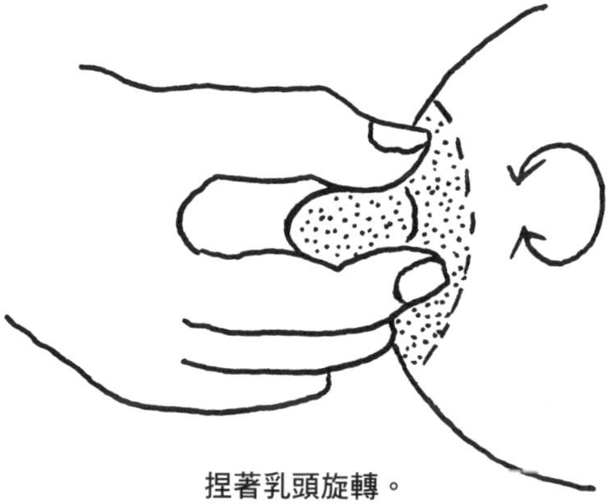

捏著乳頭旋轉。

捏著乳頭拉扯，有時輕輕拉，有時用力拉。乳頭雖然喜歡比較輕的刺激，但有時提供強烈刺激，讓身體像被電到般的反應也能獲得快感。刺激要有緩有急。

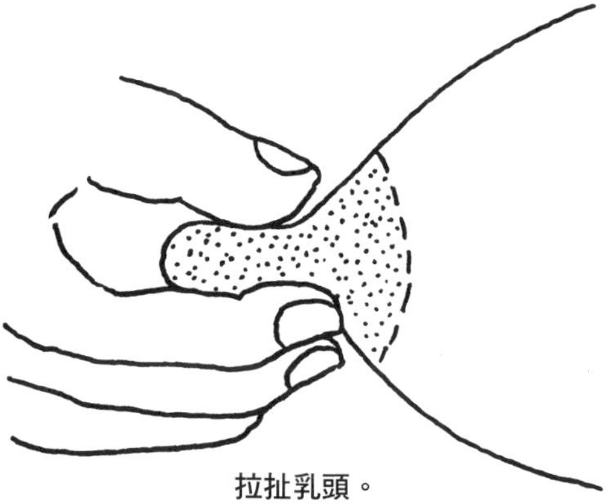

拉扯乳頭。

●理想中胸部被愛撫的方法

《極致愛撫①——胸部特集》是由身為女性的我，以及辰見老師進行寫作，所以對女性來說，也是自己理想中胸部被愛撫的方法。按摩胸部之後，刺激已經難以忍耐的乳頭，那麼兩顆乳頭的快感配上相乘效果，其快感可與刺激雙腿間的陰蒂相比。

乳頭的快感與興奮會傳到陰蒂，讓陰道溼潤。性愛一開始的步驟一定是接吻和愛撫胸部，這並沒有誇大，愛撫胸部就是這麼重要。如果胸部受到充分愛撫，就會產生高潮的預感，變得更加敏感。同時愛撫三顆陰蒂的話，會有難以忍受的快感產生。

兩個並列的小龜頭

在按摩胸部的同時用拇指揉搓乳頭，以手指捏住乳頭揉搓。用手愛撫最能讓乳頭感到舒服，要溫柔的愛撫，偶爾再給予強烈刺激，這種快感就好像是男性的龜頭受刺激的感覺，而且女性擁有兩個並列的小龜頭。這種快感，光是想像就讓人羨慕得不得了。

把女性的乳頭當作陰蒂或是小龜頭來愛撫的話，愛撫的感覺就會跟之前不同，轉變成仔細且執拗的愛撫。這麼一來，保證女方也會被你打動。

乳暈也具有快感。當揉捏乳頭的時候，同時摩擦乳暈會有很好的效果。如果再加上同時按摩胸部的話，在這種三重效果之下，雙腿間的陰蒂與陰道也會變得溼潤且敏感，這就等於是已經預告要高潮了。

一邊按摩胸部，一邊用拇指揉搓乳頭並摩擦乳暈。在三重效果之下，雙腿間的陰蒂與陰道也會變得焦躁難忍。男方可藉由愛撫胸部讓女方快樂，並可從其中得到幸福的興奮及快感。有時輕輕揉搓乳頭，有時用指頭壓著揉搓。揉搓的力道強弱如有變化，效果更佳，更能取悅女方。

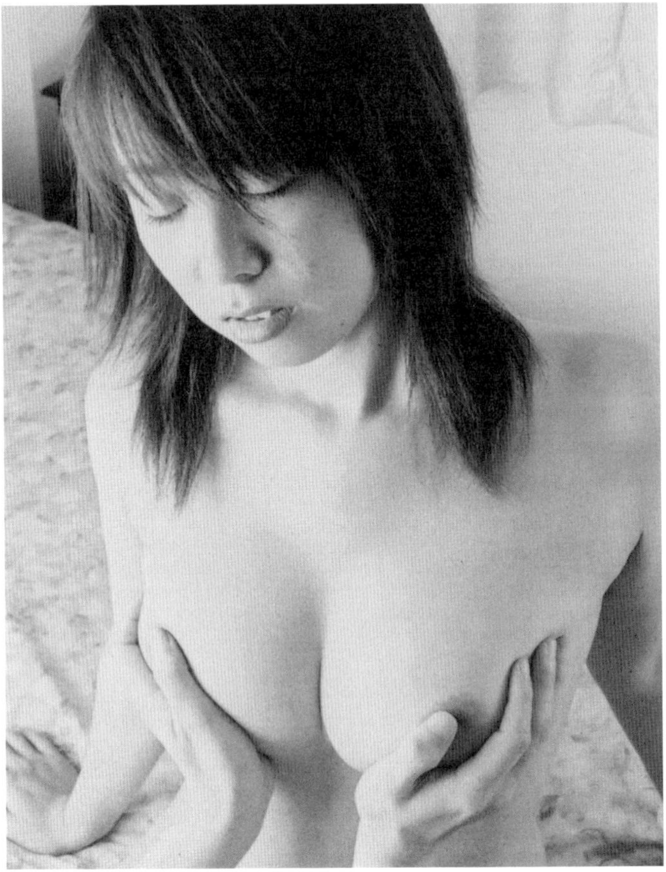

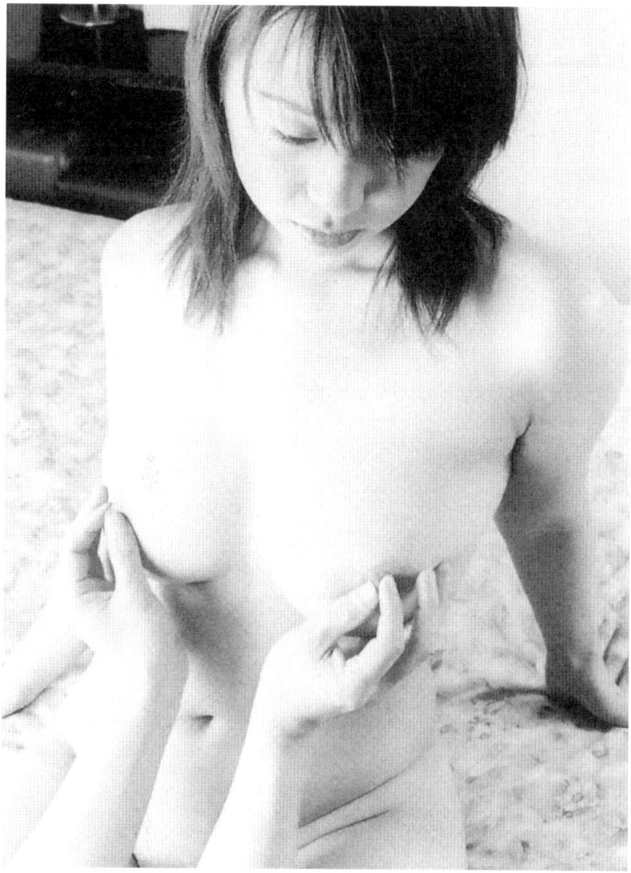

用手指捏住兩個小龜頭（乳頭）揉搓轉動。可以一邊想像著對方的感覺會有多愉快，一邊給予刺激，這是自己能感到興奮又會讓女方舒服的愛撫方式。觀賞女性性器會導致強烈的性方面視覺刺激，但觀賞胸部則是會感到幸福的視覺刺激。如果一邊觀賞女方的胸部和表情，一邊進行性行為，那麼性愛過程將會很愉快。

●陰蒂會感到心癢難耐

就我而言，我會讓男方花時間充分愛撫我的胸部。畢竟我年紀也不小了，做這種事不太會不好意思，會直接向男朋友指示要如何按摩胸部、要如何揉搓乳頭才會讓我舒服。等到感覺非常舒服之後，雙腿間的陰蒂也會感到心癢難耐。

左邊的乳頭被手指愛撫，右邊的乳頭被對方吸著，同時讓對方把手伸到雙腿間愛撫陰蒂，如此三顆陰蒂會同時感到愉悅，進而邁向高潮。關於同時愛撫三顆陰蒂的方法，會在第一四九頁解說介紹。要先記得女性的身體有三顆陰蒂，再去愛撫你的女朋友。

用掌心揉搓乳頭

同時使用兩種愛撫方法，用掌心揉搓乳頭。可以想像成用掌心揉搓龜頭，就可以理解這種快感。龜頭也是很敏感的部位，用手輕輕摩擦就能獲得不小的快感。把乳頭當作小龜頭來摩擦，這種快感會變成令人焦躁的快感，使乳頭會想要更強烈的刺激，變得焦躁難忍。

注意女方的表情，如果感覺她已經受不了了，就用手掌壓迫乳頭，如同要把乳頭壓進乳房一樣。乳頭受到強烈刺激後，會進而想要更強的刺激，快感也逐漸提升。就像是用手輕輕摩擦龜頭一樣，會難以忍受，想要更強的刺激，輕柔的愛撫也能輕易讓感受度提升。乳頭跟龜頭一樣，先壓迫使其感到焦躁難忍，再用不同的方式愛撫，如此即可使感受度提升，會讓陰蒂心癢難耐。

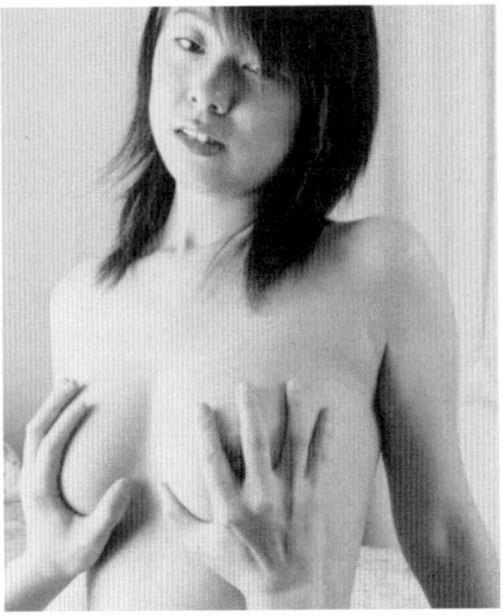
用手掌畫小圓，輕輕撫摸摩擦。

也可以同時撫摸摩擦胸部和乳頭。

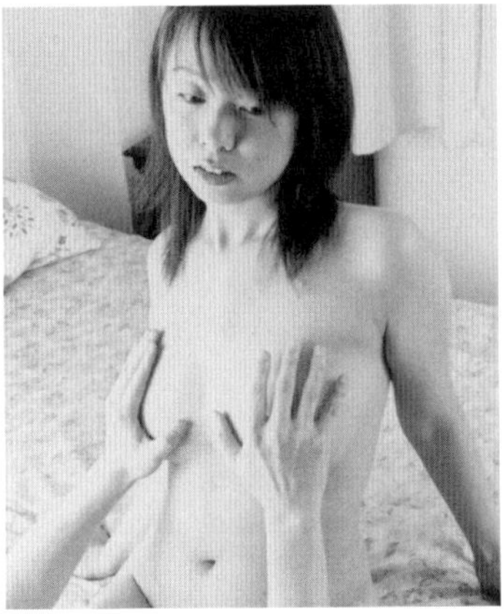
女方逐漸難以忍受，想要更強的刺激。

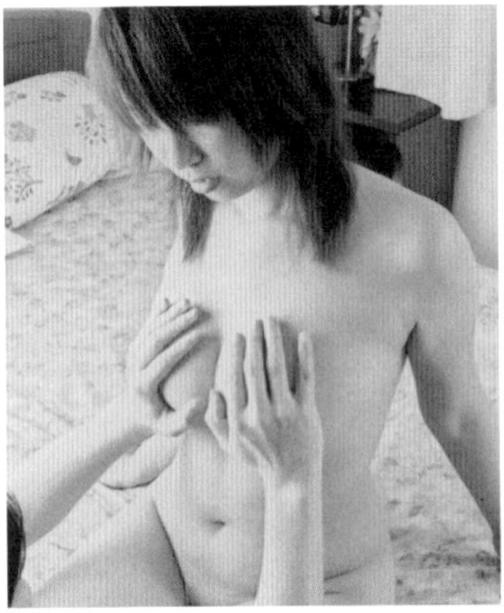
雙腿間的陰蒂也心癢難耐。

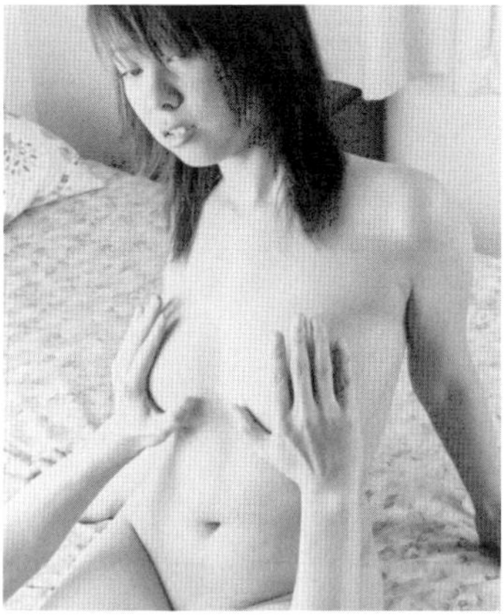

輕柔的摩擦，受不了的快感。

試著加快雙手畫圓的速度。

用插圖來說明。先把手掌輕輕放在乳頭前端，再用手掌畫小圓撫摸摩擦。可以同時用手指撫摸摩擦胸部。

把手掌輕輕放在乳頭前端。

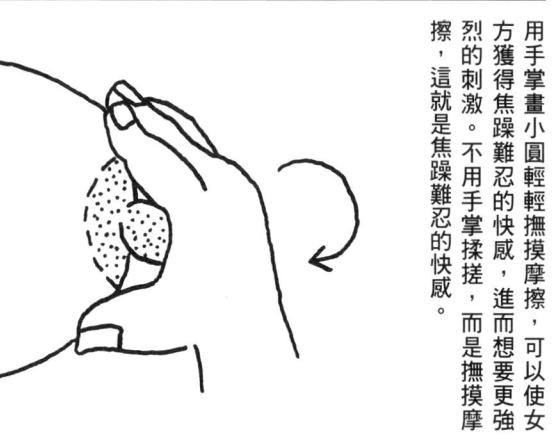

用手掌畫小圓輕輕撫摸摩擦，可以使女方獲得焦躁難忍的快感，進而想要更強烈的刺激。不用手掌揉搓，而是撫摸摩擦，這就是焦躁難忍的快感。

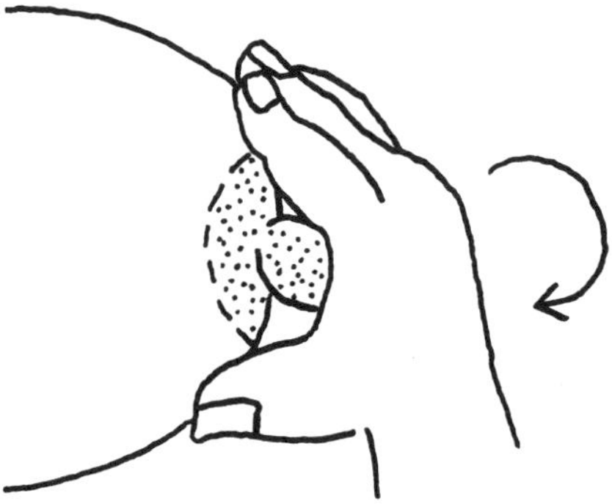

用手掌輕輕撫摸摩擦。

用手掌輕輕撫摸摩擦，讓女方覺得心癢難耐之後，再用手掌壓迫乳頭，畫大圓增強刺激。使整顆乳頭強烈轉動，大大提升對方的感受度。

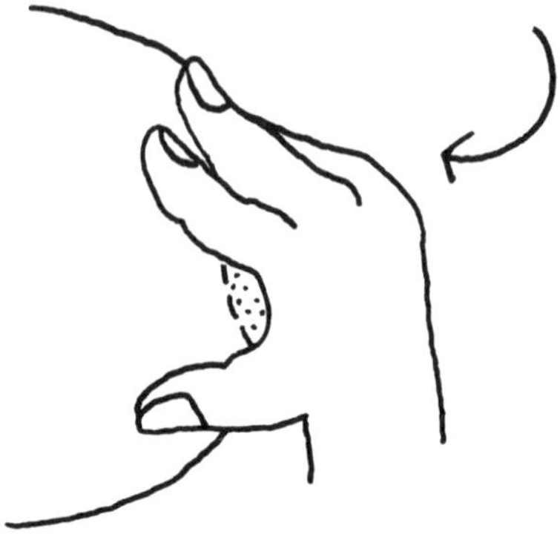

一邊壓迫乳頭，同時用手掌畫大圓刺激。

右邊的乳頭往右轉動，左邊的乳頭往左轉動，同時給予兩邊均等的快感，這種技巧可以兩顆陰蒂的快感得到相乘效果，使其心癢難耐。

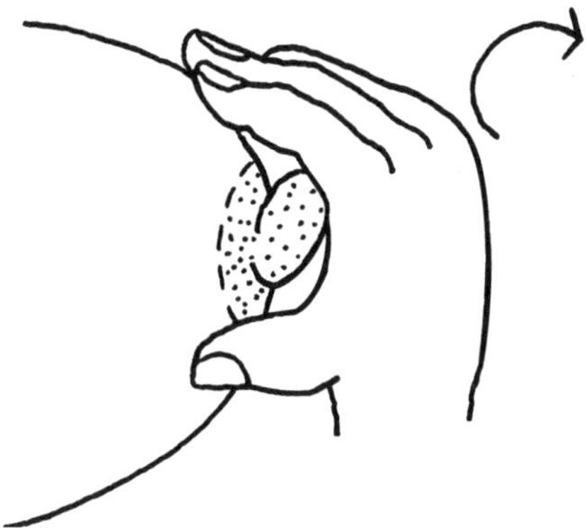

給予兩顆陰蒂（乳頭）均等的刺激。

再更加用力壓迫，畫著大圓給予強烈刺激。雖然持續強烈刺激乳頭可能會有反效果，不過藉由吸舔乳頭，會更能提升感受度。

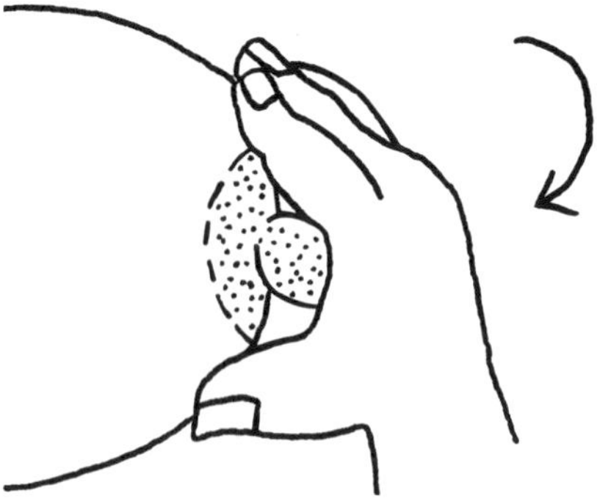

持續強烈刺激乳頭可能會有反效果

若過度摩擦乳頭，有時候會導致乳頭過於敏感，反而難以獲得快感。這種時候不要繼續摩擦，要改成用壓迫法刺激，才能讓敏感度回復，回復之後才會想要繼續受到摩擦。不用手掌畫圓，改以直接刺激。

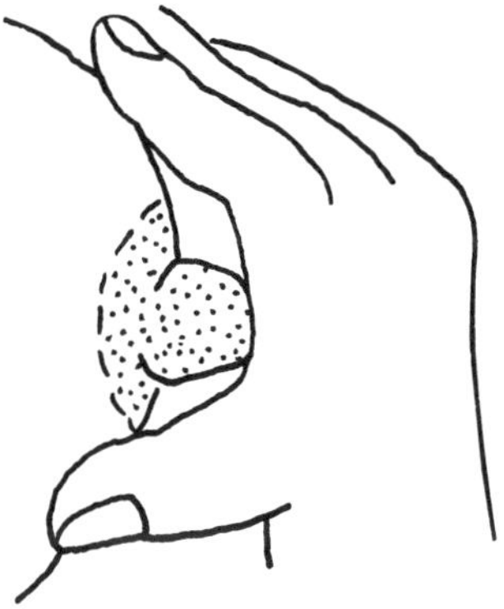

不摩擦過於敏感的乳頭的愛撫方法。

不要用力到讓乳頭陷進去，只要輕輕壓迫，重複這種刺激方式，讓乳頭稍微被壓扁就好。使用這種不摩擦的刺激方法，讓愛撫方法更加精進，這種方法也能使用在雙腿間的陰蒂上面。

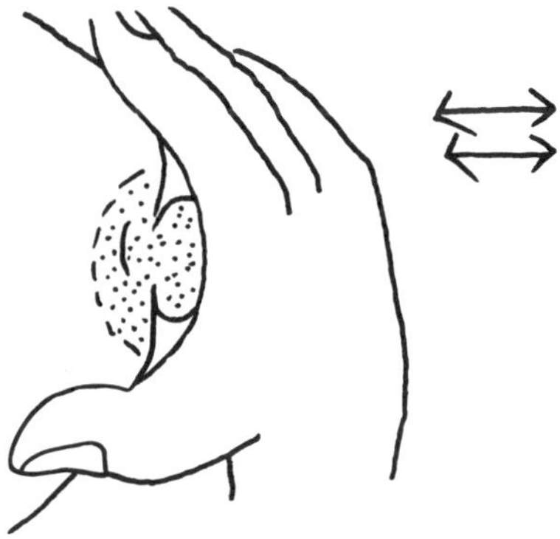

不摩擦，反覆給予輕微的壓迫刺激。

●乳頭就像小龜頭一樣

正是如此，乳頭和溼透的陰蒂不同。如果乳頭已經過於敏感，再繼續強烈刺激的話，反而感受度會變得遲鈍。如果乳頭處於溼潤狀態，就算強烈摩擦也可以得到快感，但是對乾燥的乳頭給予長時間過強的刺激會讓乳頭不舒服。

吸舔乳頭，讓乳頭溼潤之後，再摩擦即可得到快感。如果把乳頭看做上半身的陰蒂，那麼吸舔乳頭就跟對女性口交是一樣的，從八十六頁開始會解說關於上半身的口交方法。請先讓上半身的乳頭完全溼潤之後再愛撫。

愛撫乳頭的方法，要在充分理解乳頭的感受之下實行，乳頭就像是小龜頭一樣。

用手掌快速旋轉刺激達到高潮

愛撫乳頭的程度會依照個人差別而有所不同。有的乳頭會想要強烈的刺激，有的乳頭若長時間給予強烈刺激，快感反而會減半。在愛撫胸部的同時，可以詢問女方想要的刺激程度，如此即可修正愛撫胸部的方法。我希望各位能一邊活用本書，一邊找出女方乳頭的習性再給予愛撫。

讓乳頭獲得焦躁的快感，乳頭會非常想要獲得強烈刺激，變得心癢難耐，此時再用手掌壓迫乳頭，像是要用力壓扁一樣，並且以手掌快速旋轉乳頭。

這種刺激是手掌愛撫中最強烈的刺激，M（註：有被虐傾向）的女性會獲得難以忍受的快感，上半身的兩顆陰蒂因高速旋轉受到刺激，有的女性因此達到高潮。這種靠乳頭就能高潮的女性，她們的陰蒂和陰道非常的敏感。

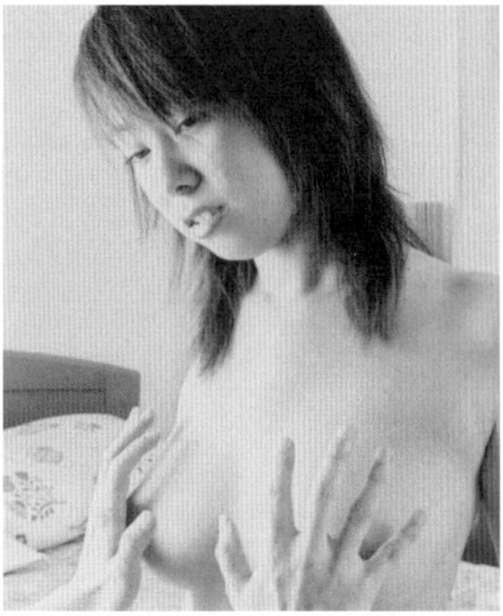

手掌用力貼上乳頭。

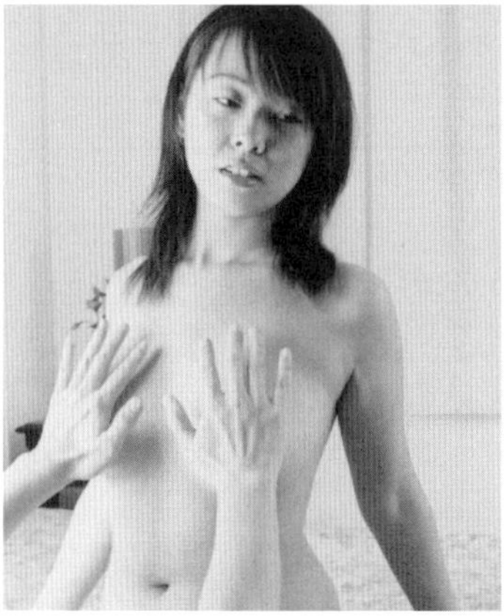

乳頭變得非常敏感，難以忍受。

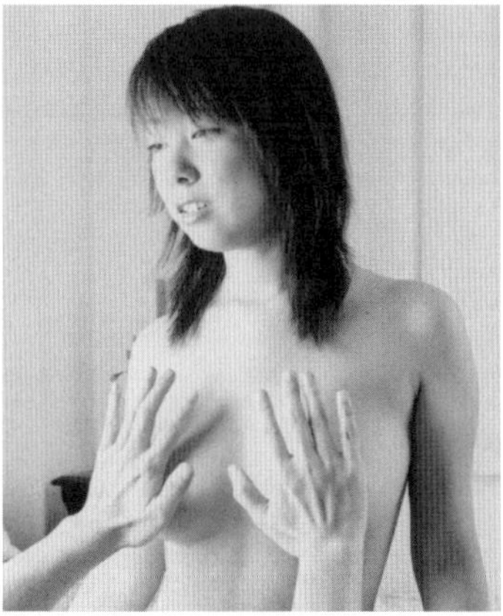

雙手快速旋轉，給乳頭強烈刺激。

雙腿間的陰蒂也想要受到刺激。

以圖片說明。乳頭得到焦躁的快感之後，會想要更強的刺激。以手掌用力貼上乳頭，像是要把乳頭壓進去一樣，可以期待乳頭會彈出來。

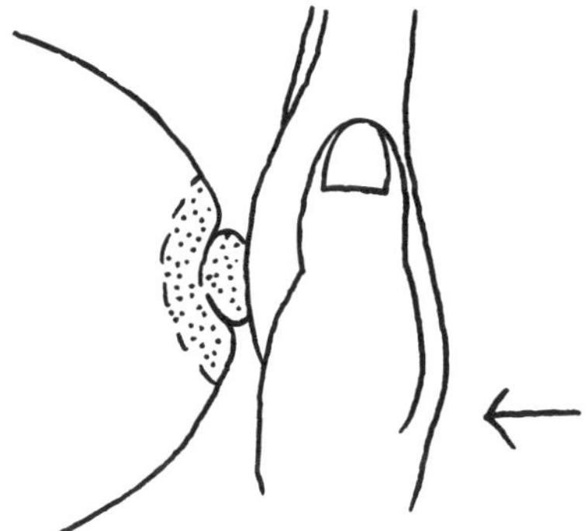

以手掌用力貼上乳頭，像是要把乳頭壓進去一樣。

保持把乳頭壓進去的狀態，雙手快速旋轉畫圓，也可以讓手掌顫動，模仿按摩棒的方式刺激。兩顆陰蒂受到相同動作的強烈刺激，這對M女會難以忍受。

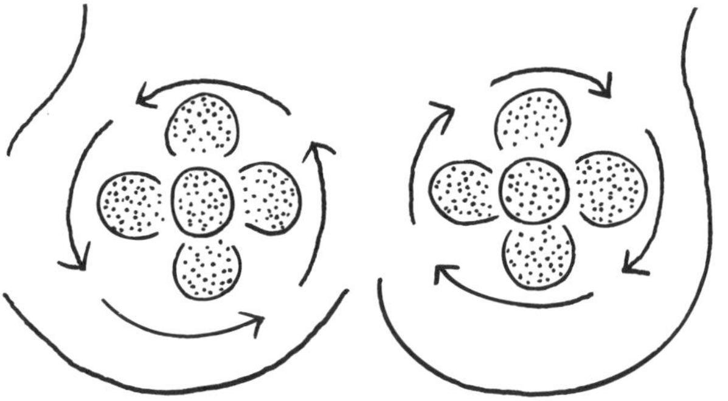

手掌快速旋轉，給予強烈刺激。

●在溼潤的狀態下快速旋轉刺激

對情侶來說，揉搓胸部也是一種很好的溝通方式。就我而言，我會請男朋友把潤滑液塗在胸部和他手上，再對胸部按摩。這時乳頭已經溼了，如果受到快速的旋轉刺激，會得到很強的快感，好像光靠乳頭就能高潮一樣。

龜頭也是一樣，如果塗上潤滑液再摩擦的話，也會很舒服吧！陰蒂如果泡在愛液裡面，在溼潤的狀態下摩擦，可以獲得最棒的快感。這種敏感的地方還是要弄溼，感覺才會舒服吧！請各位務必要把潤滑液塗到女朋友的胸部上，在溼潤的狀態下給予刺激，這會讓女方舒服到快要高潮。

揉搓旋轉乳頭是愛撫的最佳方式

用拇指揉搓、旋轉愛撫乳頭，是每位男性都會使用的最佳愛撫方法。這種愛撫方法，可以讓女性的意識集中在讓乳頭獲得快感上，感受度也會提高，是最能讓女性愉悅的愛撫方式。有時輕輕轉動，有時強烈轉動，這種有強弱變化的方式能給予女性快感，女方的眼神也會愈來愈恍惚。

前面也提過很多次，上半身陰蒂的快感會傳達給雙腿間的陰蒂，使其完全勃起。此時陰道也已經溼透了。用拇指揉搓旋轉乳頭之後，再用力壓迫完全堅硬勃起的乳頭，可以產生不同的快感，使女方能享受各種快感。

就我的實地取材來看，揉搓、旋轉乳頭的愛撫方式對所有的女性都有效。就像三井所寫的一樣，如果使用潤滑液愛撫乳頭，會讓女性獲得感動及愉悅。

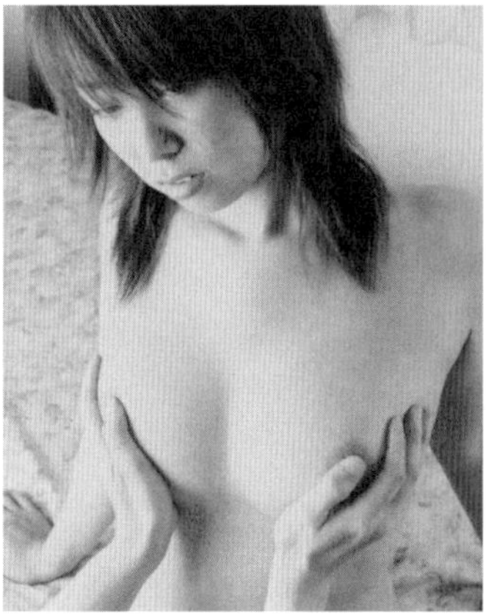
不揉胸部，集中愛撫乳頭。

用拇指揉搓、旋轉乳頭，對所有的女性都很有效。

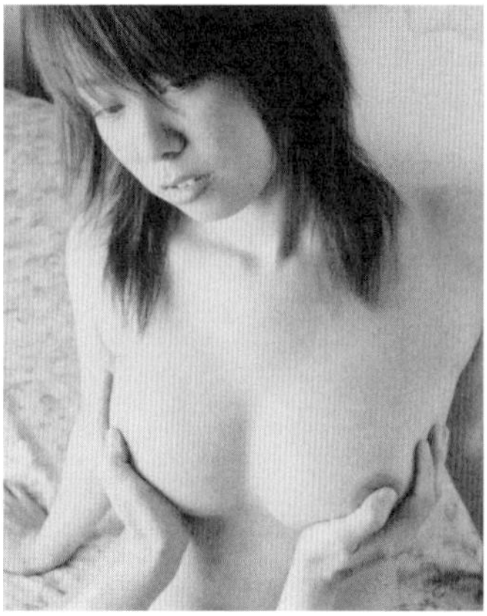
用拇指揉搓、旋轉乳頭，使女方集中在乳頭的快感上。

女方獲得強烈快感後，眼神開始逐漸恍惚了。

以圖解說明。不揉胸部，集中愛撫乳頭。用拇指按住乳頭前端，旋轉手指揉搓乳頭。女方的意識集中在乳頭的快感上，雙腿間也會感到心癢難耐。

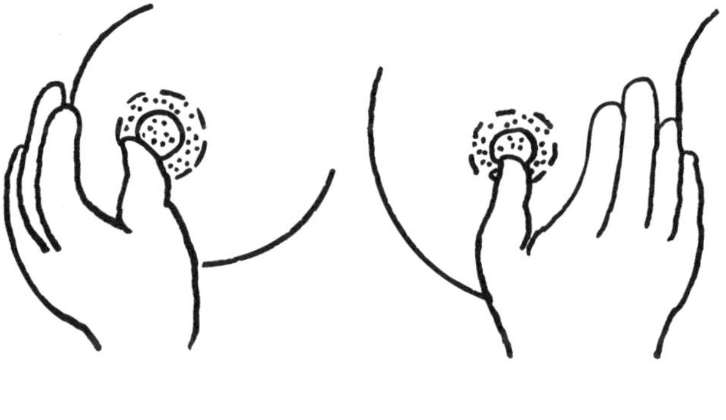

不揉胸部，而單純揉搓、旋轉乳頭。

用拇指把乳頭往上推，雙手指頭的動作相同，藉由相乘效果讓兩顆陰蒂獲得百分之一百六十以上的快感。女方把意識集中在乳頭快感上，感受度急速上升。

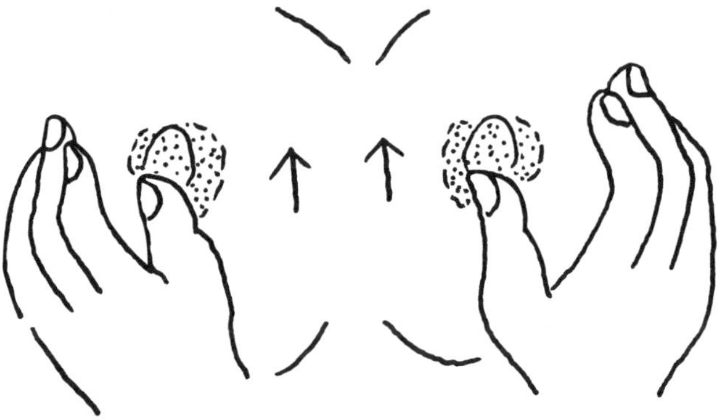

以相同動作刺激兩顆乳頭。

用拇指把朝向上方的乳頭往左右移動旋轉。一開始先輕輕揉搓，之後再逐漸加強力道壓迫，女方會開始喘息，獲得很好的效果。這時就會想要吸乳頭了吧！

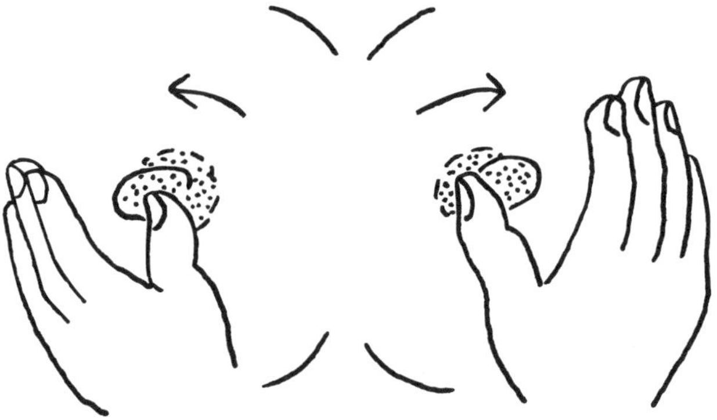

揉搓、旋轉乳頭。

照箭頭的方向，用拇指旋轉揉搓乳頭。這種旋轉方式是手指愛撫之中最能獲得快感的，對所有的女性都有效。乳頭的快感遍布全身，身體也開始熱了起來。

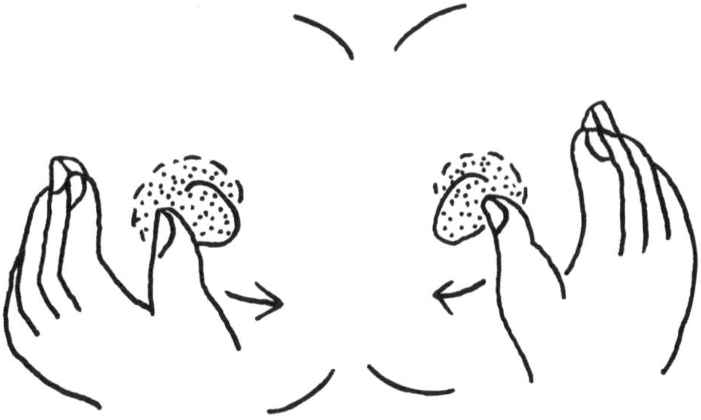

按照箭頭的方向旋轉。

繼續按照箭頭的方向旋轉揉搓，逐步加強力道，以揉捏的方式旋轉揉搓。如果用潤滑液在溼潤的狀態下揉搓的話，效果最好。陰蒂也會開始想要被揉捏。

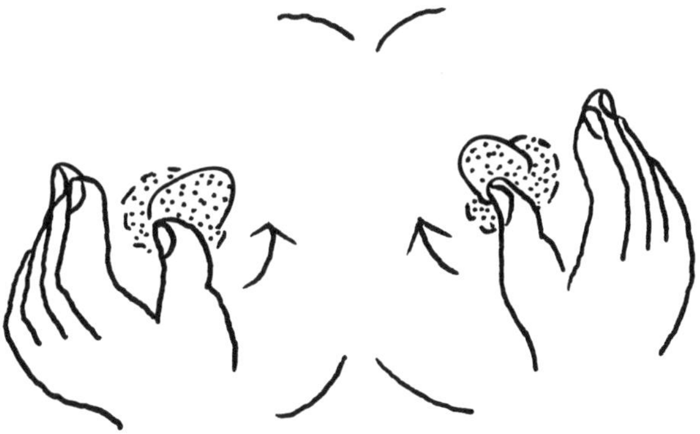

陰蒂也開始想要被揉捏。

用同一張圖片進行連續解說。不揉胸部，用拇指按著乳頭。一開始先輕輕按，轉動拇指揉搓乳頭，使女方的意識集中在乳頭的快感上。

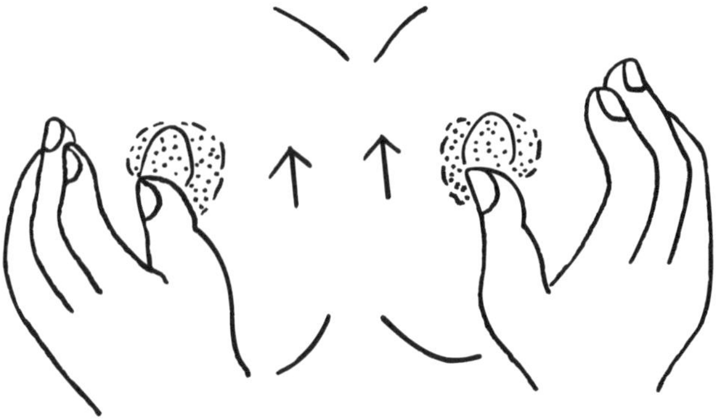

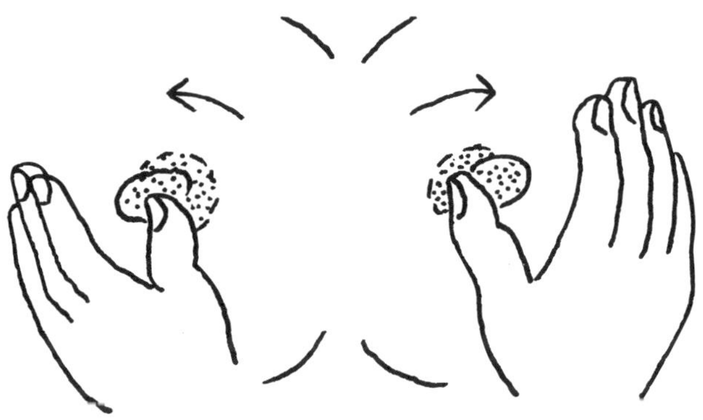

用拇指把乳頭推向箭頭指的方向。這樣就會讓女性獲得快感，如果用拇指對乳頭畫圓，藉由相同的愛撫動作，相乘效果可以讓兩顆乳頭的快感加倍。

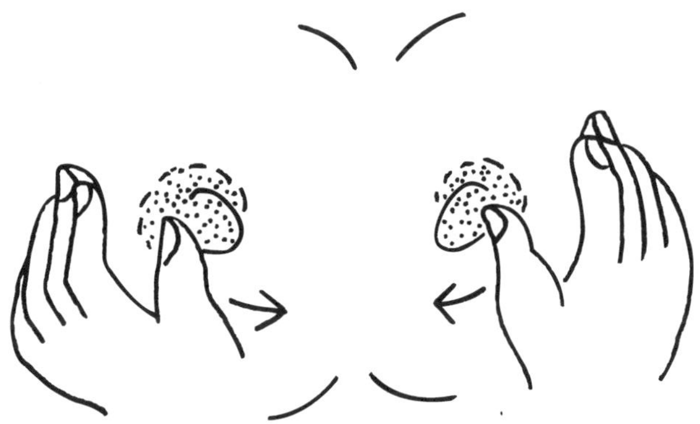

用拇指把乳頭揉搓轉向箭頭的方向。在手指愛撫之中，揉搓乳頭的快感最高。不過如果把乳頭當作陰蒂來愛撫，愛撫方式會與以往不同，可讓女方的感受度迅速提高。

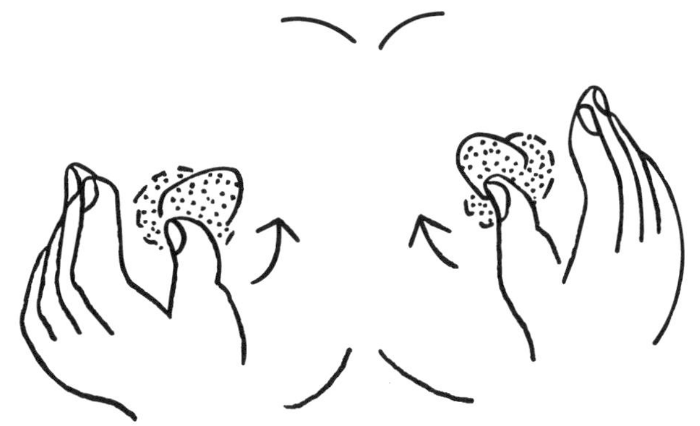

把乳頭揉搓轉向箭頭的方向。逐漸加強力道，以揉捏的方式旋轉。這時快感也會提升，特別是喜歡強烈刺激愛撫乳頭的女性，快感會讓她開始喘息，陰蒂也會感到心癢難耐。

可以嘗試上下用力轉動乳頭，或是朝左右用力轉動。每種乳頭都會有喜歡的刺激方式，嘗試各種方式，察看女方的反應，這也是能獲得快感的愛撫方式。

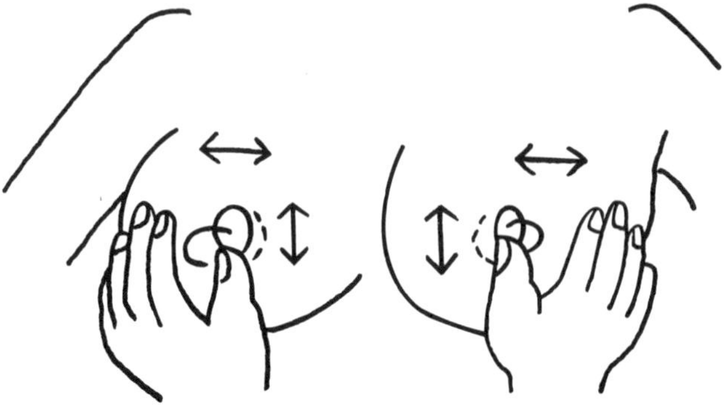

上下左右轉動乳頭。

也有的人喜歡被同時愛撫胸部並揉搓乳頭。可以嘗試一邊用力揉搓胸部，一邊揉捏、旋轉乳頭。胸部和乳頭要朝同一個方向揉搓。

同時愛撫胸部並揉搓乳頭。

可以嘗試轉動手掌揉搓胸部，並同時用力揉捏、旋轉乳頭。揉搓、轉動，並且同時旋轉乳頭，一起進行這三種動作，並察看女方的反應。

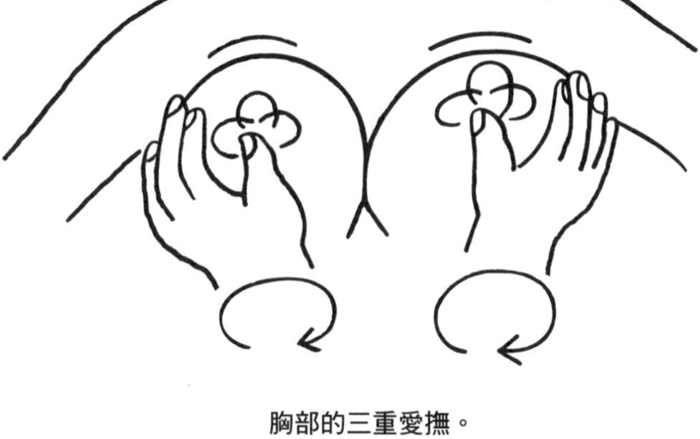

胸部的三重愛撫。

若乳頭完全勃起，形狀也很巨大，那就要有節奏的壓迫乳頭，即可奏效。陰蒂若受到有節奏的壓迫，也會很有快感。愛撫乳頭跟愛撫陰蒂很像。

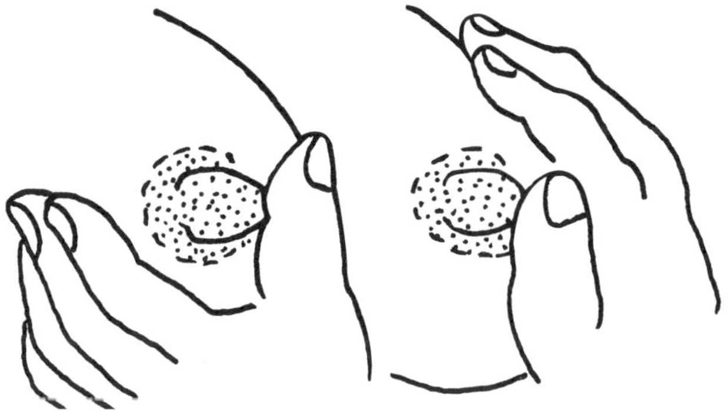

對巨大乳頭很有效。

用力壓迫之後會有反彈的力道，這會使女性得到強烈的快感，從乳頭的根部開始，整個乳頭都會很舒服。依照我的經驗，乳頭愈大反彈的力道會愈強，快感也會愈大。

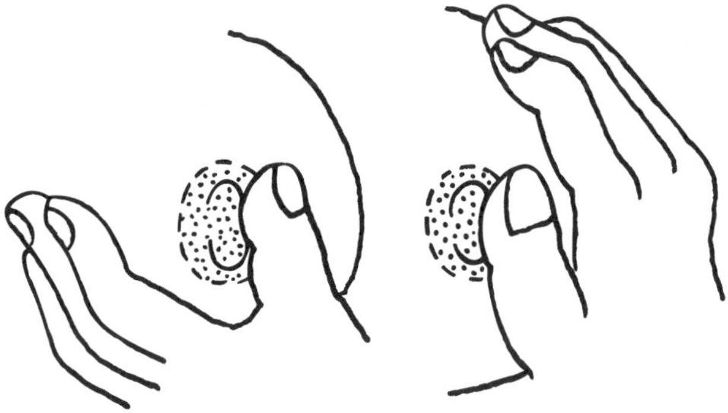

有節奏的壓迫乳頭。

●愛撫陰蒂的技巧也會很好

乳頭受到揉搓旋轉的話，兩顆陰蒂的快感確實會提升到最高。乳頭的感受度雖然會依照每個人的情況有所不同，不過這似乎是因爲大小和形狀不同，喜歡的愛撫方式也不同。乳暈和乳頭上面有密集的神經末梢，比起小乳頭，大乳頭能受到刺激的面積更大，因此更容易刺激，感受度也比較高。

我的乳頭算是比較大一點的，也比較容易刺激。即使是小胸部也有大乳頭，大胸部也有跟紅豆差不多小的乳頭。就算是比較小的，如果先充分按摩胸部之後，再愛撫乳頭的話，基本上感受度都不會有太大的差別。如果愛撫乳頭的技巧高明，愛撫陰蒂的技巧也會很好。

用唾液沾溼乳頭，給予刺激

從正面角度來解說揉捏乳頭的愛撫方法；此外，也可以將乳頭當作是陰蒂，舔舐濡溼乳頭之後再愛撫，在溼潤的狀態下，敏感度將會急速上升。乳頭在溼潤的時候會比較有快感。

也可以使用潤滑液，不過在性愛過程中，用唾液沾溼乳頭會比較能順暢進行，興奮程度也會提高。如果要用潤滑液的話，可以鋪個塑膠墊，進行全身淋滿潤滑液的玩法，這樣興奮度和快感度都會大為提升。不過本書是《極致愛撫①——胸部特集》，在此就不解說潤滑液與塑膠墊的玩法。

之前有解說過，敏感的部位要保持溼潤，這樣刺激起來才會比較舒服。如果把乳頭和乳暈同時含住，用唾液沾溼後再給予刺激，會更加有效。要把乳頭當作溼潤的陰蒂來愛撫。

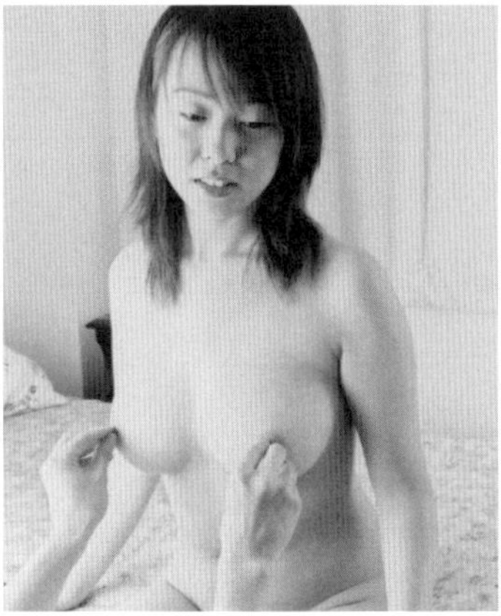

先用數隻手指捏住乳頭和乳暈輕輕揉搓。

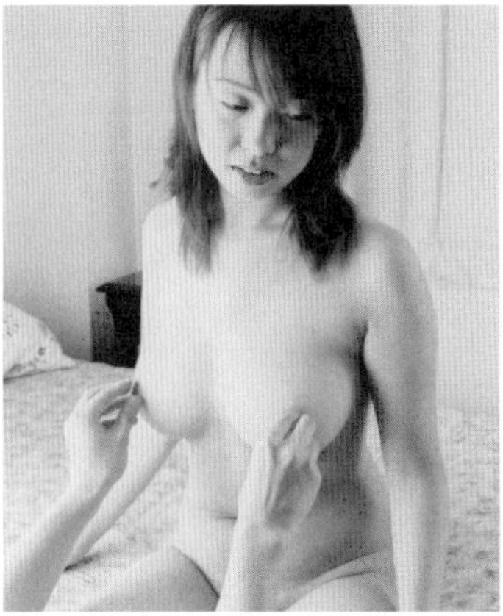

女方會感到興奮及快感，想要更多刺激。

用數隻手指捏住乳頭及乳暈。

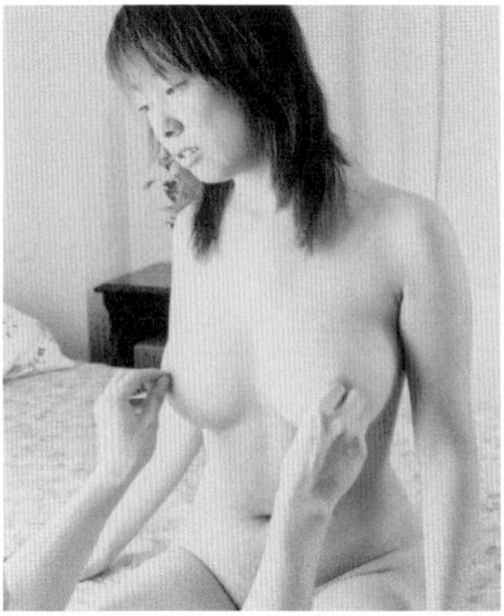

捏著乳頭和乳暈轉動。

接著用拇指和食指施力捏住乳頭。

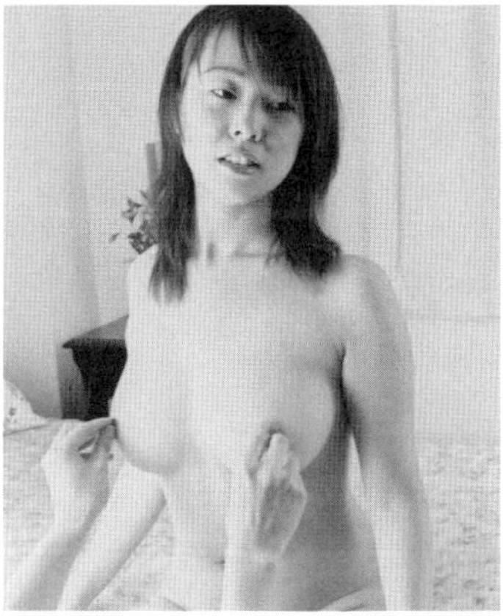

一邊施力捏著，一邊旋轉乳頭。

力道要時強時弱，有時試著揉搓一下。

女方感受到乳頭的快感，眼神開始恍惚。

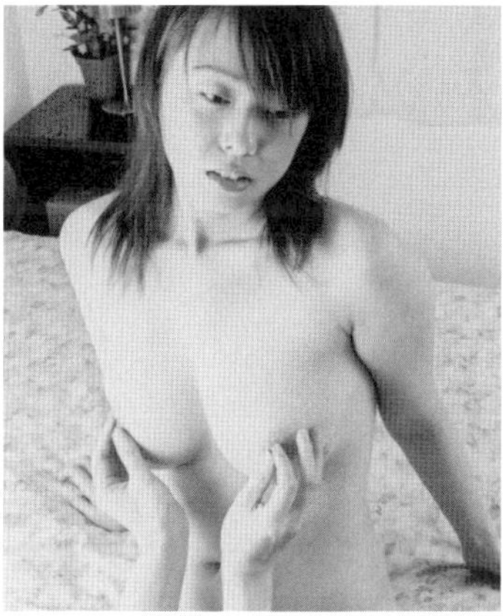

用力揉搓乳頭，女方會突然震一下。

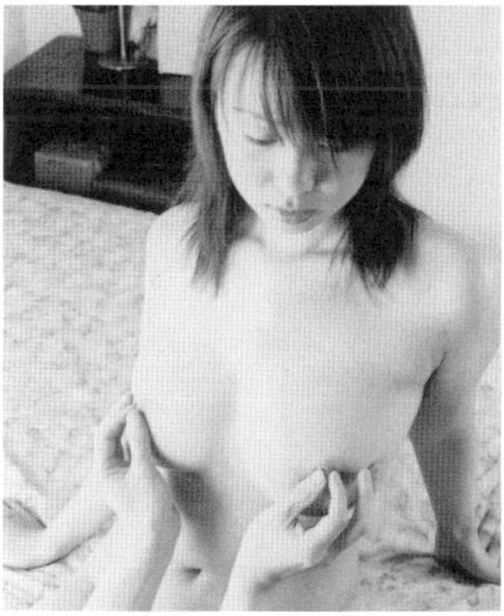

又捏又掐，女方的反應更加劇烈。

用五隻手指捏住整個乳頭和乳暈，輕輕揉搓刺激。這種愛撫會讓女方想要更強烈的愛撫，產生焦躁難忍的快感，乳頭本身也會產生期待。這時就回應對方的期待，給予強烈的刺激愛撫。

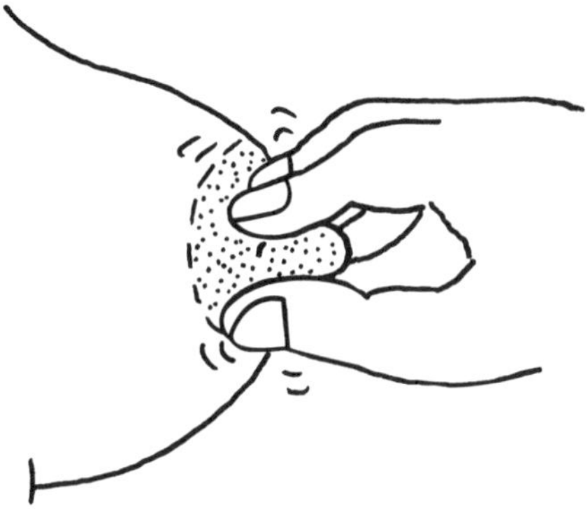

用五隻手指捏住整個乳頭和乳暈

以手指前端掐入乳暈裡面，施力捏住乳頭的根部部分。用時強時弱的力道揉搓乳頭及乳暈。先輕輕揉，再施力揉，或是先放輕力道再用力揉；重複此步驟。

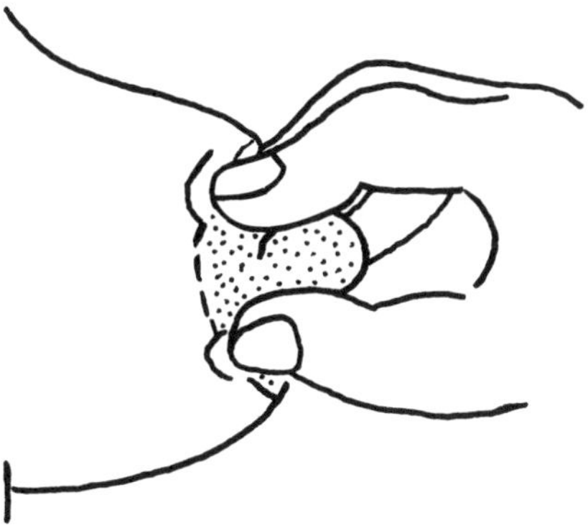

施力捏住乳頭的根部部分。

往右側時輕輕地揉搓，時而用力揉搓，並且同時察看女方的反應，如果在用力揉搓的時候對方表現出舒服的感覺，那麼她就是喜歡比較強烈的刺激。重複輕撫再施力揉搓的動作，效果會非常好。

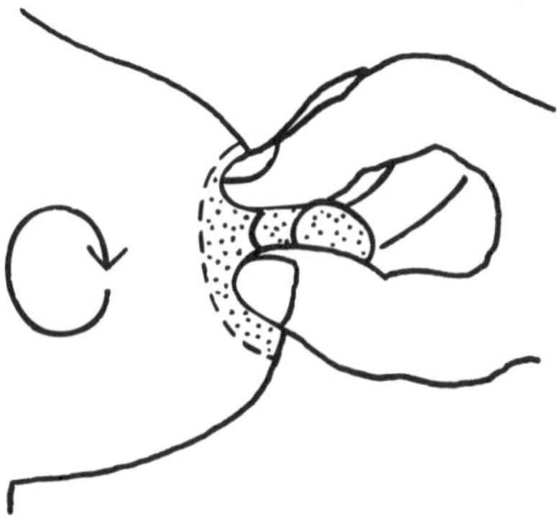

輕輕揉搓，察看女方的反應。

捏住整個乳頭和乳暈，時而輕輕往左右揉搓，時而用力揉搓。同時以手指壓住乳頭，也是時而用力時而放鬆，同時以揉搓和壓迫的方式刺激乳頭。

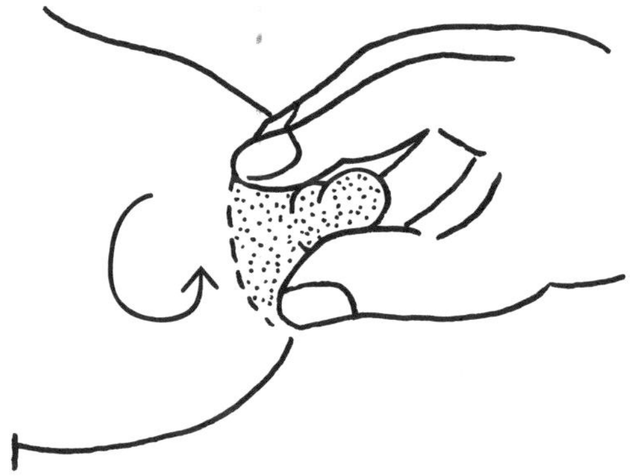

同時以揉搓和壓迫的方式刺激。

輕輕捏住乳頭拉扯，時而用力捏住乳頭拉扯。藉由強弱的變化，來察看女方的反應，如此，便能知道女方對刺激的喜好了。

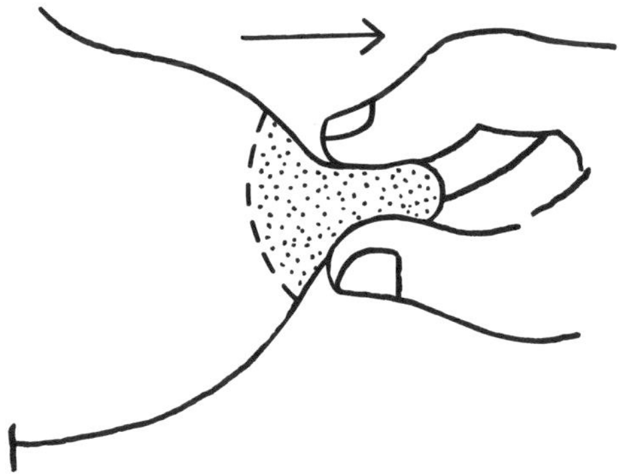

拉扯乳頭。

如果對方喜歡強烈刺激，就用力捏用力拉，拉完再放開手指，重複此動作後，對方上半身的陰蒂會想要被你的嘴巴吸吮，感到心癢難耐。

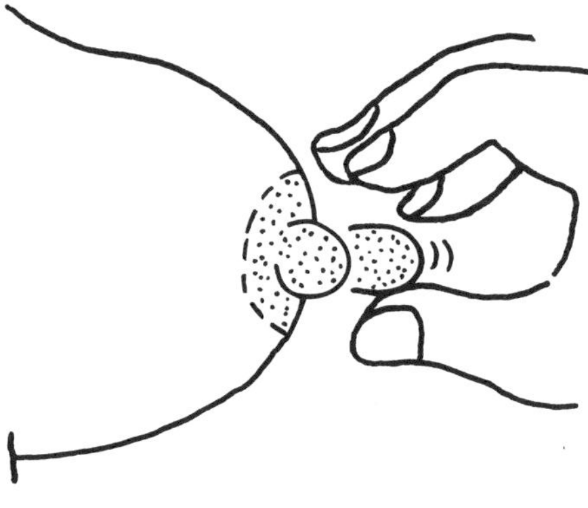

拉扯乳頭後再放開。

前面提過很多次，乳頭就是上半身的陰蒂，這裡希望各位能再次理解乳頭的快感是陰蒂的百分之八十，理解之後再進行愛撫。

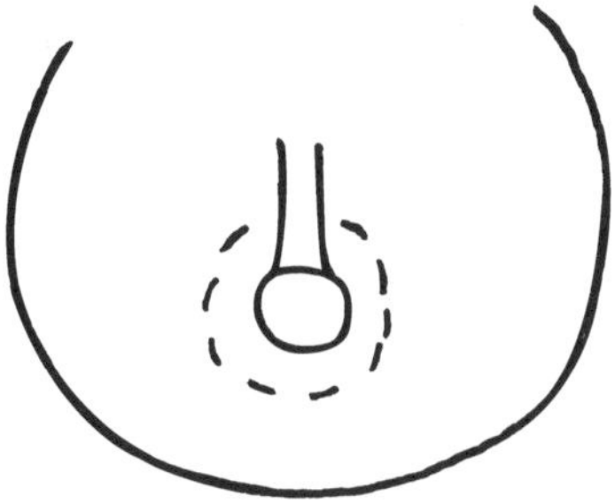
乳頭有百分之八十的快感。

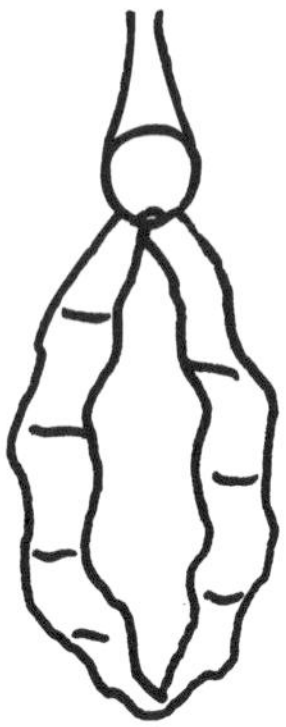
陰蒂有百分之百的快感。

上半身有兩顆陰蒂。因為上半身的兩顆陰蒂是並排的，所以同時愛撫可得到相乘效果，能讓對方感到百分之一百六十的快感。

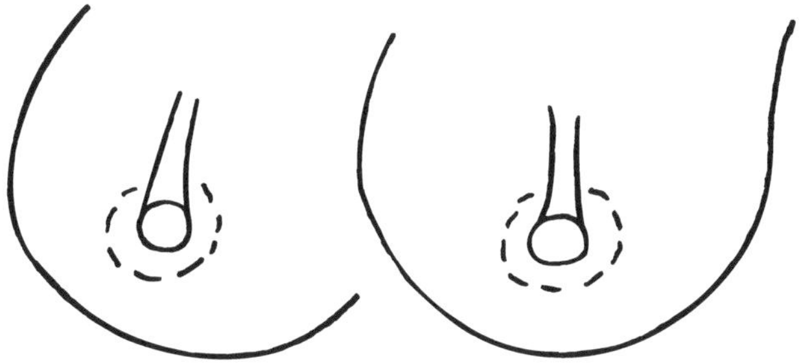
兩顆乳頭加在一起，就是百分之一百六十的快感。

雙腿間的陰蒂要在溼潤之後再摩擦才會舒服。上半身的陰蒂也是要在溼潤之後摩擦才有快感。同時吸舔整個乳頭和乳暈，用唾液充分使其潤澤。

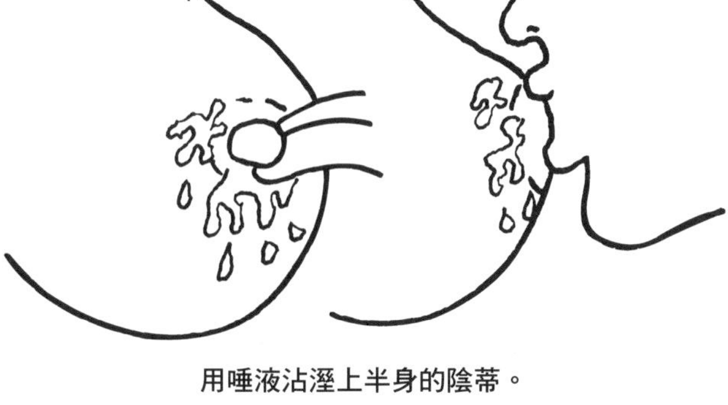
用唾液沾溼上半身的陰蒂。

在上半身的陰蒂溼潤後，用拇指同時摩擦兩顆溼潤的陰蒂。習慣之後，可以同時揉搓胸部並摩擦乳頭，如此將會更有快感。如果乾掉了，再用唾液沾溼。

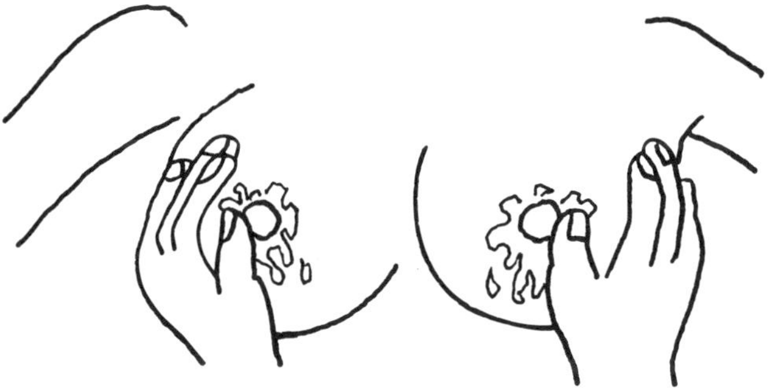

用拇指摩擦兩顆溼潤的陰蒂。

陰蒂（乳頭）被唾液沾溼之後，用手指捏著旋轉或是揉捏，交替吸吮兩顆乳頭再揉捏，可以使乳頭保持在溼潤狀態下進行手指愛撫。

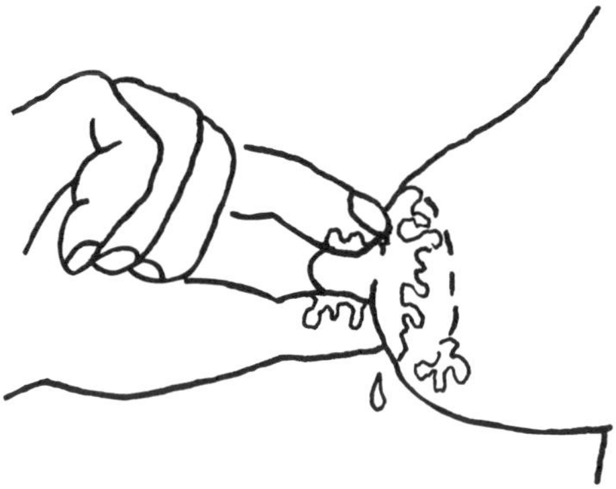

用手指捏住潮溼的乳頭，旋轉、揉捏。

●對上半身的陰蒂口交

乳頭若在強烈的刺激下被長時間愛撫，麻癢的快感就有可能會減半。在吸吮或舔舐乳頭時，可以用力一點也不要緊，但是用手指愛撫的時候得要溫柔的愛撫，有時再給予強烈刺激，如此就能保持持續的刺激快感。

上半身的陰蒂和雙腿間的陰蒂一樣，在溼潤的時候用手指摩擦會獲得快感。請用口交的方式使上半身的陰蒂濡溼，溼潤的乳頭受到刺激時敏感度也會上升。在溼潤的情況下同時愛撫兩顆陰蒂，會讓下半身的陰蒂得到相同的快感，陰道也會感到興奮害羞，開始愈來愈溼。

在淫潤狀態下刺激乳頭，效果絕佳

先以唾液充分潤淫乳頭，再用之前介紹過的愛撫方式刺激。乳頭和下半身的陰蒂一樣，在淫潤的情況下受到摩擦，敏感度就會提高。如果乳頭乾掉的話，就再次用唾液潤淫乳頭及乳暈，並同時刺激淫潤的乳頭及乳暈。

乳頭在潤淫後敏感度會急速上升，藉由沾淫乳頭的動作，乳頭也會愈來愈想要被吸吮。從九十五頁開始有解說吸吮乳頭的技巧，在這裡會先詳細以圖片解說，要如何愛撫已經焦躁難忍想被吸吮的乳頭，才會讓女性（包含本書共同作者：三井京子）的乳頭想要繼續被吸吮。

若是比較大顆的乳頭，在吸時要同時以口舌來回舔舐、摩擦乳頭，這是讓乳頭最興奮的刺激方式。胸部是為了被揉而存在的，乳頭也是為了被吸而存在的。

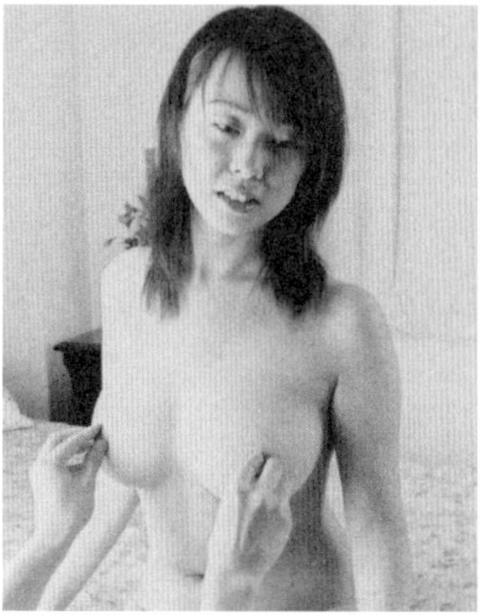

在淫潤下刺激乳頭，使敏感度急速提升。

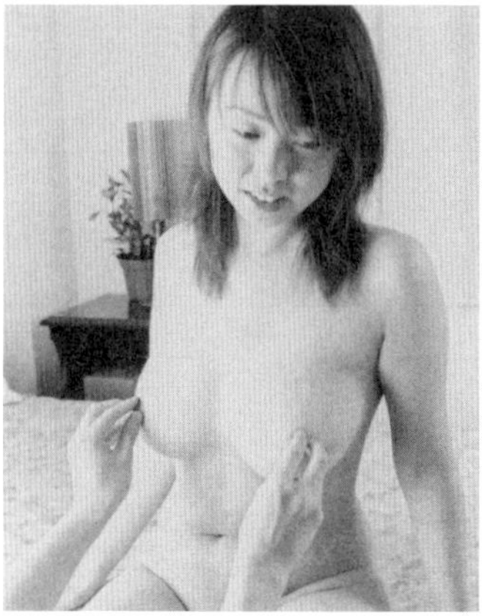

敏感度回復之後再急速提升，乳頭可獲得快感。

乳頭因刺激感到麻癢，敏感度也回復。

乳頭開始變得心癢難耐，想要被吸吮、舔舐了。

捏住乳頭，把乳頭當作陰蒂，在溼潤的狀態下給予刺激。兩個並列的乳頭的快感有百分之一百六十。藉由刺激上半身的陰蒂，雙腿間的陰蒂也會難以忍受。

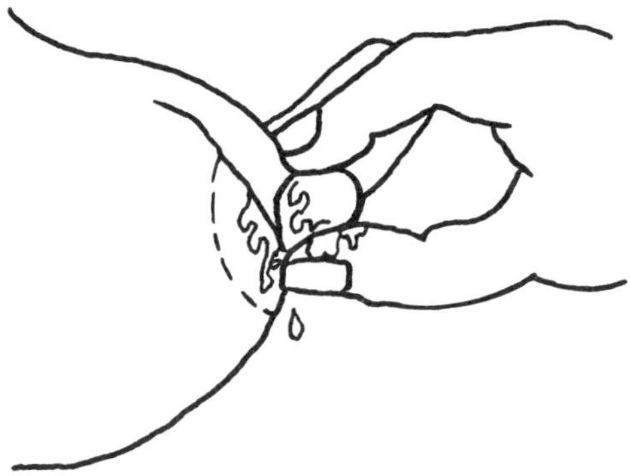

捏住陰蒂（乳頭），在溼潤的狀態下給予刺激。

把乳頭當作小龜頭，來回套弄刺激。如果是有小孩的女性，這種刺激帶來的快感甚至能媲美乳汁噴發的快感。先用唾液充分潤溼後再套弄刺激的話，會有更佳的效果。

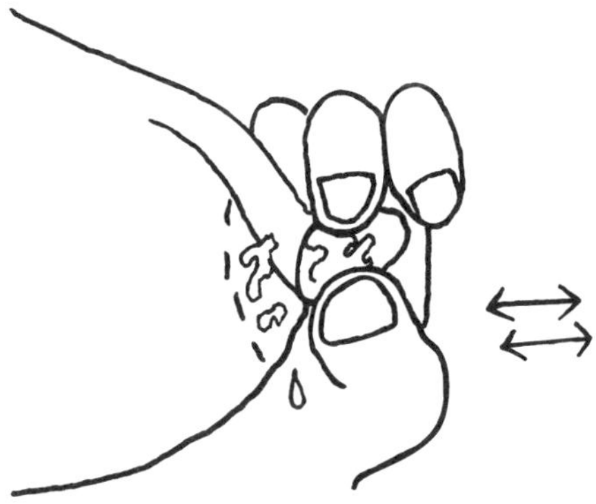

把溼潤的乳頭當作小龜頭來回套弄刺激。

●來回套弄溼潤的乳頭

一開始先愛撫乳頭，等到產生快感之後，再吸舔乳頭使其布滿唾液，此時再用手指愛撫，會有非常好的效果。至於雙腿間的陰蒂，可先讓愛液充滿其上，再用手指摩擦，即可獲得最棒的快感。乳頭也是一樣，先使其溼潤，再用手指摩擦，乳頭就會變得非常想被吸吮。

對陰莖口交時，若是先用唾液溼潤，再用手來回套弄，這種感覺會很舒服；乳頭也是一樣，在溼潤時來回套弄會很舒服。我想大部分的男性都沒有套弄過乳頭的經驗，小顆的乳頭可能比較難套弄，如果女朋友的乳頭比較大顆，請試著在溼潤的狀態下套弄看看吧！

用三根手指的指腹摩擦乳頭

三井京子有寫到過，在接吻的同時愛撫胸部，會讓女方覺得很舒服，且能讓性愛過程更加美妙。在這裡我要介紹一種手指愛撫的方法，可以在愛撫胸部的初期就立刻讓乳頭感到快感。為了讓讀者能了解手指的動作，本頁介紹胸部愛撫的照片並沒有進行接吻，不過還是要先輕吻或深吻，或是讓雙方舌頭交纏，再同時愛撫胸部。

張開手掌，如同下一頁中段的插圖一樣，把手放在胸部上，使乳頭夾在食指與中指之間。照下一頁插圖的箭頭方向移動手掌，讓指腹摩擦乳頭。中指、無名指的指腹擦過乳頭之後，再把手掌朝反方向移動，依照無名指、中指、食指的順序摩擦乳頭。若是一邊進行深吻，一邊摩擦的話，興奮度和快感都會愈來愈大。

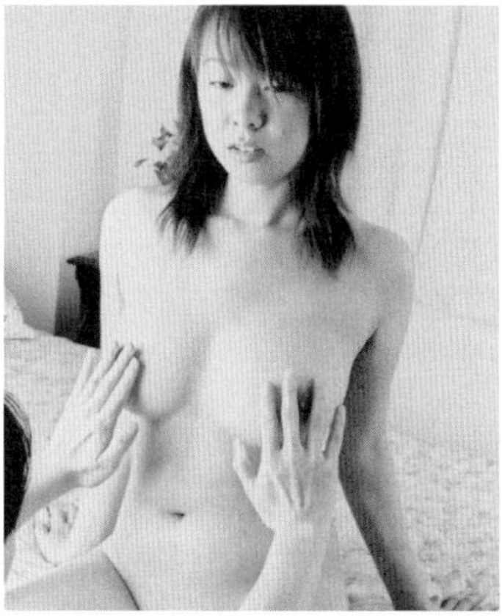

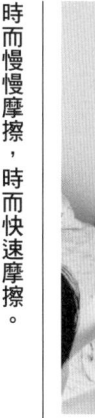

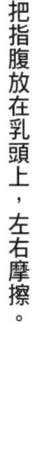

把指腹放在乳頭上，左右摩擦。

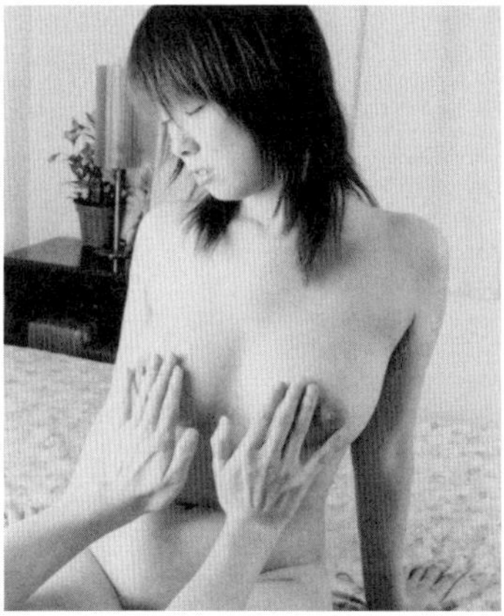

時而慢慢摩擦，時而快速摩擦。

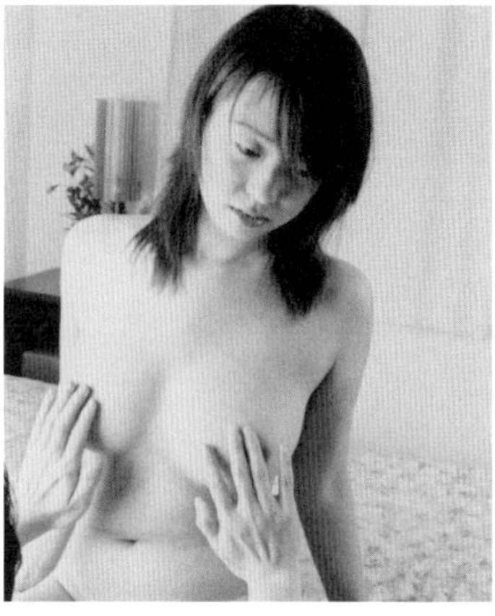

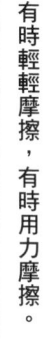

持續用指腹摩擦乳頭，快感也急速提升。

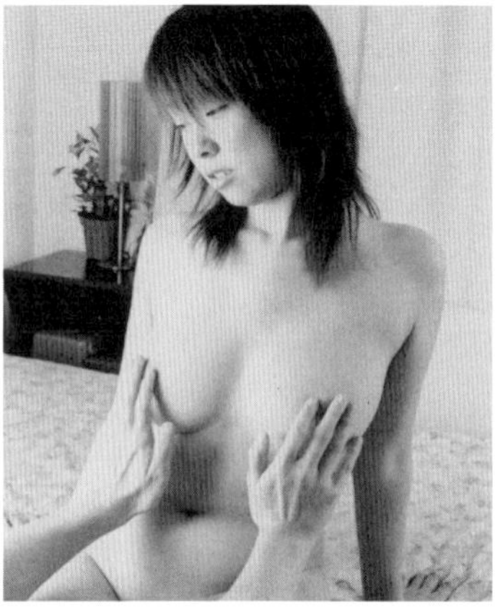

有時輕輕摩擦，有時用力摩擦。

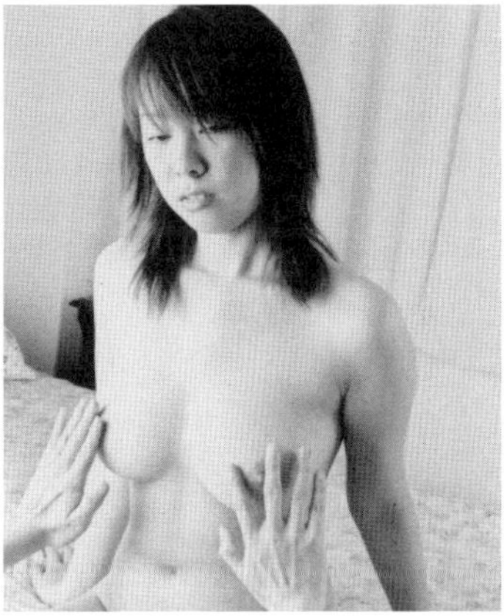

實戰時要一邊深吻，一邊摩擦。

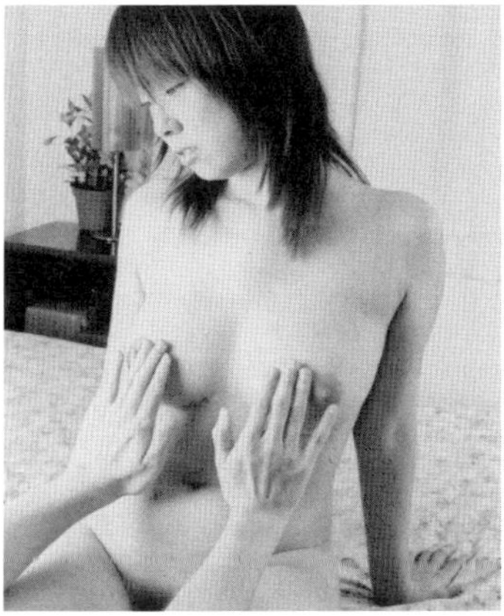

乳頭完全勃起變硬，用力摩擦。

我用插圖來解說。把手放在胸部上，食指與中指夾住乳頭。先輕吻或深吻，或是讓雙方舌頭交纏，再同時愛撫胸部。

讓乳頭位於中指和食指之間。

一開始先輕吻對方，在接吻的同時按照箭頭的方向移動手掌，用指腹持續摩擦乳頭。一開始先輕輕摩擦，讓對方有焦躁的快感，進而想要更強烈的快感。

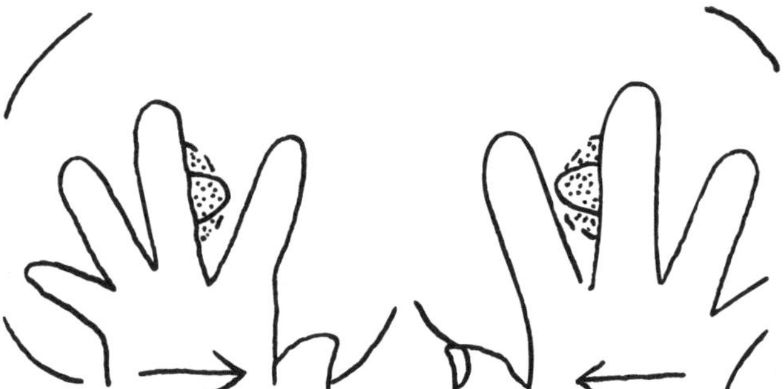

一開始先輕吻對方，同時輕輕摩擦乳頭。

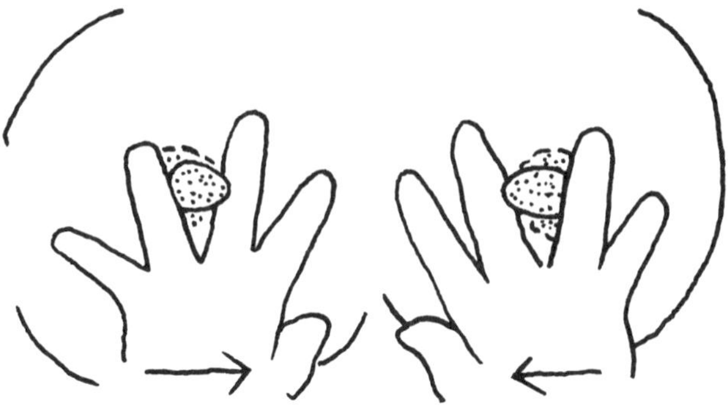

按照箭頭的方向移動手掌，讓中指指腹摩擦乳頭。

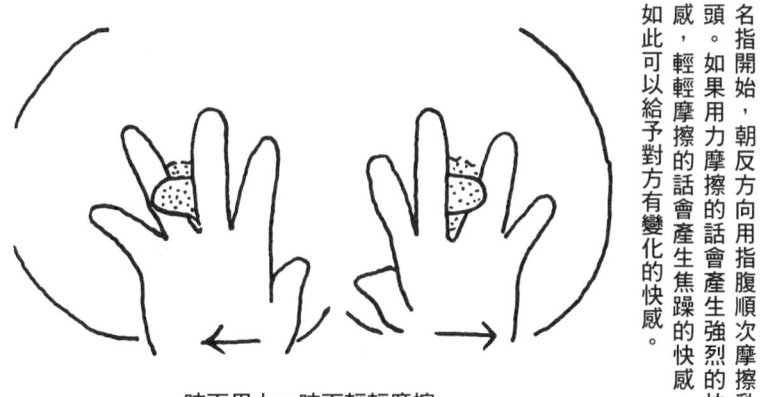

按照箭頭的方向移動手掌，先用中指指腹摩擦乳頭，本來位於食指和中指間的乳頭會移動到中指和無名指間。此時再移動手掌，讓無名指指腹擦過乳頭。

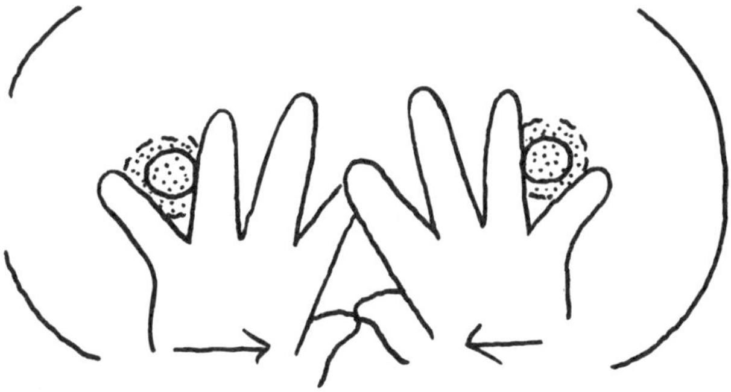

讓中指、無名指指腹擦過乳頭後，再以反方向摩擦。

讓中指、無名指指腹擦過乳頭。在深吻的同時逐漸加強摩擦力道，當舌頭激烈交纏時，要更用力、更快地摩擦，使快感提升。

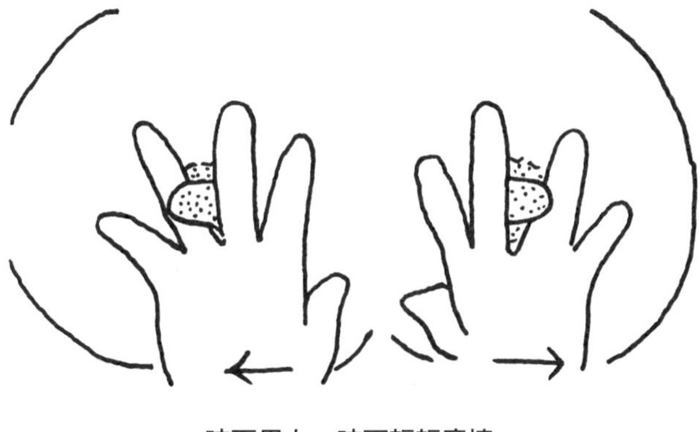

時而用力，時而輕輕摩擦

按照箭頭，把手掌朝反方向移動。從無名指開始，朝反方向用指腹順次摩擦乳頭。如果用力摩擦的話會產生強烈的快感，輕輕摩擦的話會產生焦躁的快感，如此可以給予對方有變化的快感。

朝反方向移動手掌，用無名指及中指指腹摩擦乳頭。隨著激烈的接吻，同時加強摩擦的力道，這麼一來快感會瞬間提升，女方的口中也會傳出喘息聲。

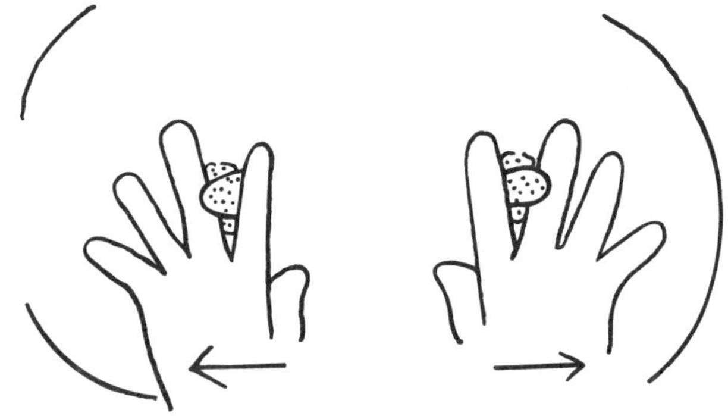

按照箭頭的方向，用指腹摩擦乳頭。

按照無名指、中指、食指的順序，用指腹摩擦乳頭。乳頭完全勃起後，用手指碰觸摩擦，快感可達到最高潮。此時可輕輕摩擦使其焦急，或是用力摩擦。

左右移動雙手，用三根手指的指腹來回摩擦。

●已經產生高潮的預感

這種用三根手指摩擦乳頭的方法，會讓乳頭快速勃起，敏感度也會立即提升。一邊接吻，一邊撫摸胸部的話，女性完全不會覺得反感，所以可以讓接吻愈來愈激烈，同時也愈來愈用力摩擦乳頭。

用指腹快速摩擦的快感也會傳達到陰蒂和陰道，使其產生高潮的預感，能安心沉浸在快感之中。若是依照這種能確實讓女性達到高潮的流程來進行，那麼愛液流出的量也會多到讓女性本人吃驚。充滿愛液的陰道，會讓你勃起的陰莖獲得最棒的快感。當然，溼透的陰道受到陰莖摩擦，也會非常舒服，進而邁向高潮。

●能確實達到高潮的愛撫方法

本書《極致愛撫①——胸部特集》的第三章是「吸吮舔舐乳頭」，這也是最能讓乳頭舒服的方法。之前也解說過了，如果陰蒂的快感是百分之百，那麼乳頭的快感就是陰蒂的百分之八十。陰蒂比較小，所以有時候會沒有精準愛撫到，而無法達到百分之百的快感。但是乳頭比較大，而且本身的構造也是爲了吸吮、舔舐而存在的，可以確實獲得百分之八十的快感，兩顆乳頭加在一起就是百分之一百六十以上的快感。

在第五章，我們會介紹並解說如何同時愛撫上半身的兩顆陰蒂及雙腿間的陰蒂。如果同時對這三顆陰蒂精準愛撫，那麼也就代表能確實達到高潮了。女方會很想要你又熱又硬的陰莖，轉變成對你說「拜託，快點進來」的狀態。如果讓對方到達如此焦躁難忍的狀態，之後她就隨你的陰莖擺布了。能讓女方縱情恣慾享受快感的話，女性是很簡單就能達到高潮的。

請讓女方吸吮、舔舐你的乳頭看看。雖然男性的乳頭快感比起女性要差得多，不過也會很舒服。女性吸吮、舔舐乳頭的方法，正是要傳達給你的訊息，代表她想要被你如此對待。而女性的乳頭比男性要容易吸吮、舔舐，兩顆乳頭的快感會讓女方更加愉悅。

在吸著一邊的乳頭的同時，也要一併愛撫另一邊的乳頭；也有同時結合吸吮和舔舐的技巧，這是我非常喜歡的愛撫方式。一邊吸舔乳頭，再捏住另一邊的乳頭轉動，如此一來陰蒂將會完全勃起，愛液也從陰道流出，形成「洪水」般的狀態呢！

性愛是從接吻開始的，要一邊接吻，一邊愛撫胸部。依據愛撫胸部的方法，女性可以知道自己能否確實達到高潮。請公平的愛撫兩邊的胸部；如果先吸吮右邊的乳頭，用手指愛撫左邊的乳頭，那麼接下來就要吸吮左邊的乳頭，並用手指愛撫右邊的乳頭，如此交互進行。對女性來說，有所謂的「慣用乳」；我自己是右邊的胸部比較大，乳頭也比左邊來的敏感。不過，雖然有「慣用乳」，但若一邊的胸部被集中愛撫，另一邊也會感到麻癢。請不要介意，同時愛撫兩邊的胸部吧！我在寫著原稿的同時，乳頭也勃起了（三井京子）。

第3章　愛撫胸部的方法：吸吮舔舐乳頭

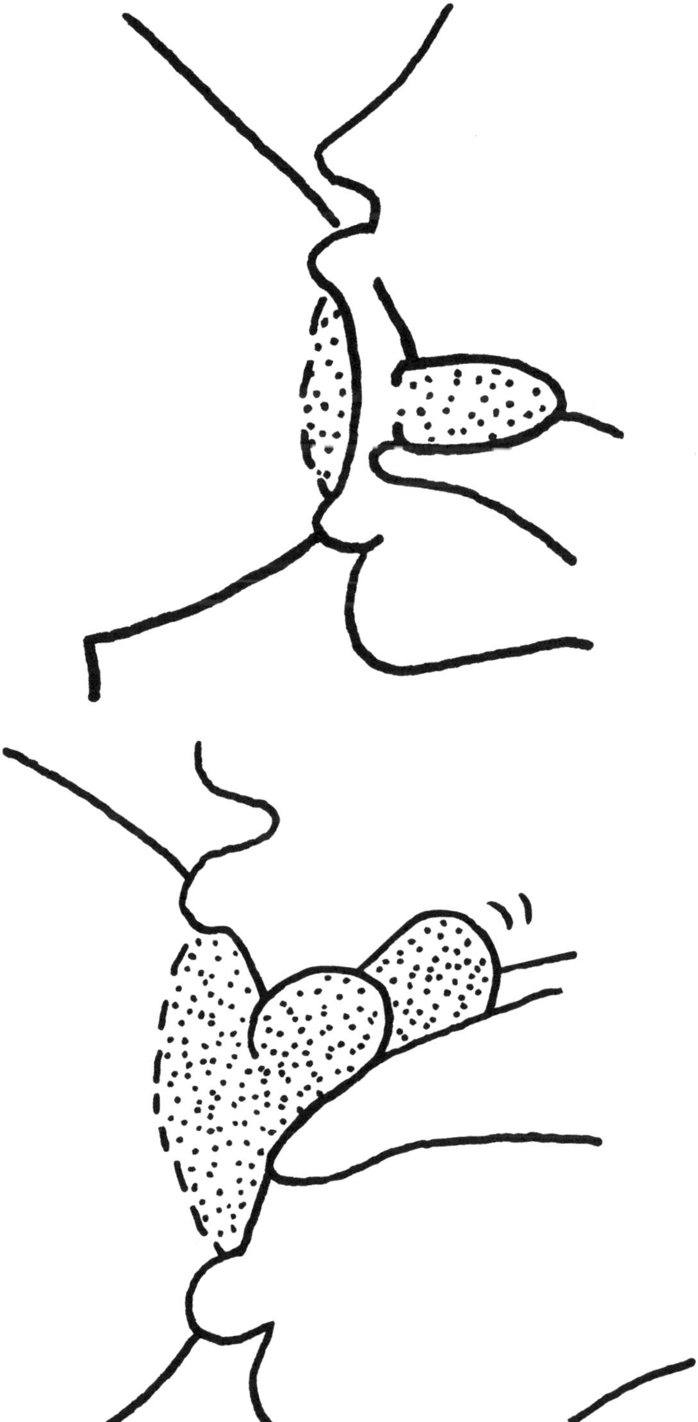

讓女方吸吮你的乳頭

用手掌或是手指愛撫，確實有很好的效果，但用嘴巴吸吮、舔舐，可以刺激母性本能，在快感之外更加上一層精神上的興奮，這對女性來說是最棒、最幸福的快感。

我想男性很少有機會會被女朋友吸乳頭。請讓女方試著吸吮你的乳頭一次。雖然跟女性乳頭的快感差很多，但對男性來說，這也是一種幸福的快感。

女性在舔乳頭這方面比男性強。她們會把乳頭當作自己的一樣，溫柔的吸吮、舔舐。在性愛的過程中，不要光只是愛撫女方的乳頭，也要讓女方愛撫自己的乳頭，這會讓性愛過程更加愉快，也能當作吸吮女方乳頭的參考。本書照片中的模特兒也把男方的乳頭當作自己的一樣，溫柔的吸吮、舔舐。

對女性而言，吸吮、舔舐男性的乳頭時也會感到興奮。讓女方吸吮自己的乳頭，感到幸福的快感之後，在吸吮女方乳頭時也會變得溫柔。

這位女性把男方的乳頭當作自己的一樣，溫柔的吸吮、舔舐，含住小小的乳頭和乳暈，啾啾的吸著。男性在乳頭被愛撫時也會感到舒服。

如果乳頭被溫柔的舔舐，男方的心情也會變得溫柔。這可以當作吸吮、舔舐女方乳頭的參考，女方的胸部也會變得更加可愛，愛撫時也更為溫柔。

雖然男性的乳頭快感遠不及女性，但乳頭再次被吸吮時，敏感度也會隨之提升。這種吸吮方式，可讓男性也能理解女性被吸吮乳頭時的精神快感。

●男性被吸吮乳頭時，也會獲得精神快感

我會用手指揉搓、旋轉，並且吸吮、舔舐男朋友的乳頭。男性的乳頭被愛撫時，快感似乎會提升，也會因此感到愉悅。

女性的乳頭被吸吮時，母性本能會受到刺激；男性似乎也會有類似的精神快感。我男朋友說過：「好像變成女性一樣，心情也變得溫柔了起來。」確實，我吸吮、舔舐男朋友的乳頭後，他也會溫柔地吸舔我的乳頭。

爲了能多少理解女性乳頭的感覺，請讓女朋友愛撫你的乳頭吧！在乳頭被嘴巴含住時，女方舌頭的動作，也能當作你愛撫時的參考。

對乳頭吸吮母乳的方法

在替嬰兒餵乳的時候，母親也會感到快感。這跟被男朋友或先生吸吮時不同，因為會把吸吮乳頭的小孩子看做是天使。不過，只要是乳頭被吸吮時，都會激發母性本能，男朋友或先生也會變得更加可愛。

吸吮乳頭最舒服的方式，就是把乳頭連著乳暈一起吸吮，這也就是所謂的「嬰兒吸吮法」。把乳頭跟乳暈一起含入嘴中，把乳頭放在舌頭之上，發出聲音啾啾的吸。吸吮的力道有時輕有時重，這種吸吮方式可以讓快感產生變化。

乳暈的快感比不上乳頭，不過如果同時含住乳暈和乳頭，藉由相乘效果也會讓快感提升。特別是乳頭被吸吮的時候，乳頭根部的乳暈快感也會提升。在吸的時候，口中的唾液逐漸累積，乳頭在潮溼的口腔中被吸吮，快感也會提升，此時陰蒂也會感到期待而完全勃起。

把乳頭連著乳暈一起吸吮的「嬰兒吸吮法」。這種吸吮方式最能讓乳頭得到快感，也能激發母性本能，讓男方看起來更可愛。以舌頭貼著乳頭，時而輕吸時而用力吸，給予對方有變化的快感。以

這種嬰兒吸吮法來吸吮乳頭，會感覺像是在對胸部撒嬌一樣，有幸福的感覺。雖然乳頭本身沒有味道，不過卻能嘗到甘甜又懷念的滋味，真是不可思議。

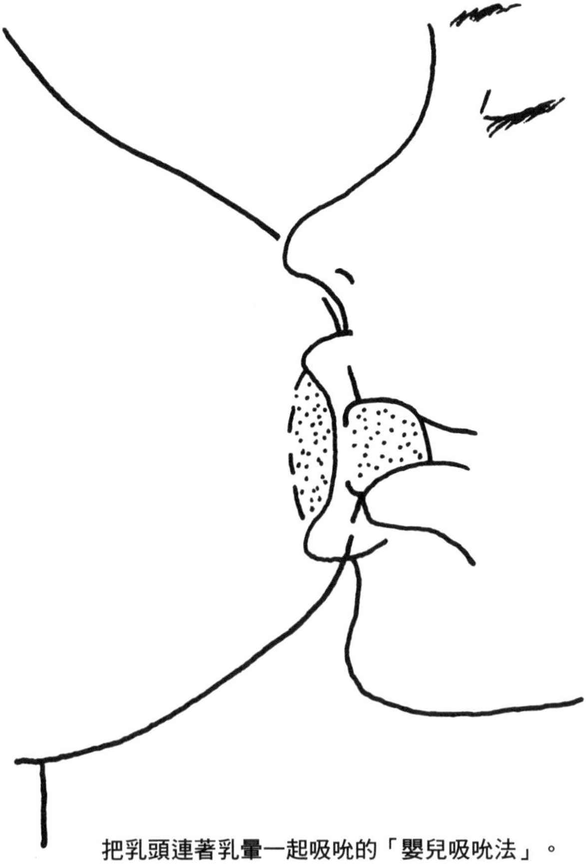

把乳頭連著乳暈一起吸吮的「嬰兒吸吮法」。

就像嬰兒在吸吮一樣，把乳頭跟乳暈一起含在口中輕輕吸吮。發出聲音啾啾的吸，口中的唾液逐漸累積，乳頭在潮溼的狀態下被吸吮，快感也會提升。這是一種能感到幸福的味道。

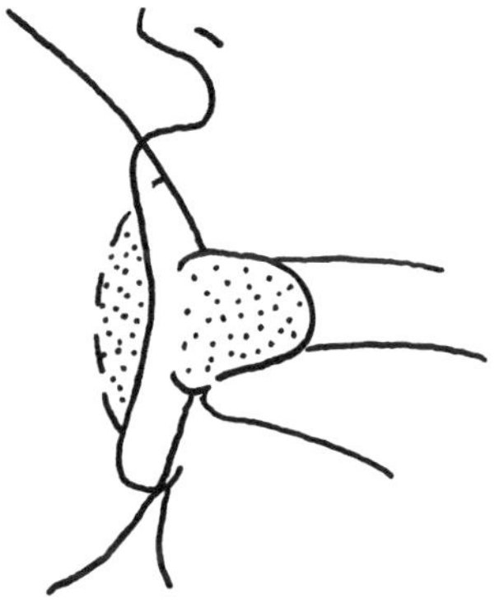

把乳頭跟乳暈一起含在口中輕輕吸吮。

乳頭根部的乳暈是性感帶。在吸的時候乳頭會被強力拉扯，乳暈也會一起受到拉扯而獲得快感。吸吮的力道有時輕有時重，這種吸吮方式可以讓快感產生變化，從而找出女方的喜好。

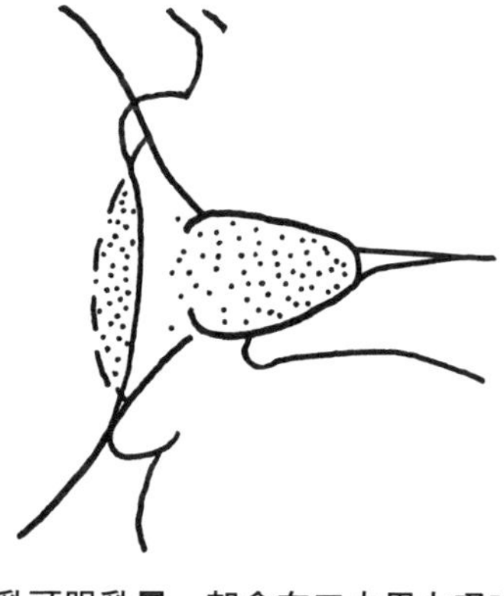

把乳頭跟乳暈一起含在口中用力吸吮。

●雙腿間的陰蒂也會開始期待

就我而言，不管是輕輕吸或用力吸，快感都有不同變化，兩種我都喜歡。被輕吸時，會想要對方吸得更用力，有種焦急的快感。不過，喜歡被用力吸的女性也很多。

在這裡要請各位讀者回想一下，之前有提過乳頭的快感是陰蒂的百分之八十，雖然乳頭不是性器官，但請把它當作是大顆的陰蒂來吸吮。如果能想像這種快感，吸吮的方式會變得仔細且執拗，女方也會因此而感到愉悅。當乳頭達到最棒的快感時，雙腿間的陰蒂也會開始期待，導致陰蒂完全勃起。如果愛撫乳頭的技巧很好，那麼愛撫陰蒂的技巧也會很好。請時而用力，時而輕吸乳頭吧！

在吸吮的同時用舌頭摩擦乳頭

把乳頭和乳暈一起含在口腔裡用力吸吮，讓舌頭用力抵住乳頭。用力吸的時候乳頭會被吸過來摩擦到舌頭，當乳頭同時被吸吮和摩擦時，快感也會更加提升。

參見本頁下段的圖解，在吸吮乳頭時將舌頭傾斜，當乳頭被吸吮時，乳頭會畫出一條上升的弧線，與舌頭強烈摩擦。乳頭、乳頭周邊三百六十度、乳頭的根部，以及乳頭根部的乳暈都能在同時感到快感，如此上半身的陰蒂就會獲得最棒的快感。這種仔細的愛撫方式可以讓女方邁向高潮。若要向女方送上「高潮」這分大禮，就得要依靠愛撫乳頭的方法。

以傾斜三十度用力吸吮，舌頭在溼潤的狀態下摩擦乳頭，這時女方的嬌喘聲正代表著她的快感，如果再把角度提高，摩擦感也會變強，如此快感也會更加提升。

把乳頭的快感當作是百分之百的話，可以發現乳頭周圍的快感會比乳頭其他部位來得強。藉由吸吮或是以指頭揉搓，乳頭的根部及根部附近的乳暈受到刺激，會產生強烈快感。

乳暈的快感是百分之七十
乳頭周圍的快感是百分之百

乳頭的根部及根部附近的乳暈會因為相乘效果，使快感倍增。

同時含住乳頭和乳暈，照插圖所示，使舌頭強烈摩擦乳頭。這時乳頭周圍、乳頭根部，以及根部附近的乳暈會獲得強烈的快感。稍微把頭抬高，以傾斜三十度的角度吸吮。

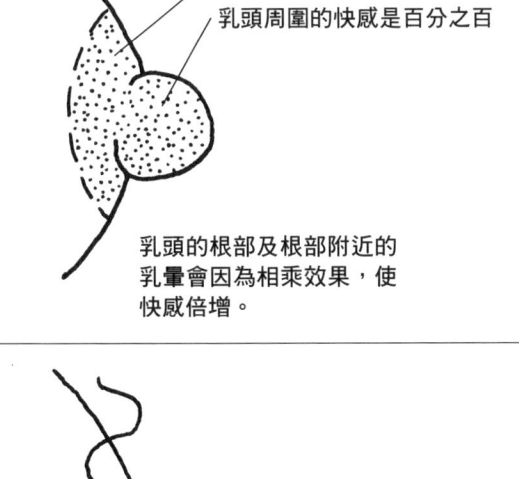

同時含住乳頭和乳暈，用舌頭強烈摩擦乳頭。

同時含住乳頭和乳暈，用力吸吮。以傾斜三十度的角度用力吸吮，圓形的乳頭會變形成細長的形狀。用舌頭摩擦時，整個乳頭、乳頭根部及乳暈都會被拉長，得到最棒的快感。

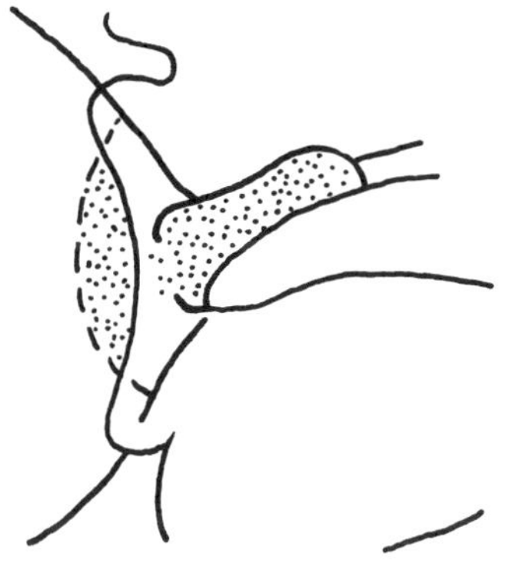

以傾斜三十度的角度用力吸吮。

此時口中唾液逐漸累積，用力吸吮，使舌頭在口腔中摩擦乳頭，乳頭會連乳暈一起被拉長，得到最強烈的快感，而且乳頭在口腔中又是處於潮溼的狀態，可說是雙重快感。

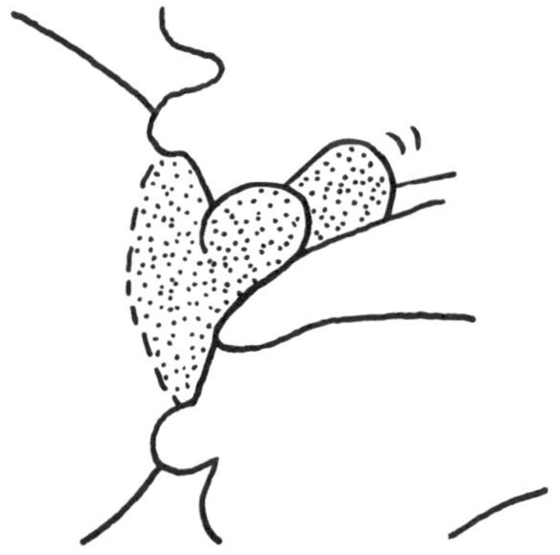

乳頭和乳暈一起被拉長，獲得快感。

●乳頭持續勃起

乳頭和乳暈一起被用力吸吮，感覺很舒服。乳頭和乳暈同時處於溼潤的狀態被拉扯，這種快感非常難以忍受。對於擁有胸部的我來說，閱讀本書《極致愛撫①——胸部特集》時非常舒服，會讓我的乳頭持續勃起。

對男性來說，被口交時如果受到用力吸吮，感覺也是非常舒服吧！潮溼的舌頭用力頂住龜頭內側摩擦，這種快感應該也是難以忍受吧！乳頭也是一樣的道理。

在吸吮一邊的乳頭時，也要用手指愛撫另一邊的乳頭。關於同時愛撫兩顆乳頭，會從一〇六頁開始解說。在前面也提過很多次，如果愛撫胸部的技巧高明，做愛的技巧也會很棒。

有變化的吸舔乳頭方式

女性對男性陰莖的口交只是單調的動作，不過對於乳頭來說，其實是有很多樣的愛撫方式的。先把乳頭及乳暈一起含住吸吮，再用舌頭三百六十度摩擦乳頭，如此就能讓快感提升。此外，也能用舌頭前端來回舔舐乳頭下方，或是用舌頭前端壓迫乳頭，把乳頭壓進乳房裡。

乳頭就算堅硬勃起，也具有柔軟的彈力，可以讓它變形或是用溼潤的舌頭摩擦，使其能獲得多樣化的快感。乳頭真是讓人羨慕的性感帶。

對處女來說，乳頭若經過如此一番愛撫，那麼快感就會勝過緊張感，陰道也會十分溼潤，很容易就可以脫離處女之身。對於性感帶尚未充分開發的女性，愛撫乳頭可急速開發性感帶，陰蒂也變得敏感，提升高潮的機率。

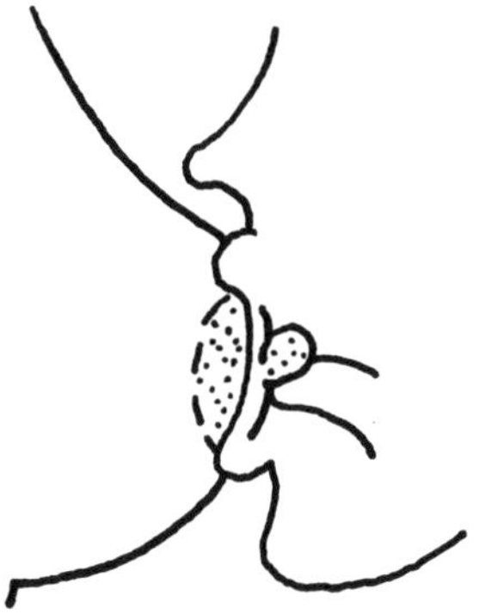

同時含住乳頭及乳暈，輕輕吸吮使對方焦躁，再用舌頭用力抵住乳頭下方。

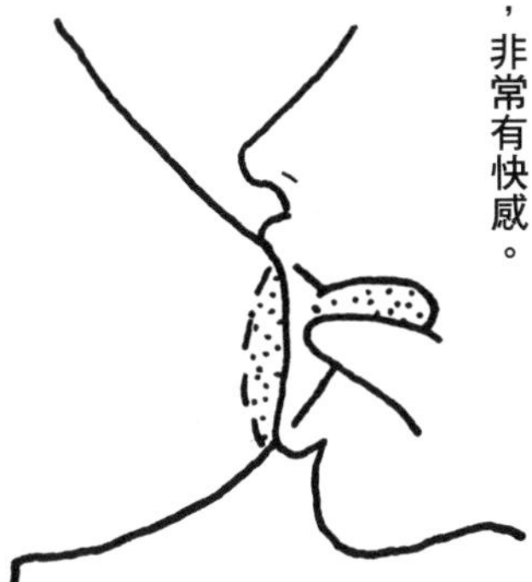

同時吸吮乳頭及乳暈，用舌頭三百六十度舔舐、摩擦，使乳頭從根部開始旋轉，非常有快感。

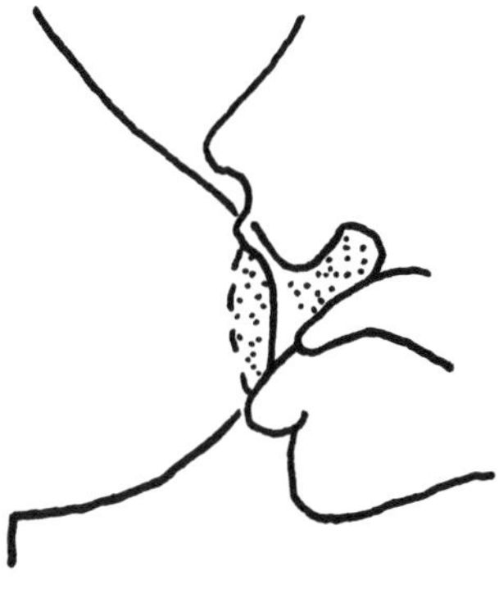

用力吸吮乳頭，用舌頭往上方舔舐乳頭及乳暈，乳頭伸長變形，非常有快感。

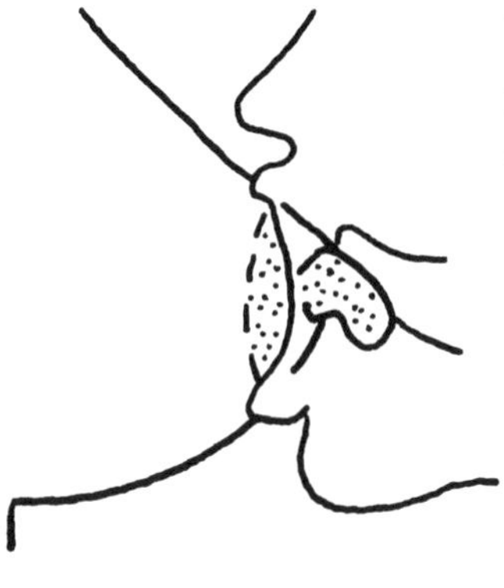

使乳頭從根部開始旋轉，乳頭的根部及乳頭四周都非常有快感。

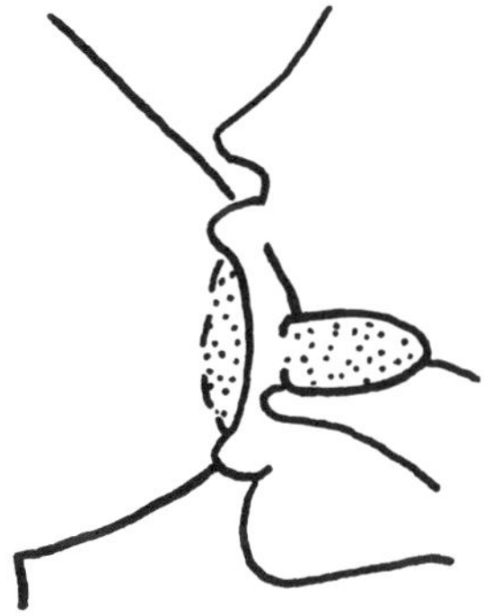

同時吸吮乳頭及乳暈，用舌頭不斷旋轉乳頭，同時也繼續用力吸吮。

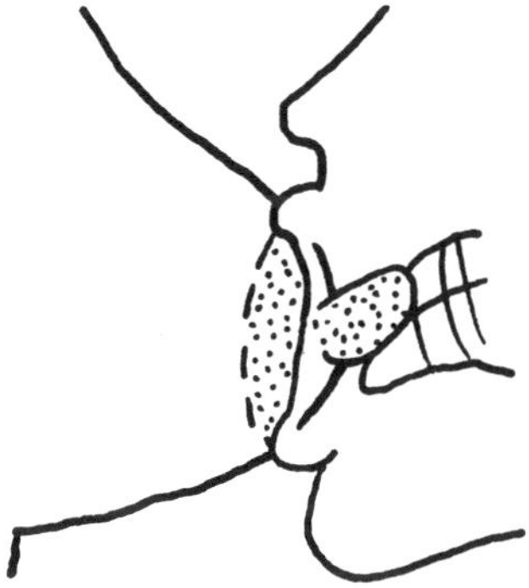

輕輕吸吮乳頭及乳暈，用舌頭前端輕輕地來回舔舐乳頭下方，摩擦乳頭。

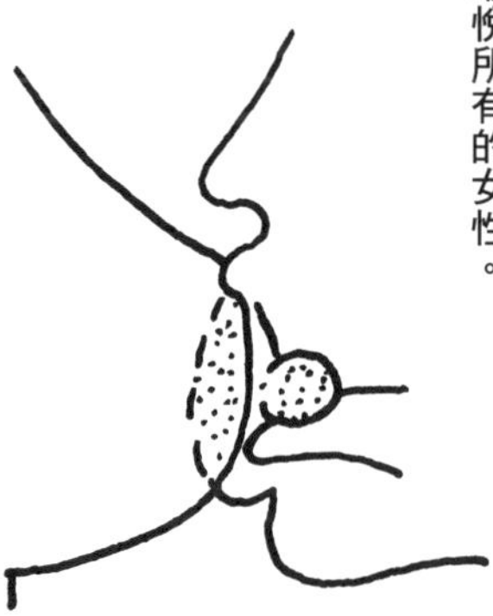

輕輕含著乳頭，輕輕吸吮，給予對方焦急的快感。這種強弱緩急的愛撫，可以取悅所有的女性。

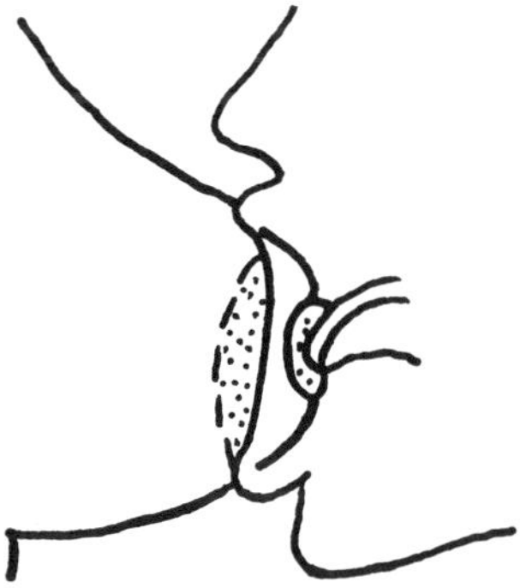

用舌頭前端壓迫乳頭，讓乳頭被壓進乳房裡。乳頭的根部會非常有快感。

●辰見老師和三井京子的共同著作

在吸吮乳頭的同時，用舌頭舔舐、旋轉乳頭，是本書的共同作者辰見老師的愛撫方法；我也跟我男朋友試過了，在性愛過程中感覺很棒。

我的年齡可以算是「熟女」了，曾經離過一次婚，目前有一位男朋友。我在寫作時，都會實際體驗書中的內容，所以在寫的時候都很舒服。本書是由享譽已久的性學作家辰見老師，以及喜歡SEX的性學作家三井京子（也就是我自己）以能夠具體實踐爲目標製作而成的。關於愛撫胸部的方法，沒有一本工具書能比這本書更詳盡了。若胸部被如此愛撫，許多女性就會變得更幸福，在性愛中感到更爲舒服。

同時愛撫兩顆乳頭

針對單一邊的乳頭，之前已經有解說過如何吸吮、舔舐、摩擦了。從一〇六頁開始，會解說要如何同時進行之前介紹過的手指愛撫。在這之前，先以惡作劇的心態享受對乳頭的愛撫，乳頭若時常給予刺激，就能聽到女方發出「啊」的愉悅之聲，含住乳頭及乳暈，以舌頭用力抵住乳頭，並以真空吸吮的方式吸吮乳頭。接著把頭往後退，以嘴唇用力含住乳頭根部往後拉，盡量拉到最大限度之後，再張嘴放開乳頭。重複此動作兩到三次。

接下來再度含住乳頭及乳暈，用力吸吮，並且輕咬乳頭。隨著「啊」的嬌聲，女方的身體也會為之一震。之後再反覆輕咬兩到三次。很多女性會希望對方能咬她的乳頭。一旦咬過之後，女方的反應也會使性愛過程更加愉快。

同時含住乳頭及乳暈，用力吸吮，並以舌頭用力抵住乳頭。如前所述，整顆乳頭及乳暈都是性感帶，同時含住的話，敏感度也會提升，在吸的同時也能給予刺激。

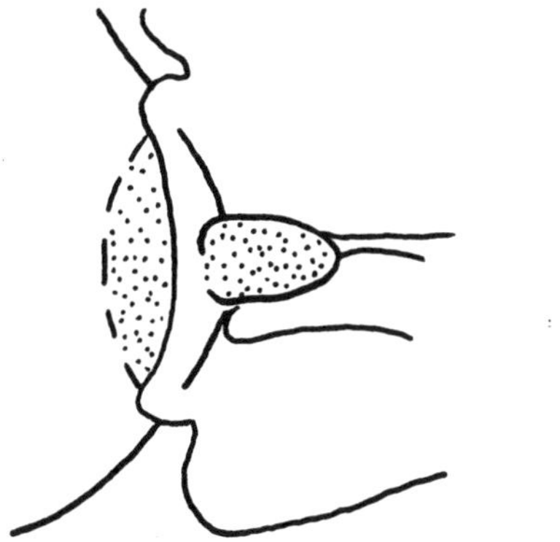

乳頭和乳暈都是強烈的性感帶。

以真空吸吮的方式吸吮乳頭及乳暈。如此一來，乳頭會往乳暈的反方向被用力拉扯，整顆乳頭及乳暈都會產生快感。此時舌頭也用力抵住並摩擦乳頭，女方會感覺很舒服，產生變化多端的快感。

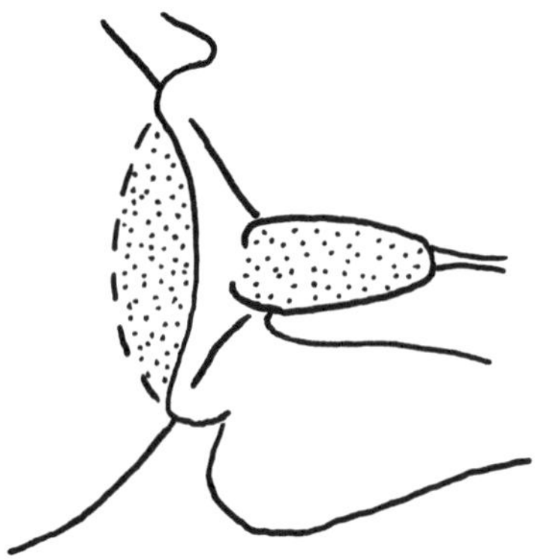

以真空吸吮的方式用力吸吮乳頭及乳暈。

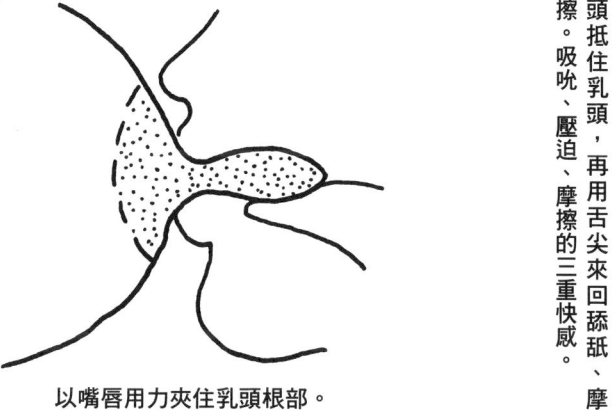

把頭往後退，乳頭保持真空吸吮的狀態，並用嘴唇用力夾住乳頭根部。用舌頭抵住乳頭，再用舌尖來回舔舐、摩擦。吸吮、壓迫、摩擦的三重快感。

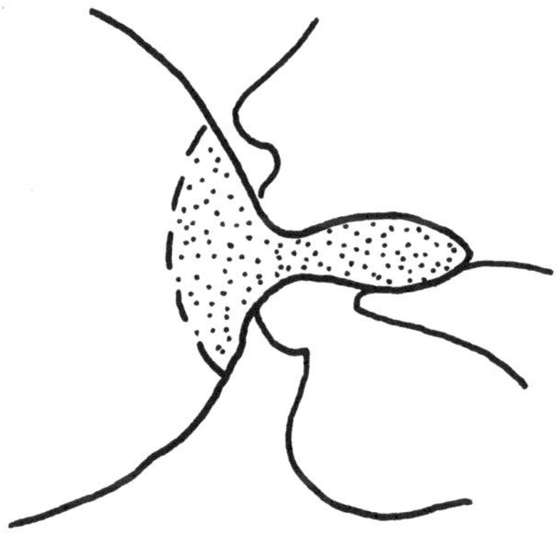

以嘴唇用力夾住乳頭根部。

用真空吸吮的方式把乳頭往後拉，再張嘴放開乳頭。重複此動作，女方會發出「啊」的嬌聲。男性會產生惡作劇的心態，而感到興奮愉快。

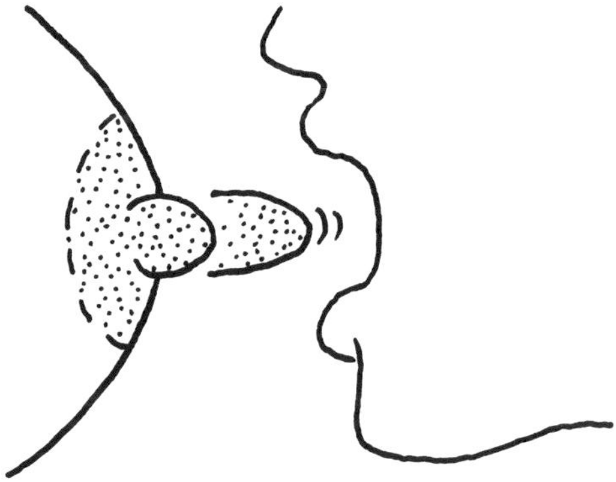

以嘴唇夾住乳頭往後拉，再突然張嘴放開乳頭。

用真空吸吮的方式吸吮乳頭及乳暈，並輕咬乳頭。隨著「啊」的嬌聲，女方的身體也會為之一震。輕咬乳頭的觸感會讓乳頭更加美味。

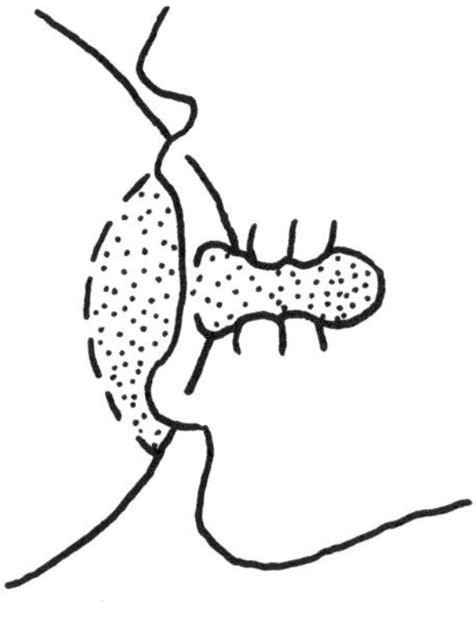

在吸吮的同時輕咬乳頭。

用拇指揉搓左邊的乳頭，並同時含住右側的乳頭及乳暈，開始愛撫。若兩顆乳頭同時受到愛撫，就會讓快感從百分之八十變成百分之一百六十。

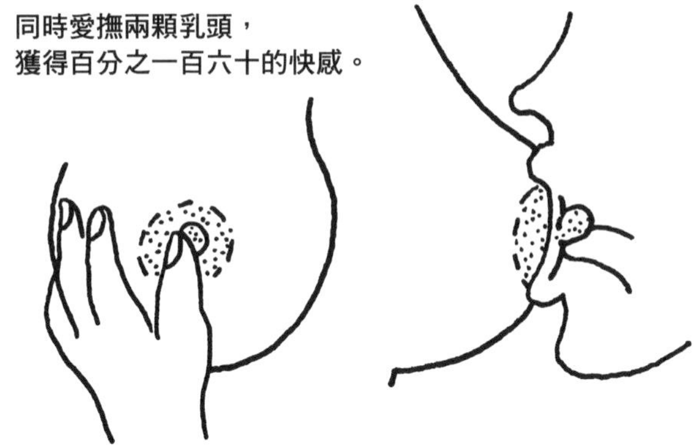

同時愛撫兩顆乳頭，
獲得百分之一百六十的快感。

用舌頭三百六十度搓弄摩擦乳頭，同時以手指捏住另一邊的乳頭往左右旋轉。乳頭能產生變化多端的快感，也能獲得不同的快感。

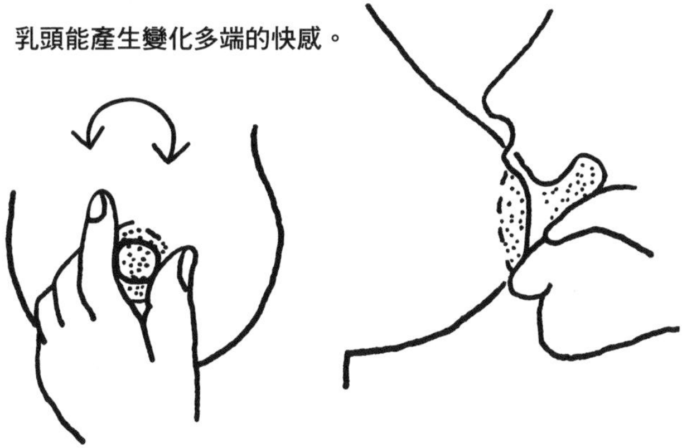

乳頭能產生變化多端的快感。

含住乳頭及乳暈，一邊吸吮，一邊用舌頭旋轉、舔舐乳頭；同時也捏住另一邊的乳頭拉扯。乳頭是上半身的陰蒂，要先考慮陰蒂的快感再進行愛撫。

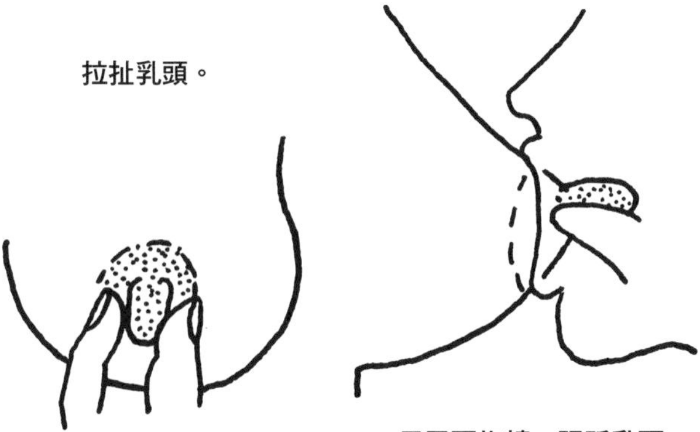

拉扯乳頭。

用舌頭旋轉、舔舐乳頭。

拉扯乳頭之後，再左右來回揉搓；同時繼續用舌頭旋轉、舔舐另一邊的乳頭。乳暈根部受到攪動，使乳暈及整個乳頭都非常舒服。陰道已經是洪水狀態了。

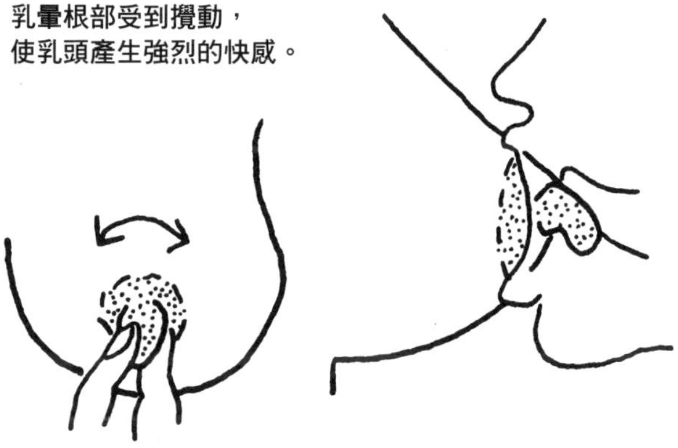

乳暈根部受到攪動，
使乳頭產生強烈的快感。

真空吸吮乳頭，要用力吸吮並壓迫；同時用力捏住另一邊的乳頭。兩顆乳頭同時受壓迫，即可同時獲得強烈快感。

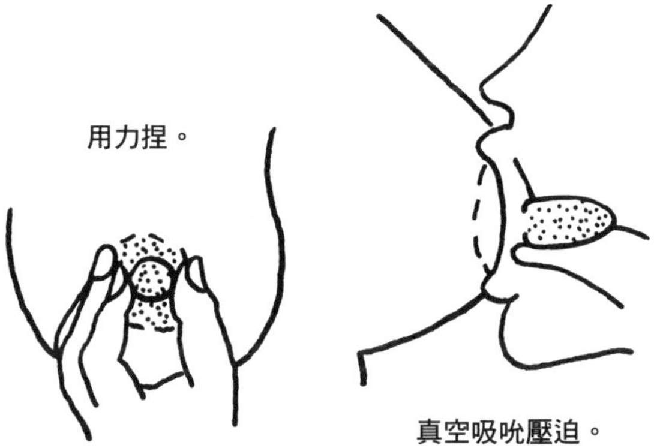

用力捏。
真空吸吮壓迫。

把乳頭含在嘴中，用舌頭前端摩擦。有時從下往上摩擦，有時用舌頭內側由上往下摩擦。同時用三根手指的指腹摩擦刺激另一邊的乳頭。輕輕摩擦左側的乳頭就會有很棒的效果。

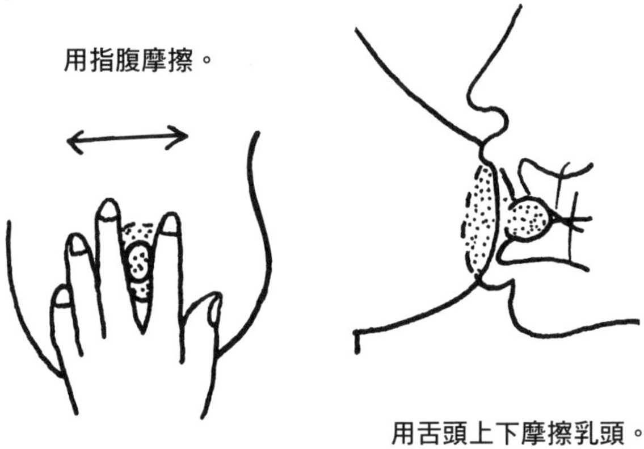

用指腹摩擦。
用舌頭上下摩擦乳頭。

用舌尖來回舔舐乳頭的下側，同時以三根手指的指尖左右來回摩擦另一邊的乳頭。左邊的乳頭要用嘴巴愛撫，右邊的乳頭要用手愛撫，兩邊要平均愛撫。

以三根手指的指尖左右來回摩擦。

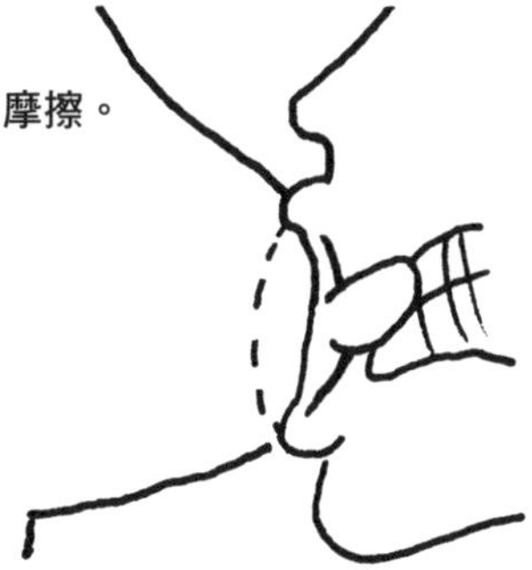

用舌尖來回舔舐乳頭。

用指尖把乳頭壓進乳房，另一邊的乳頭則含在嘴裡，用舌頭壓進去。乳頭及乳頭根部都被壓進乳房中，會產生快感。

用手指壓迫乳頭。

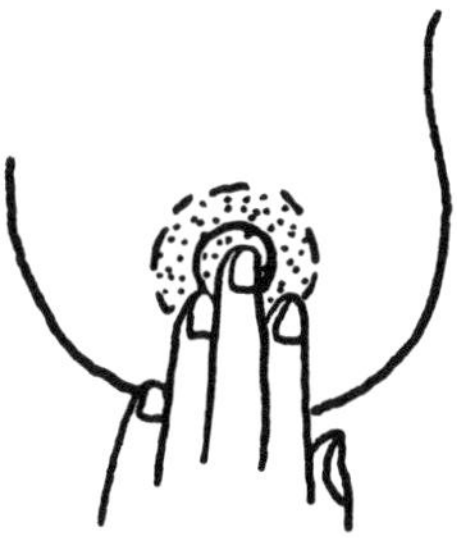

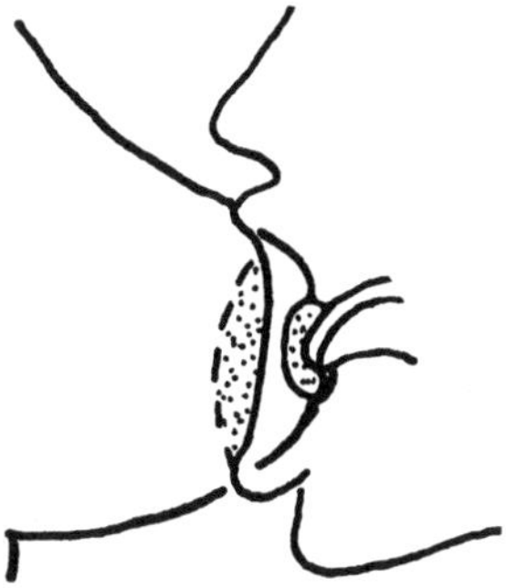

用舌頭壓迫乳頭。

嘗試舔舐、摩擦乳頭。先用唾液弄溼，再用溼潤的舌頭舔舐、摩擦；在溼潤狀態下摩擦的快感很舒服。左邊的乳頭則可以用捏的、揉搓的或用壓的。

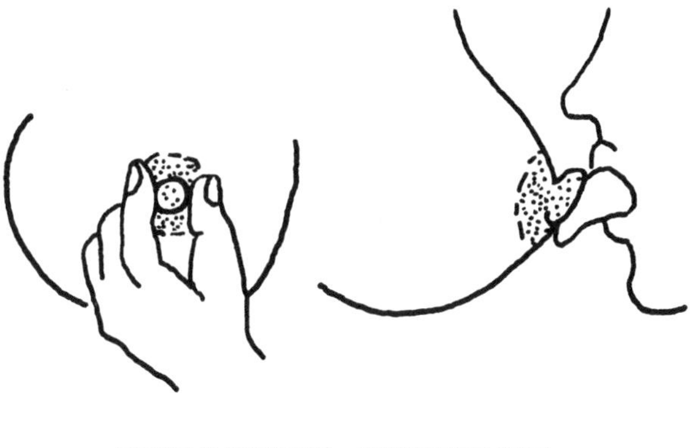

用溼潤的舌頭舔舐、摩擦溼潤的乳頭。

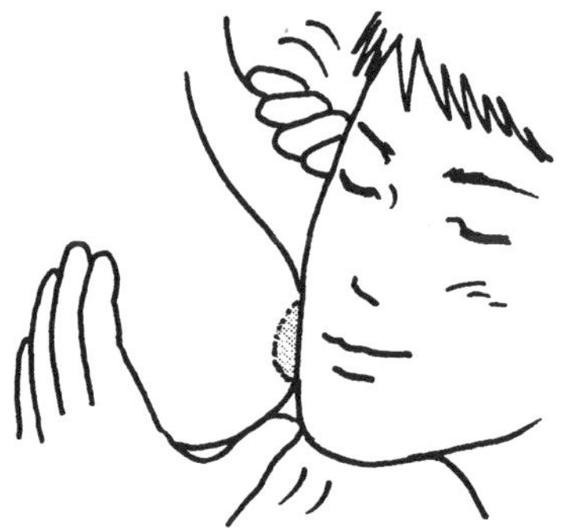

同時抬高兩邊的胸部，一邊揉，一邊用臉頰旋轉、摩擦兩邊的乳頭。

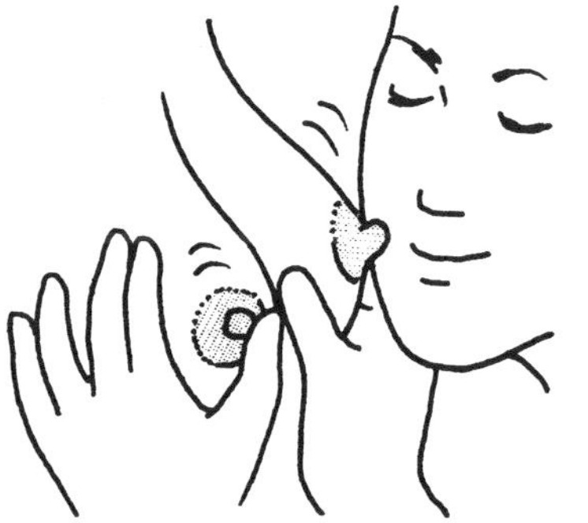

用拇指揉搓左邊的乳頭，並用臉頰摩擦另一邊的乳頭，像在對胸部撒嬌。

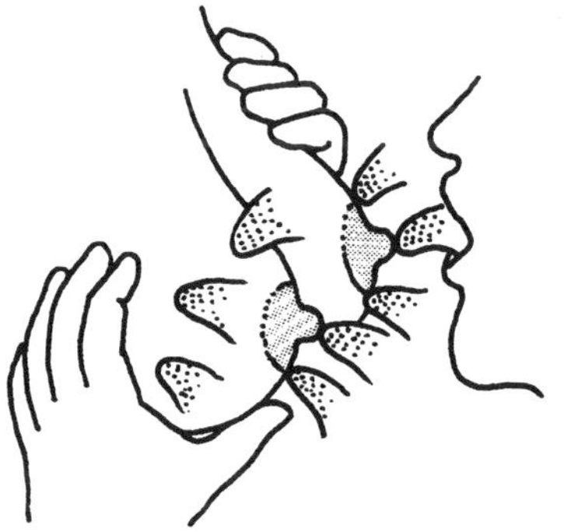

來回舔舐整個胸部。從一一〇頁開始，會介紹舔舐乳頭的方法。

用拇指愛撫一邊的乳頭，同時用鼻尖旋轉、摩擦另一邊的乳頭。

●在女友面前獲得高分

對女人來說，這樣已經非常滿足了。用嘴巴愛撫右側乳頭，同時用手指愛撫左側乳頭；接下來再用嘴巴愛撫左側乳頭，同時用手指愛撫右側乳頭。請公平地愛撫，讓左右都能得到快感。

一邊揉搓胸部，一邊用臉頰摩擦乳頭，或是用鼻尖旋轉、摩擦，如此女性便能獲得幸福的快感。在這種令人陶醉的氣氛下，女性會感到很興奮很舒服，如同在撒嬌一樣。請用臉頰摩擦胸部吧，這樣一來即可在女朋友面前獲得相當高的分數。

從下一頁開始，會解說如何舔舐胸部。含在嘴裡舔舐和伸出舌頭舔舐的觸感是不一樣的。我已經產生興奮的快感了。

舔舐、摩擦胸部及乳頭

除了乳頭和乳暈外，胸部沒有性感帶。不過人類的肌膚只要受到手掌摩擦或舌頭舔舐，就會覺得舒服。特別是胸部，胸部被舔舐的觸感會讓女性產生興奮的快感。

先從胸部外圍開始舔舐，再慢慢靠近乳暈；舔舐乳暈周圍，使乳頭開始焦急。等到充分吊足乳頭的胃口之後，再突然用舌頭舔一下乳頭（要以挑起乳頭的方式由下往上舔），會有非常好的效果。把乳頭含在口中，乳頭溼潤後，再用潮溼的舌頭舔舐、摩擦，如此一來，乳頭處於更加溼潤的狀態，敏感度會更加提升。

此刻女方的陰道已經溼潤，用勃起的陰莖摩擦女方的大腿內側，同時愛撫女方的胸部，如此女方的興奮度也會提升。對女性來說，勃起的陰莖代表著「他正因為我而興奮」，會因此感到開心。

女方在胸部被舔舐時，會產生興奮的快感。先從胸部外圍遠離乳頭的地方開始舔起，如此能讓女方感受到興奮及快感。對男性來說，舔舐胸部的行為就像是本能一樣，陰莖的硬度也會一口氣提升。用勃起的陰莖摩擦女方的大腿內側，同時愛撫女方的胸部，這麼一來女方就會非常興奮。

先舔舐胸部外圍，再逐漸靠近乳暈。在舔乳暈周圍時，會讓乳頭感到焦急，這麼一來乳頭就會非常想要被舔，感到心癢難耐。女方看到男朋友興奮地舔著胸部，自己也會興奮，並因此而產生精神上的快感。舔過乳暈之後，輕輕用舌頭碰觸舔舐乳頭，會讓乳頭感到更為焦急的快感，之後再突然一口氣由下往上舔舐乳頭。

●基本上已經可以算是高潮了

乳頭被吸吮的時候最舒服，不過男方如果是伸出舌頭舔舐，自己也會產生精神上的快感，精神快感跟被舔舐的直接快感相加，女性會很喜歡這種感覺。只要想到對方正興奮地舔舐自己的胸部，就會感到心癢難耐。

如果女性在被舔舐的時候，有堅硬的陰莖靠到大腿上來，就會覺得「他對我感到興奮，變得這麼硬了」，而更加雀躍興奮。這種讓胸部焦急的舔舐方法效果很好，會讓女方很想被舔乳頭，在乳暈被舔舐時，就會有一種戰慄的快感。等到乳頭突然被舔了，就會獲得期待中的快感，感覺非常的舒服，基本上已經可以算是高潮了。

伸出舌頭，仔細舔舐、摩擦

在舔舐乳暈時，會給予乳頭焦急的快感，之後再突然一口氣由下往上舔舐乳頭。盡量把舌頭伸出來一點，用舌尖抵住乳頭的根部，仔細舔舐、摩擦。可以直接舔舐、摩擦整個乳暈和乳頭，或是上下來回舔舐乳頭；左右來回舔舐乳頭也很有效。

可以用舌尖輕觸乳頭或乳頭根部的乳暈，也可沿著乳暈，從三百六十度的方向來回舔舐、摩擦。用舌頭中央抵住乳頭，像是用臉在畫圓一樣的舔舐。以舌頭用力抵住或輕輕觸碰乳頭，藉由力道強弱給予不同的快感，效果很好。

如果女方的胸部較大，可以用兩隻手把胸部往中間擠，同時來回舔舐兩顆乳頭，這可以讓兩顆乳頭獲得最強的快感。如果平均舔舐、摩擦兩顆乳頭，就可以使快感和興奮度提升。

①讓乳頭產生焦急的快感之後，再由下往上舔舐乳頭及乳暈。

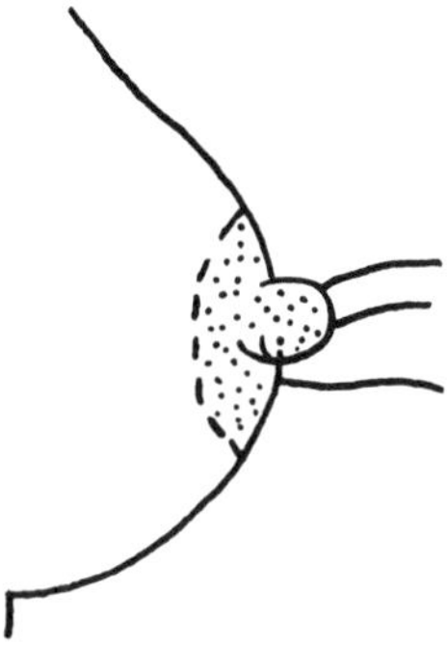

②以舌頭用力抵住乳頭根部，用力往上舔。

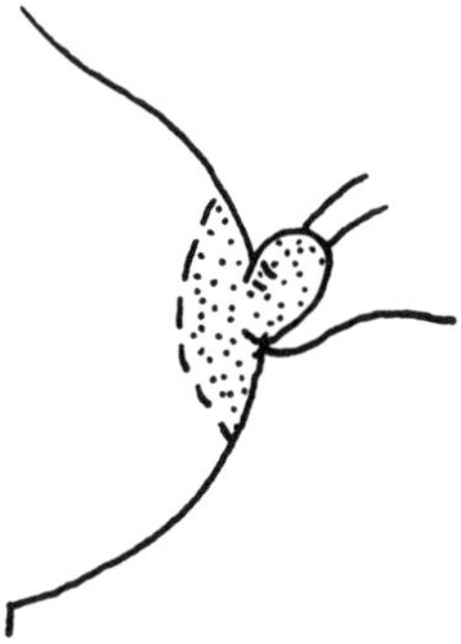

③此時乳頭朝上，從根部被拉長，產生快感。

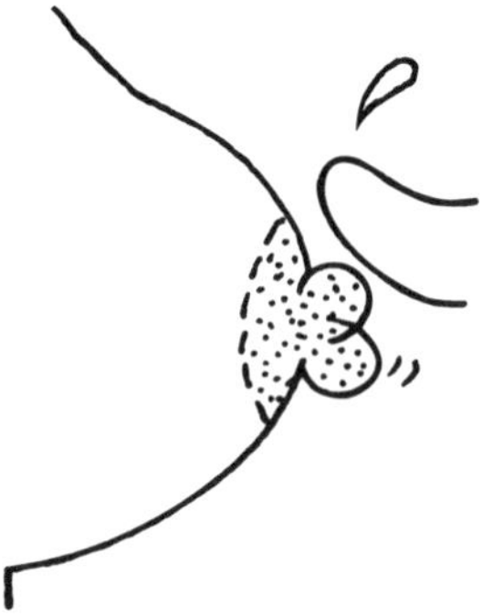

④以挑起乳頭的方式由下往上舔，乳頭彈了起來。

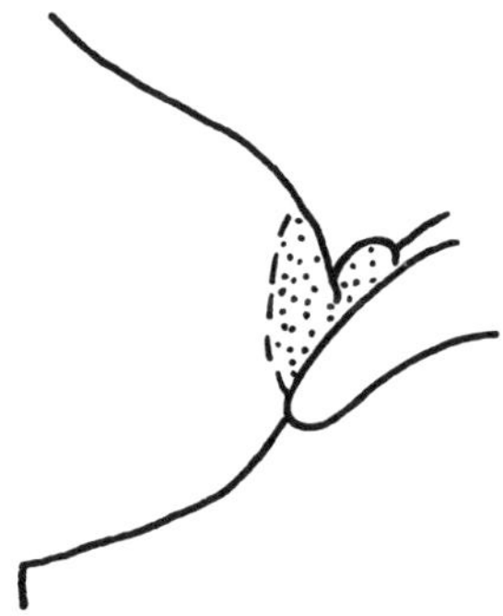

①以舌頭用力抵住乳頭，像是要把乳頭抬上去一樣。

②用力抵住乳頭，像是要把乳頭折彎到上方一樣。

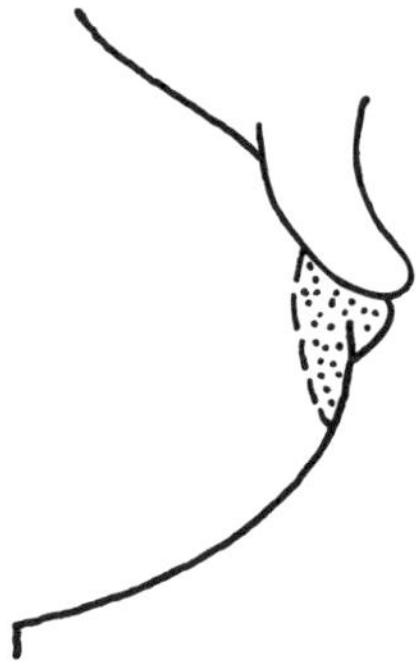

③用整個舌頭由下往上用力舔。

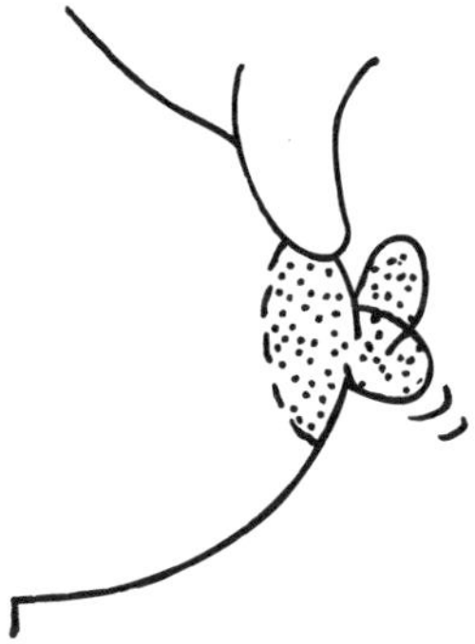

④從乳頭開始，到乳暈、胸部都要用力往上舔。

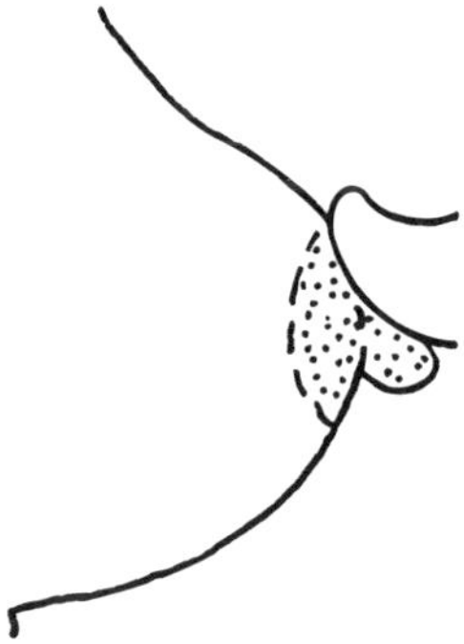

⑤往上舔完之後，就用舌頭下方用力往下舔。

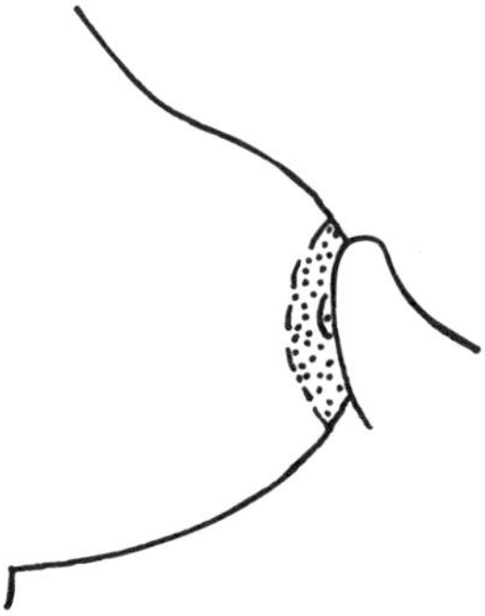

⑥用舌頭內側往下舔，像是要把乳頭壓扁、折彎一樣。

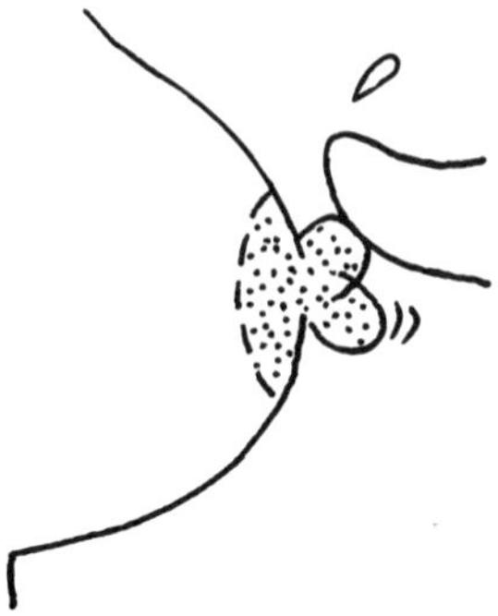

②快速移動舌頭，以挑起乳頭的方式由下往上舔。

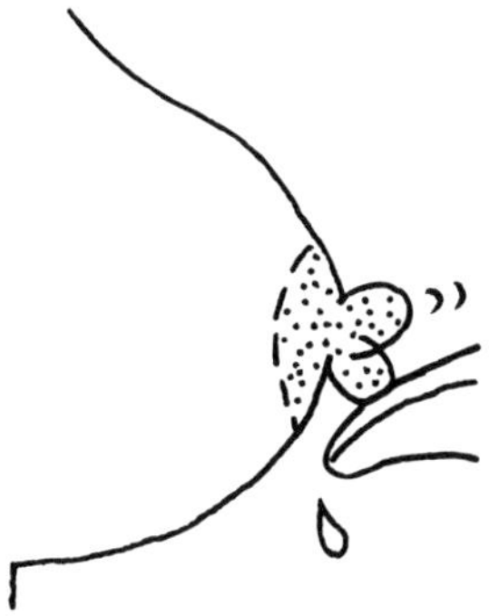

③往上舔完之後，再依照慣性往下舔回來。

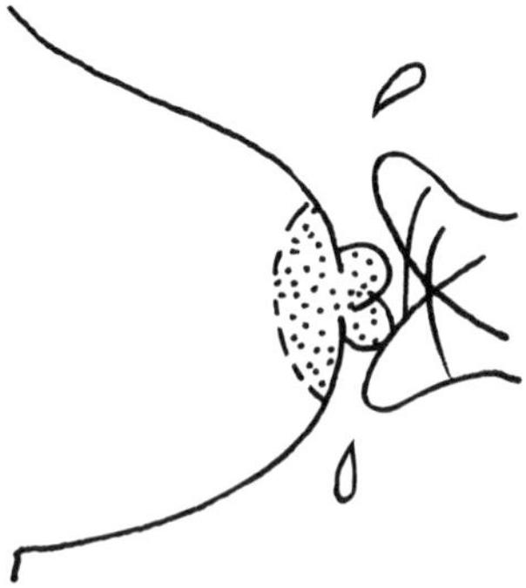

④重複以上這些步驟，上下來回舔舐、摩擦。

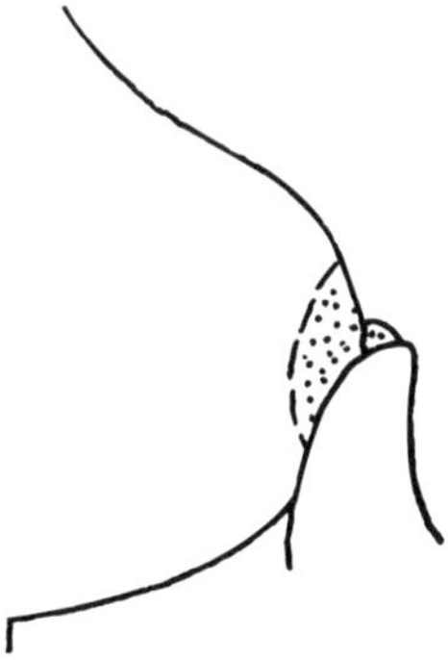

⑦利用舌頭內側把乳頭更用力的往下舔舐。

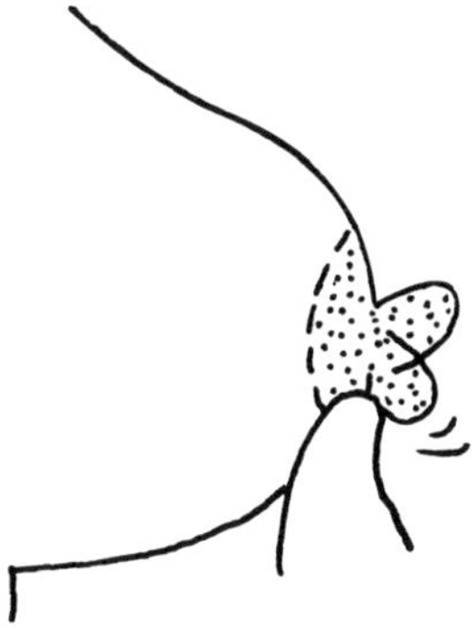

⑧用舌頭內側往下舔到乳暈的部分，乳頭彈了起來。

①用舌頭抵住乳頭下部及乳暈。

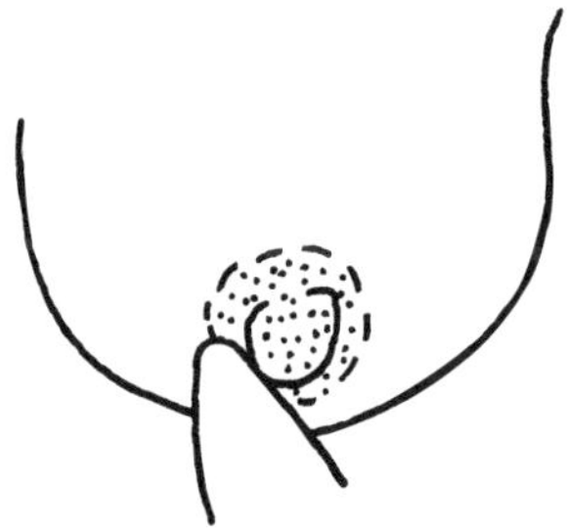

①用舌尖抵住乳頭左側及乳暈。

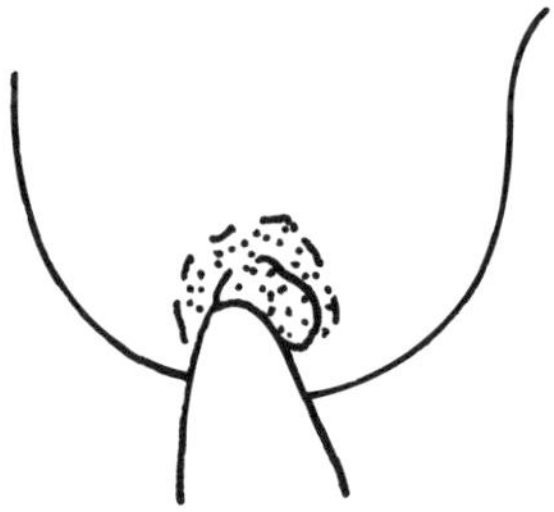

②往右舔，讓乳頭和乳暈彈往右側。

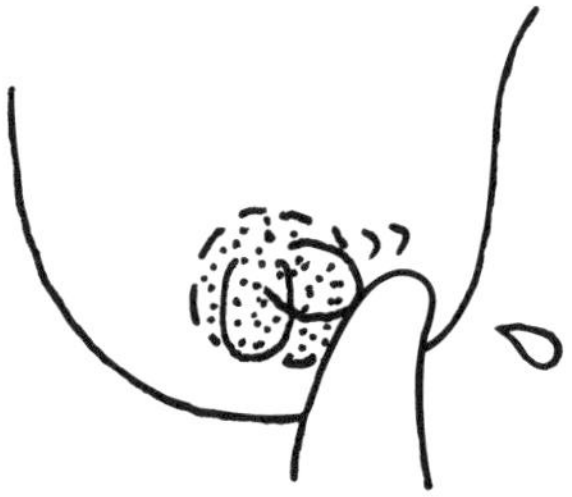

③往右舔舐、摩擦，使乳頭和乳暈一起彈往右側。

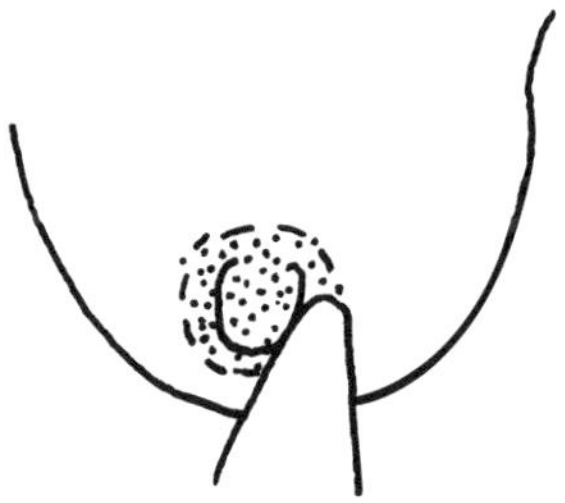

④用舌尖抵住乳頭右側及乳暈。

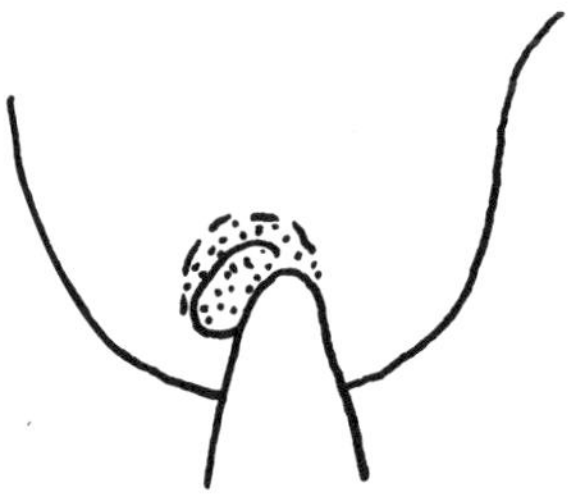

⑤往左舔，讓乳頭和乳暈彈往左側。

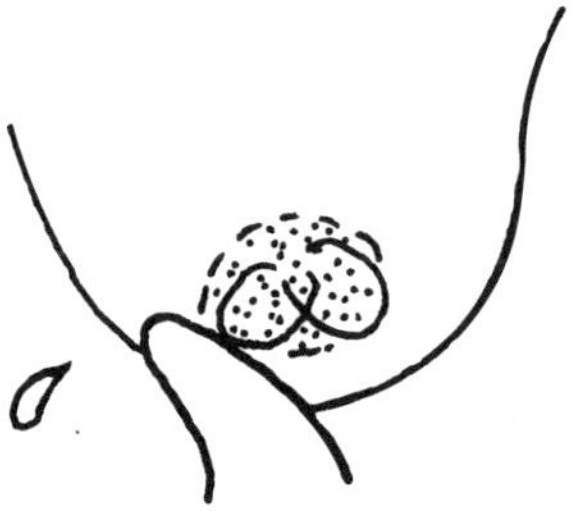

⑥往左舔舐、摩擦，使乳頭和乳暈一起彈往左側。

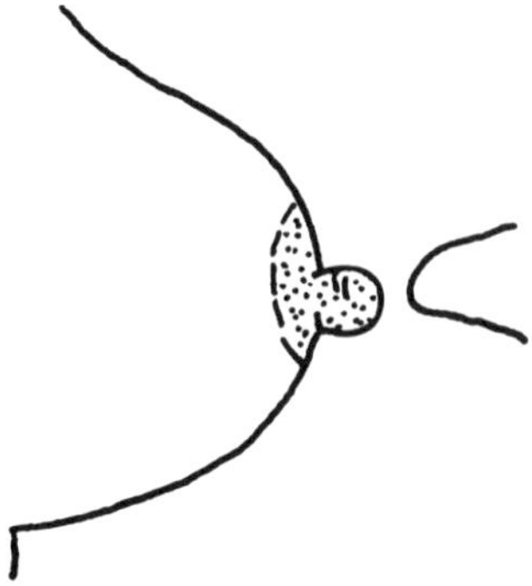

③快速收回舌尖，乳頭也回復原狀。

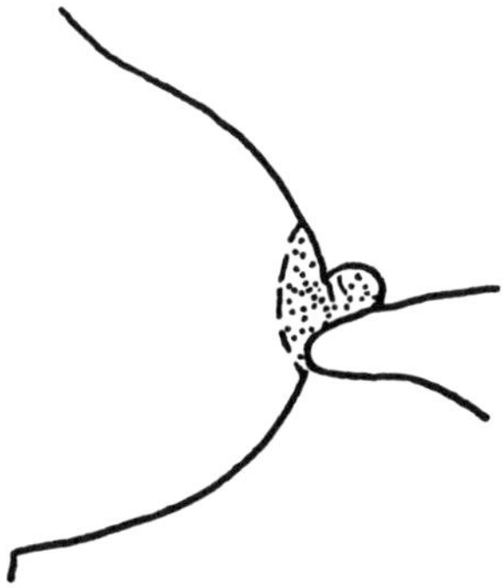

④往前伸出舌頭摩擦乳頭及乳暈。

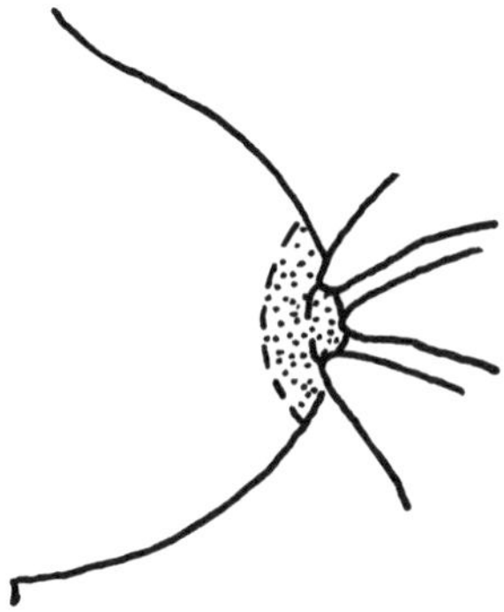

⑤以快速突刺攻擊乳頭、乳暈。

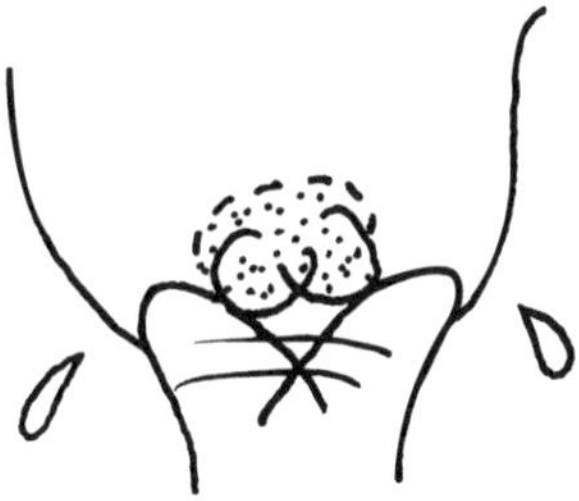

⑦左右來回舔舐、摩擦乳頭及乳暈。

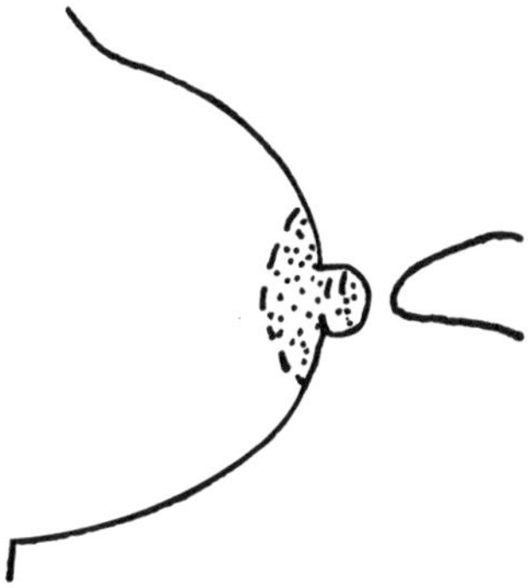

①以舌尖對準乳頭尖端。

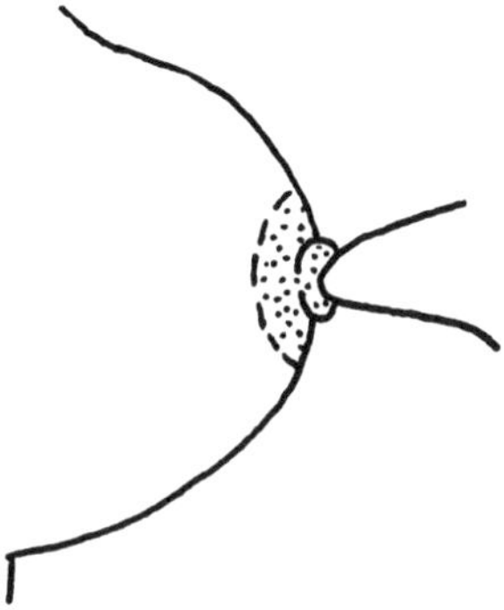

②往前壓迫乳頭，像是要把乳頭壓進去一樣。

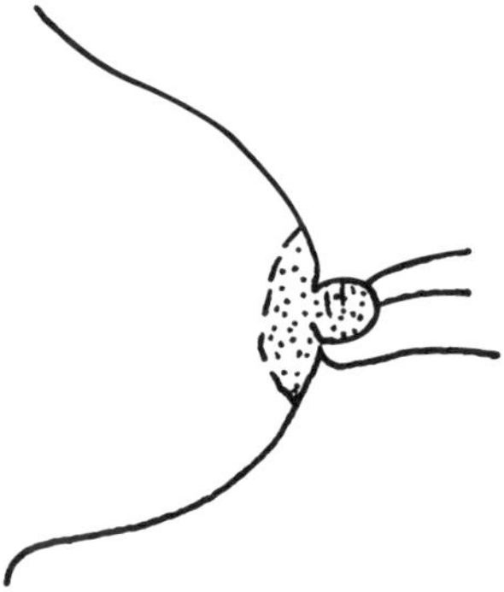

①把舌尖放在能同時接觸到乳頭和乳暈的位置。

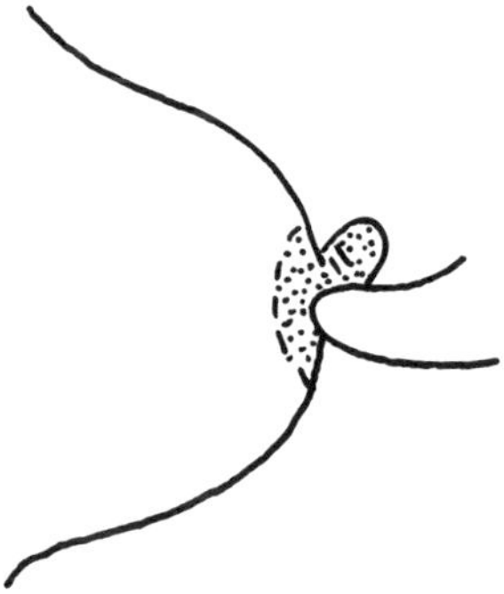

②把舌頭往右側轉，使乳頭和乳暈也一起跟著旋轉。

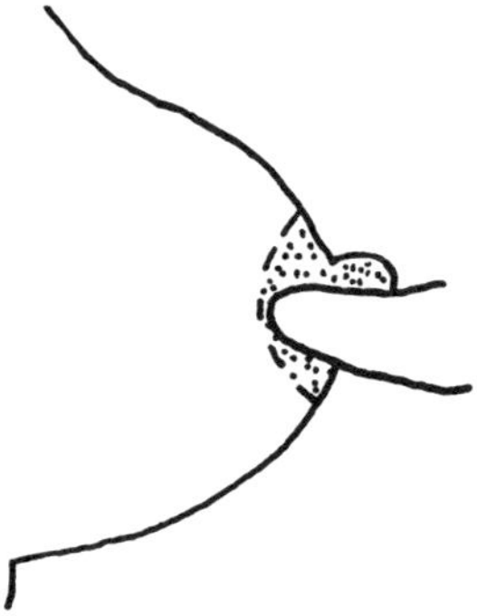

③舌頭移到左側，使乳頭朝向右側。

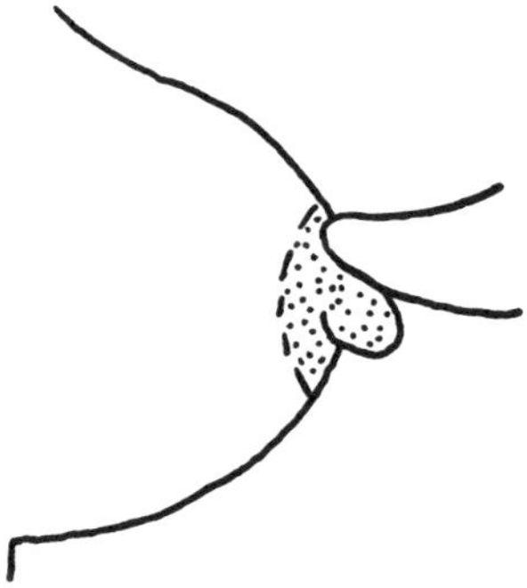

④舌頭移到上方，使乳頭朝下。

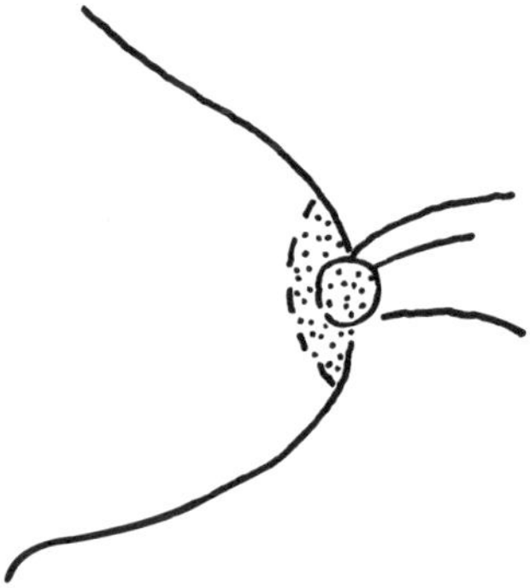

⑤舌頭移到右側，使乳頭朝向左側。

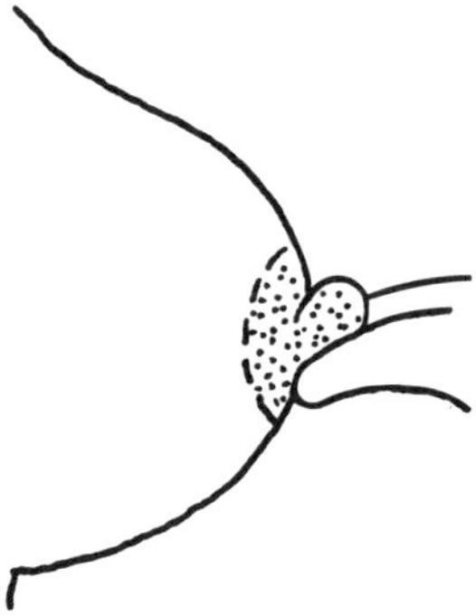

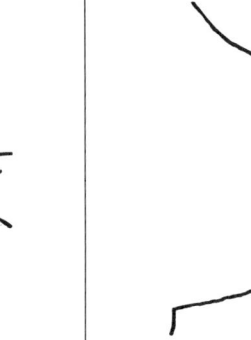

⑥轉動舌頭，使乳頭旋轉，並給予揉搓、摩擦。

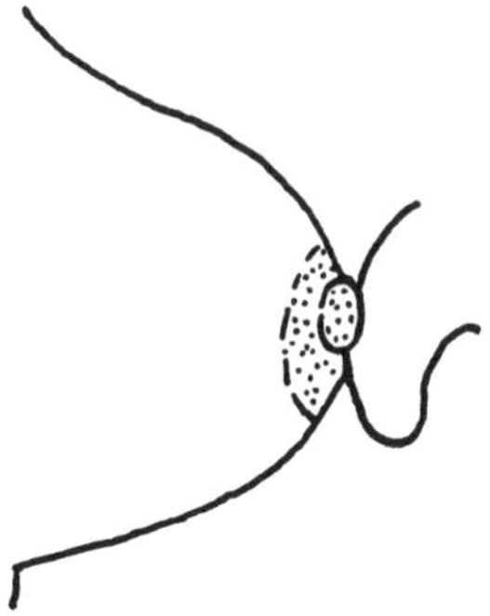

①以舌頭中央用力抵住乳頭尖端。

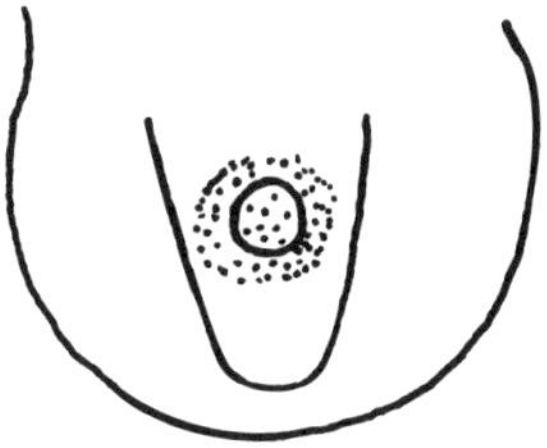

②以舌頭用力抵住乳頭。旋轉舌頭，像是要把乳頭壓扁一樣。

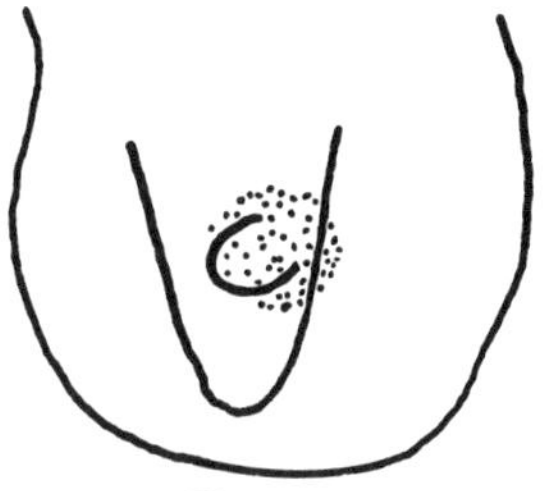

③讓臉部以順時針方向移動，以舌頭畫圓。

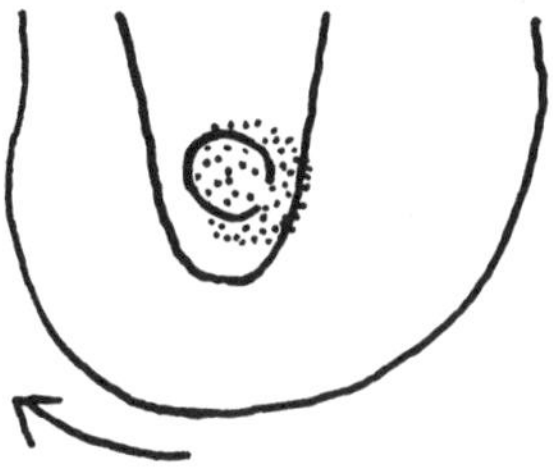

④乳頭跟著舌頭移動的方向滑溜溜地旋轉。

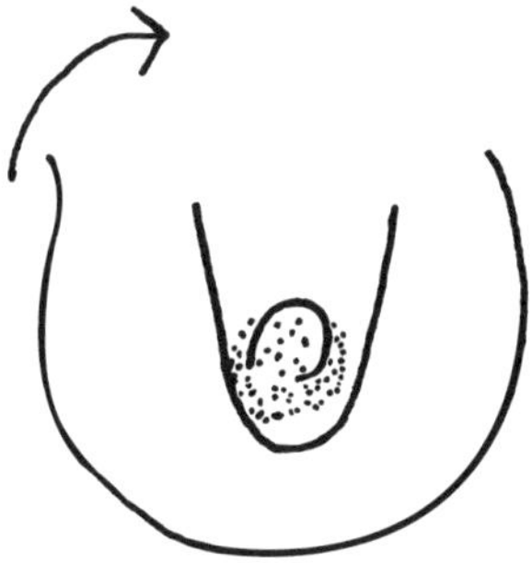

⑤以舌頭用力抵住，同時大動作移動臉部。

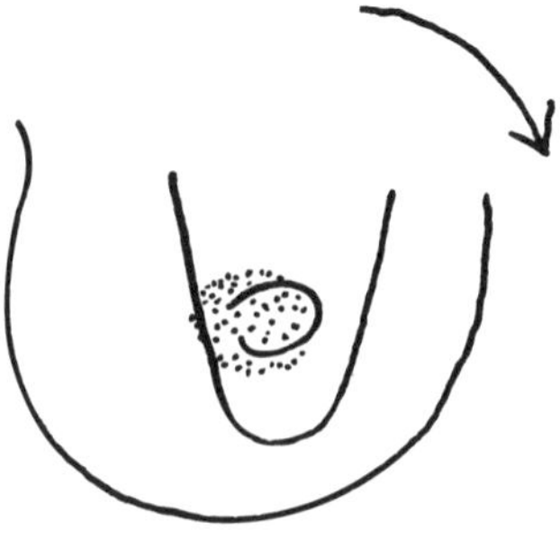

⑥乳頭跟著舌頭移動的方向旋轉，從根部開始產生超級快感。

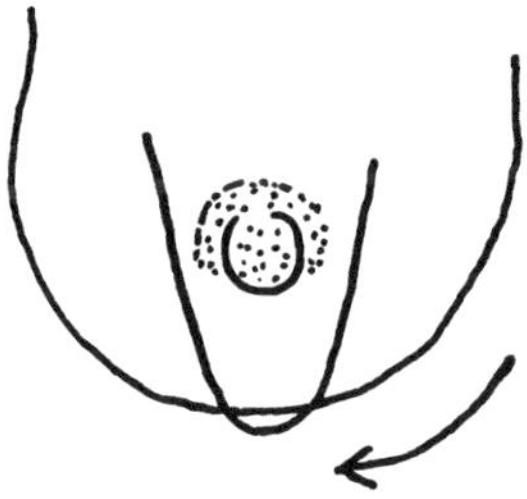

⑦旋轉一圈之後再加速。

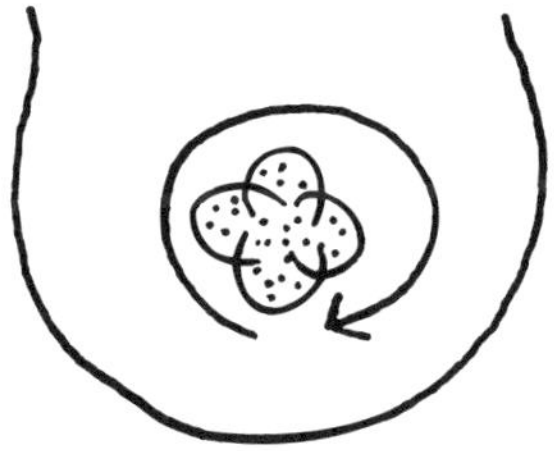

⑧再提升臉部旋轉的速度，持續旋轉、舔舐。

如果女方的胸部較大，可以用兩隻手把胸部往中間擠，同時左右來回舔舐兩顆乳頭。平均舔舐、摩擦兩顆乳頭的話，就會有非常好的效果。

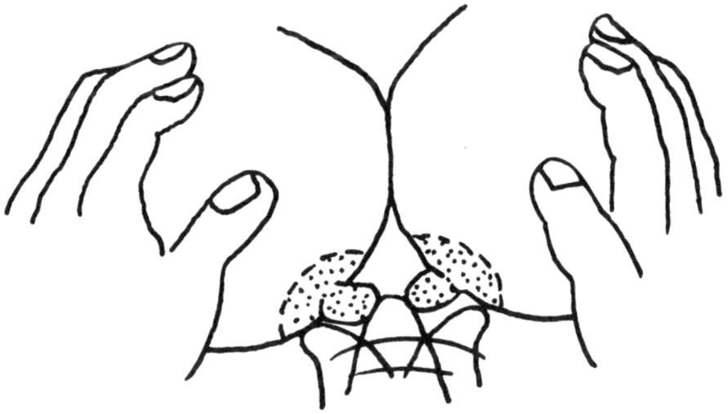

同時左右來回舔舐兩顆乳頭。

●想像在對女性口交

乳頭若被吸吮就會產生快感，母性本能也會受到刺激，覺得男朋友變得可愛了。乳頭被舔舐的話，就會有一種下流的感覺，也會產生快感。乳頭是上半身的陰蒂，若是乳頭被舔，雙腿間的陰蒂也有感覺，想像自己正被口交而心癢難耐。

如果女方的胸部較大，請以各種變化方式舔舐愛撫乳頭之後，用兩隻手把女方的胸部往中間擠，同時來回舔舐兩顆乳頭。我自己的胸部如果用力往中間擠，乳頭也能被同時愛撫到。兩顆乳頭的快感會因爲相乘效果而達到百分之一百六十以上。有的胸部也能讓兩顆乳頭同時被吸吮，這種胸部的快感大概已經難以用相乘效果去計算了吧！

同時愛撫兩顆乳頭

之前已經有解說過要如何在吸吮乳頭的同時，用手指愛撫另一邊的乳頭。現在要解說如何在舔舐乳頭時，同時用手指愛撫另一邊的乳頭。以手指愛撫乳頭的方式就照之前所解說的一樣，搭配各種愛撫方式去探查女方的喜好，之後再舔舐乳頭並同時用手指愛撫。這時女方雙腿間的陰蒂已經感到心癢難耐，會很希望你能對她口交。

用舌頭以三百六十度的方向旋轉、摩擦乳頭，另一邊的乳頭也以拇指做三百六十度的旋轉、揉捏，以相同動作愛撫乳頭，是女性所喜愛的同時愛撫方式。

挺起舌尖，像是要把乳頭壓進去一樣，另一邊的乳頭則是用拇指壓進去，這種愛撫方式的效果也非常好。也可以試著搭配其他的愛撫方式，如此一來，你的愛撫方法就會愈來愈高明。

用舌尖抵住乳暈及乳頭，並以乳頭根部為圓心轉動舌頭。同時用拇指旋轉揉搓另一邊的乳頭，也是一樣以乳頭根部為圓心旋轉，如此便可使女方產生相乘效果的快感。用舌頭用力來回揉弄，同時用手指用力壓迫乳頭並揉搓，可因力道強弱變化而帶來快感，陰蒂也會覺得心癢難耐。

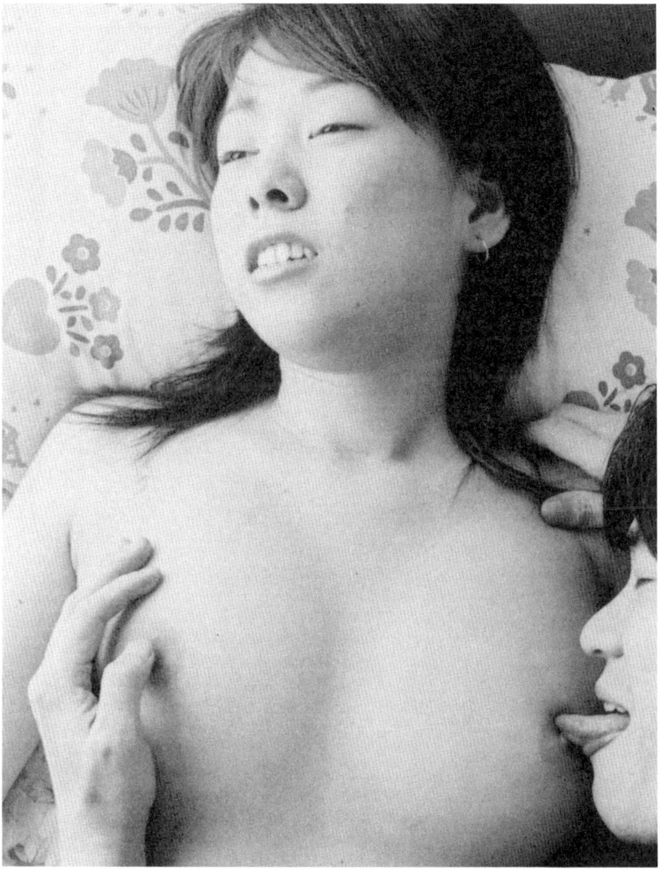

用舌尖壓迫或是持續搓弄乳頭，同時用拇指壓迫或以一定的節奏持續搓弄另一邊的乳頭。兩顆乳頭的強烈快感會確實傳達到陰蒂。要把兩顆乳頭當作上半身的陰蒂，仔細、執拗地愛撫。前面已經提過很多次了，愛撫胸部的技巧好，就代表SEX的技巧也會變好。

●想要勃起狀態下的陰莖

之前也多次提過，我是從女性「想要被如何對待」的角度寫作的。面對擅長愛撫胸部的男性，心癢難耐的陰蒂也會期待能受到高明的愛撫。事實上，擅長愛撫胸部就是擅長愛撫陰蒂，對女人來說，就等於是已經預告會有高潮，實際上就跟已經高潮了也沒兩樣。

乳頭受到愛撫後，陰道也會變得敏感。若是對方的口交技巧好，那麼陰道會變得更敏感，更想要勃起狀態下的陰莖。不過說老實話，女性也想要享受一下，在陰莖插入陰道之前，會想要對它口交。等到口交完之後，會變得更想要，而且會想要用騎乘位盡情扭腰，這才是女性的眞心話。

一邊用舔的，一邊用手指愛撫

左側乳頭的愛撫方式已經解說過了，跟吸吮另一邊的乳頭的愛撫方式一樣，等到習慣之後，就可以一邊舔舐乳頭，同時對另一邊的乳頭施加各種不同的愛撫。一邊舔舐乳頭，再同時旋轉、揉捏或是左右拉扯另一邊的乳頭，不斷改變愛撫方式。

雖然本書插圖中畫的是舔舐右側的胸部，實際應該要交互舔舐及用手指愛撫兩邊的胸部。女性也有所謂的「慣用乳」，如果她有一邊的乳頭特別敏感，也可以持續吸舔那一邊，另一邊則用手指愛撫。

為了要持續愛撫乳頭，用指頭愛撫時要輕一點，用舌頭愛撫時則要強一點比較好。在舔舐的時候，可以用舌頭用力把乳頭舔上去，或是把乳頭壓進去。

①由下往上舔右側胸部，要連乳頭一起舔。左側的乳頭則用拇指溫柔地揉捏、旋轉。由於乳頭沒有溼，用手指愛撫時的刺激會變強，所以要輕輕地愛撫。

溫柔地用拇指輕輕旋轉、摩擦。

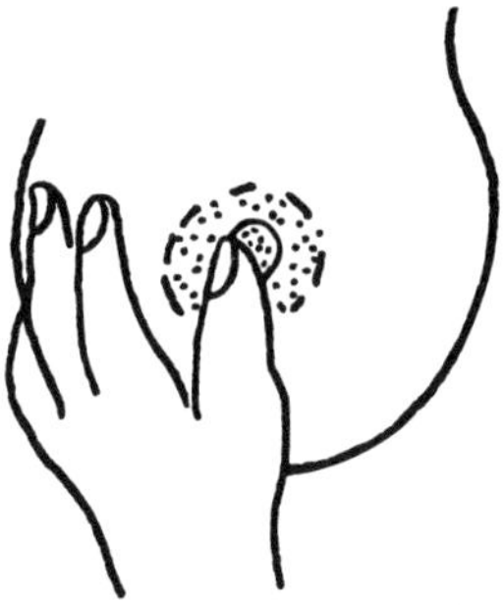

用舌頭舔舐時要強一點。

②連同乳頭一起向上舔之後，以舌頭用力抵住乳頭根部及乳暈。另一邊的乳頭則給予有變化的快感。在舔的時候要用力，用手指愛撫時則要溫柔地愛撫。

輕輕捏住乳頭，往左右溫柔地揉捏。

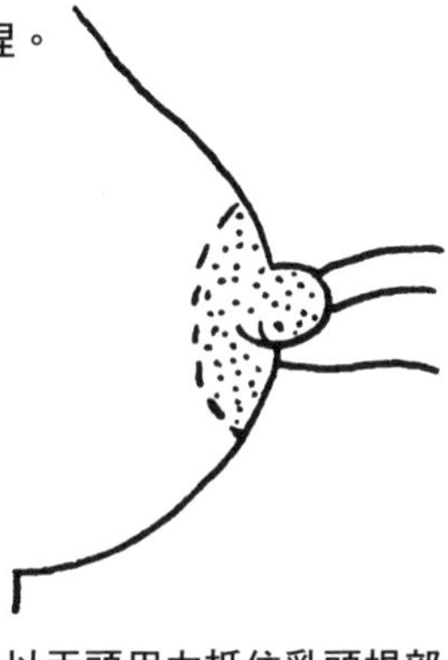

以舌頭用力抵住乳頭根部。

③把乳頭從根部往上舔。愛撫另一邊乳頭時，則要給予有變化的快感。輕輕捏住之後再溫柔地拉扯。就算乳頭變得敏感，用溼潤的舌頭愛撫時也可以用比較大的力道。

輕輕捏住之後再溫柔地拉扯。

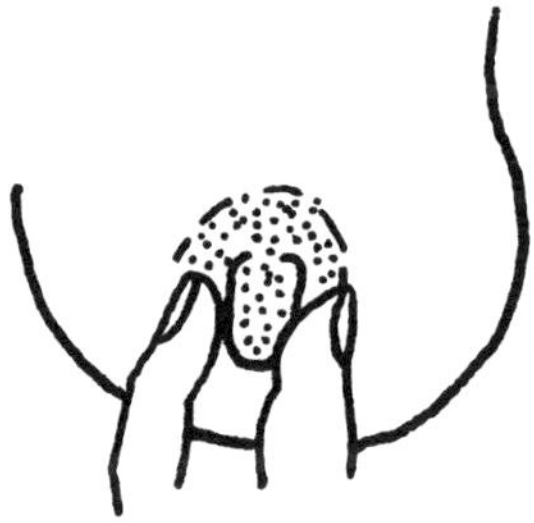

把乳頭從根部往上舔。

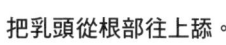

④由下往上，用力舔舐乳頭。可以用舌頭以比較大的力道愛撫溼潤的乳頭。另一邊的乳頭則可以輕輕拉扯，溫柔地往左右揉捏。同時愛撫兩顆乳頭，會有百分之一百六十的快感。

輕輕拉扯，往左右揉捏。

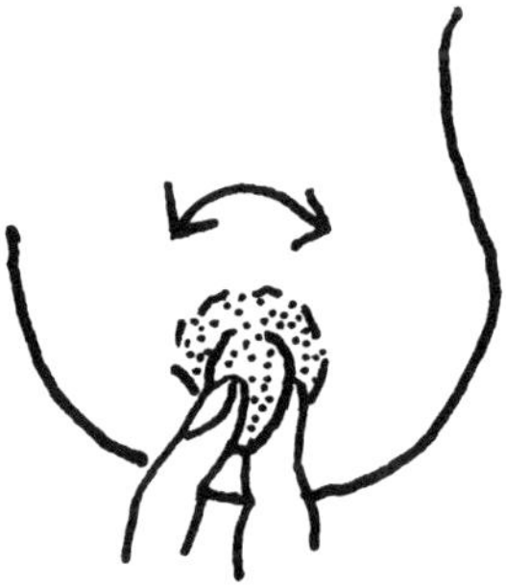

用力把乳頭往上舔。

●乳頭被愛撫的感覺

我來說明乳頭的感覺。雙腿間的陰蒂即使勃起了，也不會像上半身的陰蒂一樣露出來，大概有一半會被包皮所覆蓋，有些甚至在興奮時也完全被包皮覆蓋著。

用手指愛撫雙腿間的陰蒂時，如果連包皮一起愛撫，包皮會成爲兩者間的緩衝，如果在溼潤的情況下透過包皮愛撫，感覺也會很舒服。上半身的陰蒂則沒有包皮，完全露出在外，不會處於潮溼的狀態，所以在用手指愛撫時，就算一開始有快感，之後也會因爲太過敏感而讓刺激太強。這種時候，我喜歡被輕輕溫柔地愛撫。如果是用舔的，因爲舌頭處於溼潤狀態，所以我會喜歡強一點的力道。

①如同三井京子所說，要思考乳頭的心情，再捏住乳頭及乳暈輕輕壓迫，或是溫柔地用指頭摩擦。如果是用舔的，則要用舌頭用力抵住，以強一點的力道去舔舐。

捏住乳頭及乳暈，溫柔地壓迫。

把舌頭用力抵在乳頭及乳暈上。

②用手左右來回移動，以食指、中指、無名指三根指頭的指腹溫柔地輕輕摩擦乳頭。舌頭則用力抵住乳頭，像是要把乳頭壓進胸部裡一樣，就保持這個狀態用力往上舔。

用三根指頭的指腹，溫柔地左右摩擦。

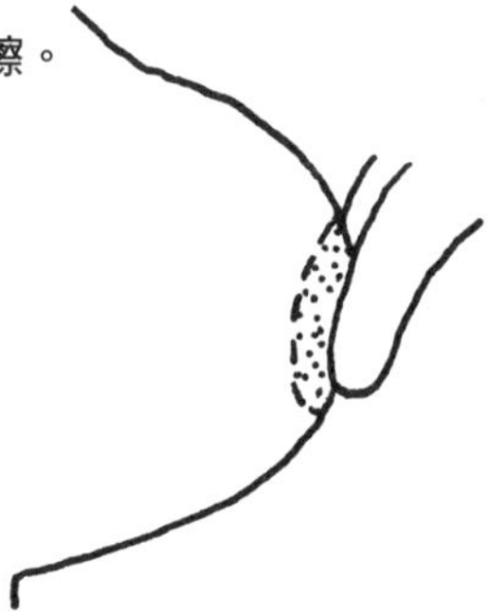

用舌頭把乳頭壓進胸部裡。

③用舌頭把乳頭壓進胸部裡，並保持這個狀態用力往上舔。另一邊的乳頭則用食指、中指、無名指的指尖溫柔地摩擦，要輕輕地左右來回揉搓、摩擦，並且輪流吸吮兩邊的乳頭。

用三根指頭的指腹，溫柔地揉搓摩擦。

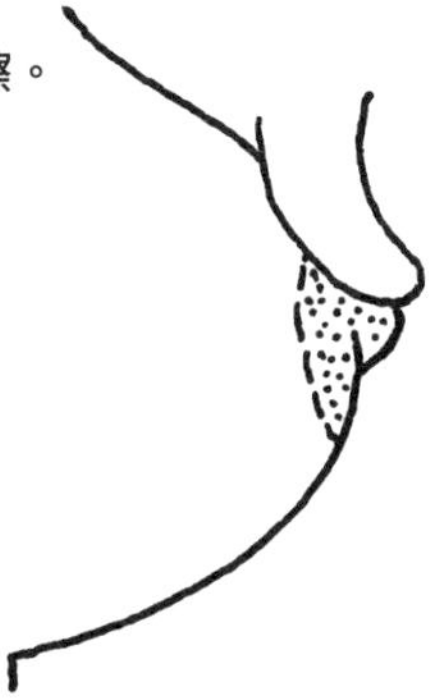

以舌頭用力抵住乳頭往上舔。

④以舌頭用力往上舔，像是要把乳頭壓扁一樣，這時被壓到胸部裡的乳頭就會被解放，跳了出來。同時變化各種方式愛撫另一邊的乳頭，繼續給予快感。

用中指輕輕壓迫乳頭。

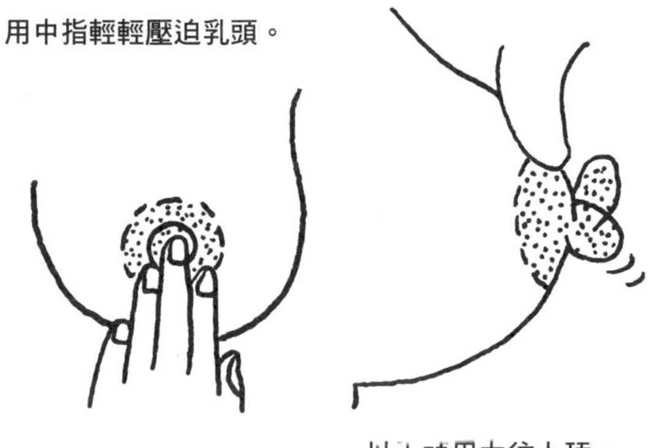

以舌頭用力往上舔。

⑤往上舔之後，再依照慣性用舌頭內側用力往下舔，舌頭內側會用力抵住乳頭及乳暈。另一邊的乳頭則用手指輕輕捏住，溫柔地揉搓。舔的時候要用力，用手指愛撫時則要溫柔。

輕輕捏住，溫柔地揉搓。

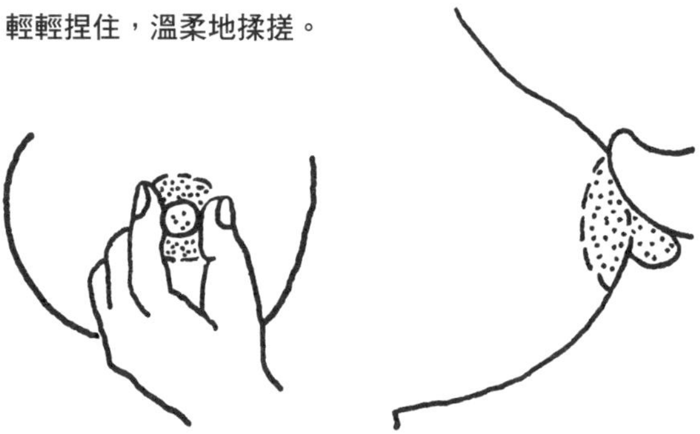

依照慣性用舌頭內側往下舔。

⑥舌頭內側往下舔，像是要把乳頭壓進乳房裡一樣。當乳頭被唾液沾溼時，會喜歡被溼潤的舌頭用力摩擦。用手指愛撫時要輕輕地、溫柔地旋轉、揉搓，才會讓女方高興。

用拇指輕輕旋轉揉搓。

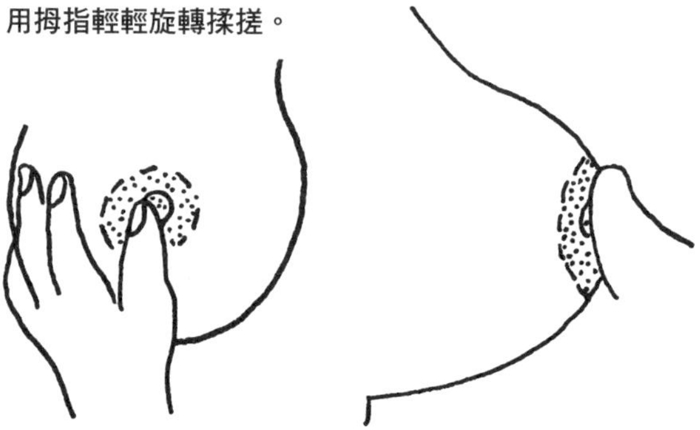

用舌頭內側把乳頭壓進去。

⑦用舌頭內側把乳頭壓進去，並保持這個狀態用力往下舔。乳頭、乳暈及乳頭根部都會同時受到強烈的舔舐。對另一邊的乳頭，就持續使用之前介紹過的手指愛撫方式。

溫柔地左右旋轉乳頭。

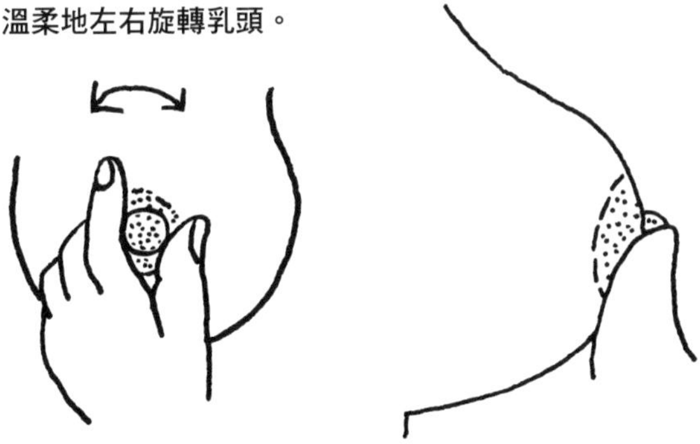

用舌頭內側把乳頭壓進去，並保持這個狀態用力往下舔。

⑧往下舔以後，被壓迫的乳頭就會從乳房裡彈出來；乳頭在彈出來的時候會很舒服。另一邊的乳頭則要輕輕拉扯、輕輕放開，並交互使用同樣的愛撫方式。

捏住乳頭輕輕拉扯。

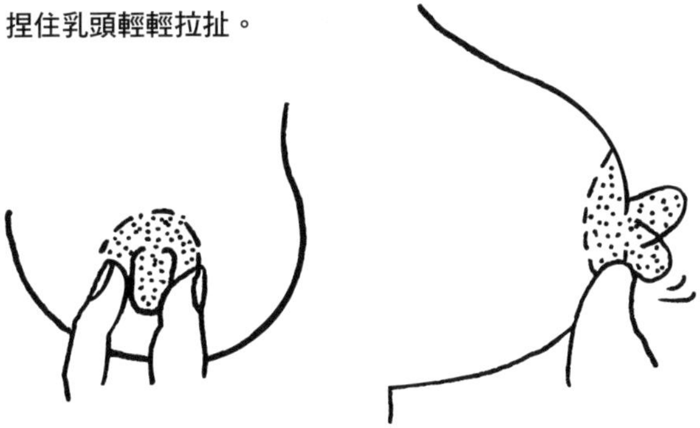

往下舔之後，乳頭就彈了出來。

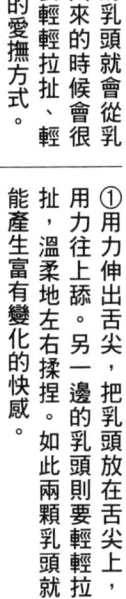

①用力伸出舌尖，把乳頭放在舌尖上，用力往上舔。另一邊的乳頭則要輕輕拉扯，溫柔地左右揉捏。如此兩顆乳頭就能產生富有變化的快感。

拉住乳頭，溫柔地左右揉捏。

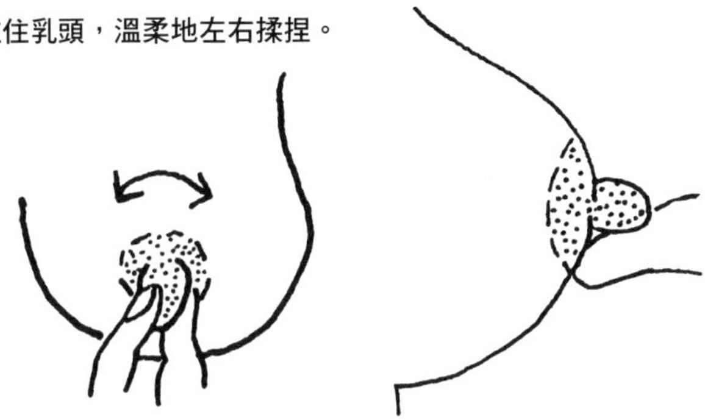

伸出舌尖，把乳頭放在上面。

②把乳頭放在舌頭上，用力往上舔，這樣乳頭會快速上下彈動，產生強烈快感。另一邊的乳頭則照之前解說過的愛撫技巧，依序反覆進行。

反覆實行之前解說過的手指愛撫技巧。

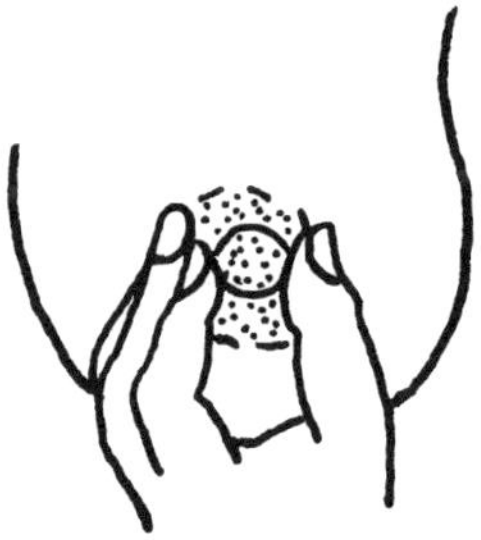

用力往上舔。

③用力往上舔之後，再用力往下舔。把舌頭盡量往外伸，這樣在舔的時候乳頭反彈的力道也會更強。以舌頭擊打乳頭的方式愛撫，快感會提升。

把乳頭夾在手指中間揉搓。

用力往下舔舐乳頭。

④使用舌頭正反兩側，快速上下來回舔舐、摩擦乳頭。用舌尖敲擊乳頭，效果會非常好。另一邊的乳頭則用三根手指的指尖左右來回摩擦。

用三根手指的指尖來回摩擦。

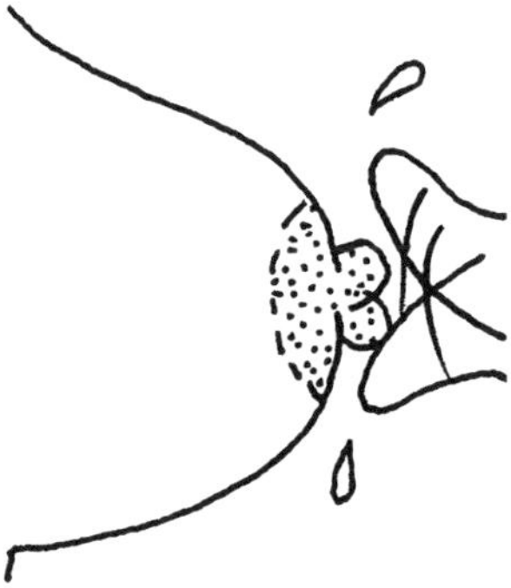

上下來回舔舐、摩擦。

①用力伸出舌尖抵住乳頭左側。乳頭的愛撫方式有很多種，如果擅長愛撫上半身的陰蒂，那麼也會擅長愛撫雙腿間的陰蒂，使女方確實達到高潮。

用中指壓迫乳頭。

用力伸出舌尖抵住乳頭左側。

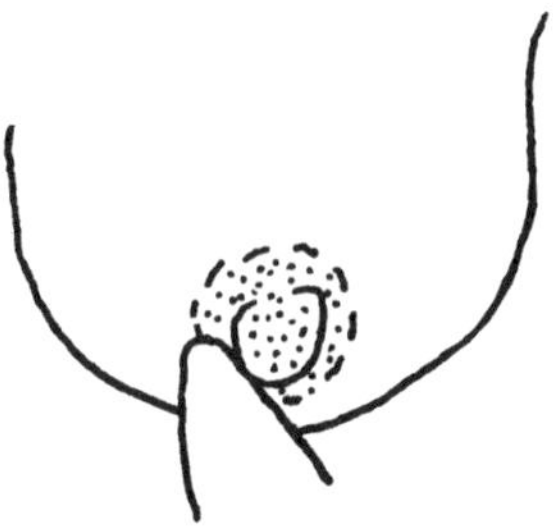

②用力伸出舌尖抵住乳頭左側後，用舌尖把乳頭用力往右側舔舐、摩擦。另一邊的乳頭則是輕輕地、溫柔地捏揉，來回旋轉、揉搓。

進行變化多端的手指愛撫。

用舌尖把乳頭用力往右側舔舐、摩擦。

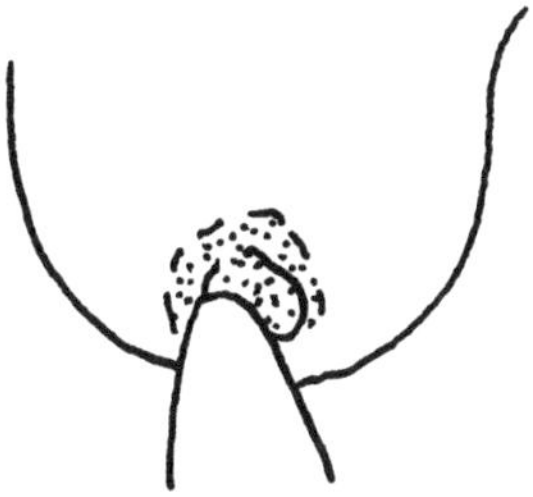

③用力伸出舌尖，由左往右用力舔舐、摩擦，乳頭彈起時女方的身體也會隨之一震。之前也提過很多次了，要把乳頭當作陰蒂來愛撫。

把乳頭當作陰蒂來愛撫。

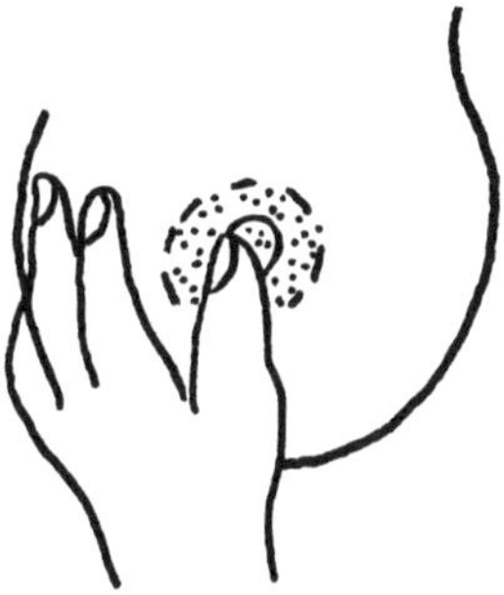

由左往右用力舔舐、摩擦。

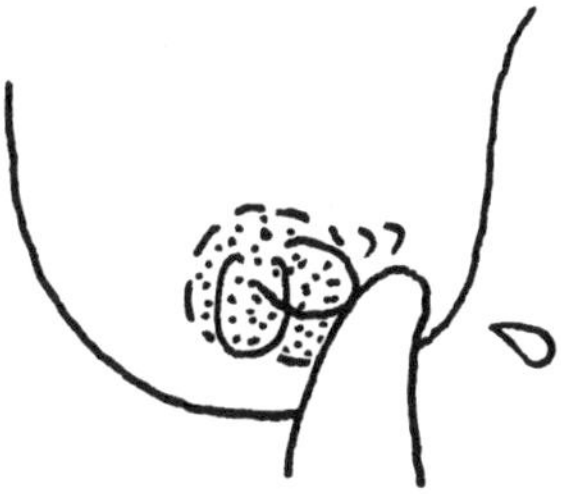

④伸出舌尖，快速往右用力摩擦、舔舐乳頭，再快速往左用力摩擦、舔舐。把舌尖抵在乳頭右側，快速用力舔舐，會有很棒的效果。

捏住乳頭，輕輕轉動。

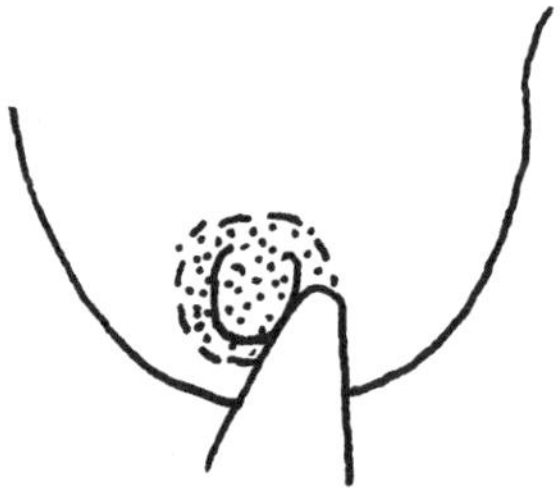

快速用力往左舔舐乳頭。

⑤乳頭是上半身的陰蒂，這些愛撫方法對於雙腿間的陰蒂也非常有效。乳頭被愛撫後，雙腿間的陰蒂也會想要被愛撫，不斷流出愛液。

輕輕拉乳頭。

快速用力舔舐乳頭。

⑥舌尖用力舔舐之後，乳頭會彈回來。乳頭根部受到拉扯，會使乳頭根部及周圍的乳暈受刺激而產生快感。同時也要給另一邊的乳頭各式各樣的刺激。

輕輕拉扯、揉搓。

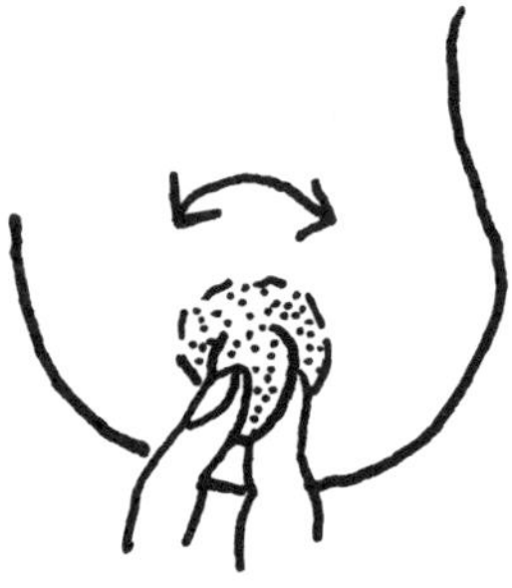

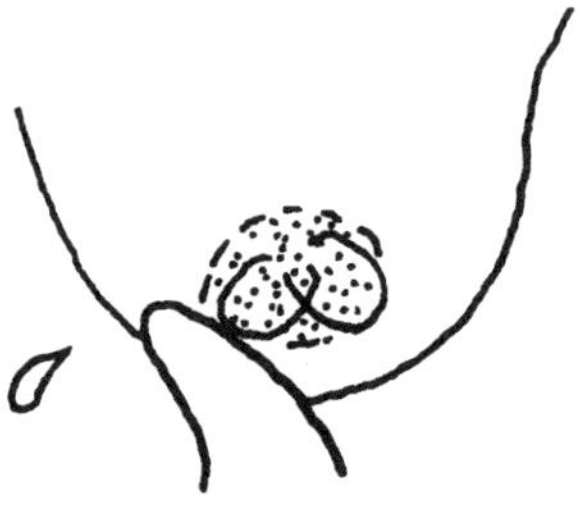

乳頭被用力舔舐，感覺很舒服。

⑥接續⑤，用力伸出舌尖，從左右兩側快速用力舔舐乳頭。盡量伸長舌頭快速舔舐，效果會非常好。這招對雙腿間的陰蒂也非常有效。

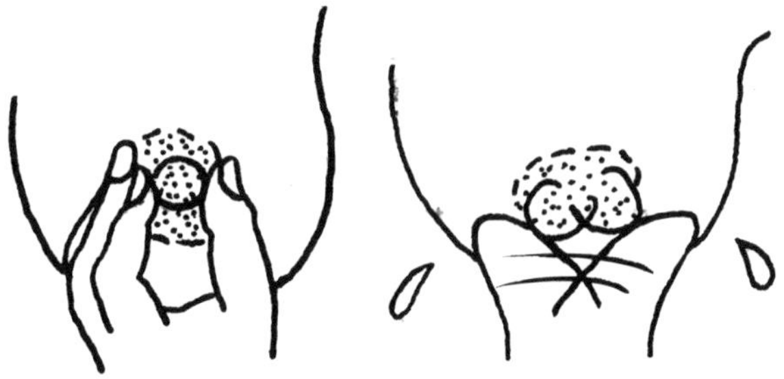

左右來回舔舐乳頭。

①伸出舌尖，瞄準乳頭尖端突刺。以乳頭根部為基點，彎曲乳頭或是把乳頭埋入乳房之中，這招對上半身及下半身的陰蒂都很有效。

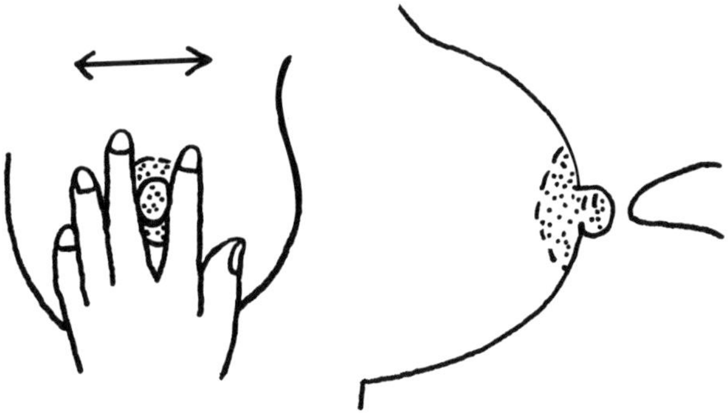

伸出舌尖，瞄準乳頭尖端。

②伸出舌尖後，用力突刺乳頭尖端。乳頭會受到刺激，就像是被埋到乳房裡一樣，這對下半身的陰蒂也非常有效。動作愈快則效果愈好。

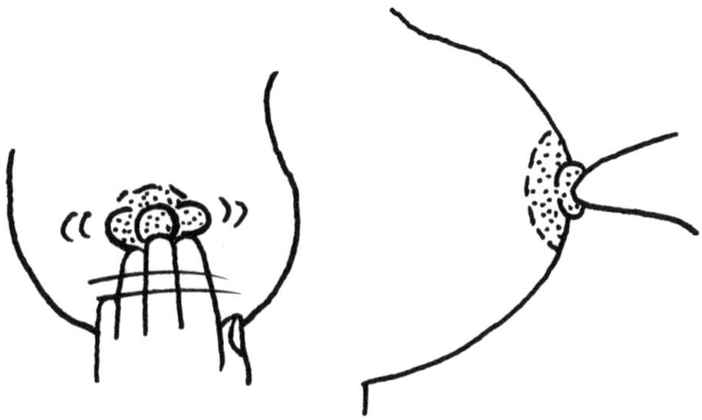

用力突刺乳頭尖端。

③顫動中指，以震動壓迫的方式刺激左邊的乳頭。同時依照圖示，用舌尖用力連續戳刺乳頭。這兩種方法也對陰蒂很有效。

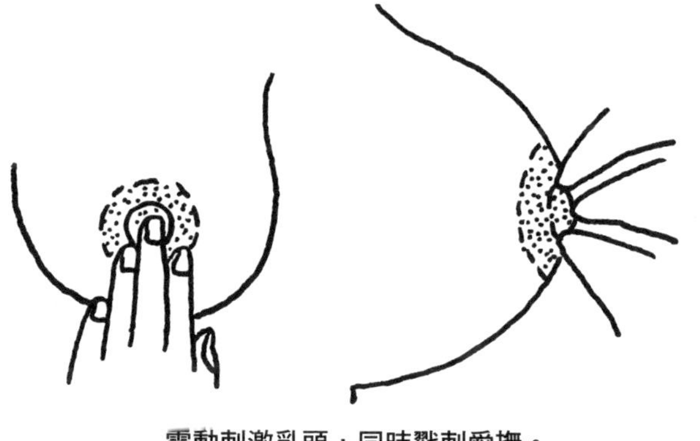

震動刺激乳頭，同時戳刺愛撫。

①用舌頭抵住乳暈，把乳頭放在舌尖上，捏住另一邊的乳頭，左右旋轉、揉搓。以乳頭的根部及乳暈為基點同時刺激，使兩邊的乳頭都產生最棒的快感。

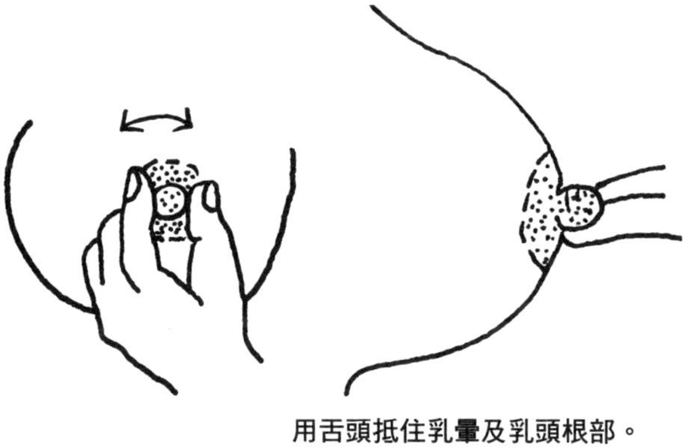

用舌頭抵住乳暈及乳頭根部。

②三百六十度舔舐、摩擦乳頭，使乳頭轉一個大圓。用舌頭抵住乳頭下方，並以舌頭旋轉乳頭，動作像是要把乳頭抬高一樣。同時用拇指旋轉、摩擦另一邊的乳頭，動作像是在畫圓一樣。

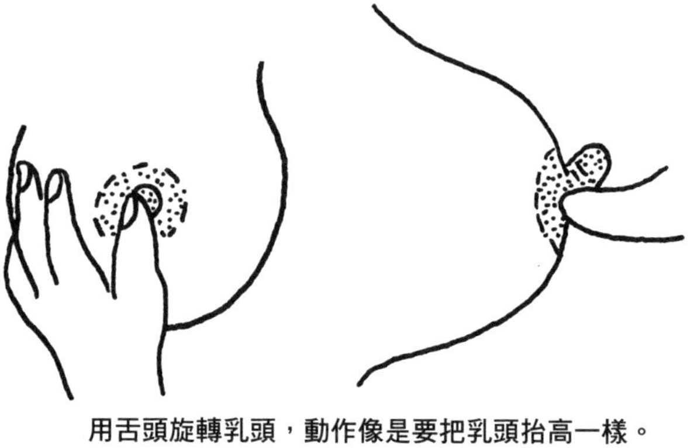

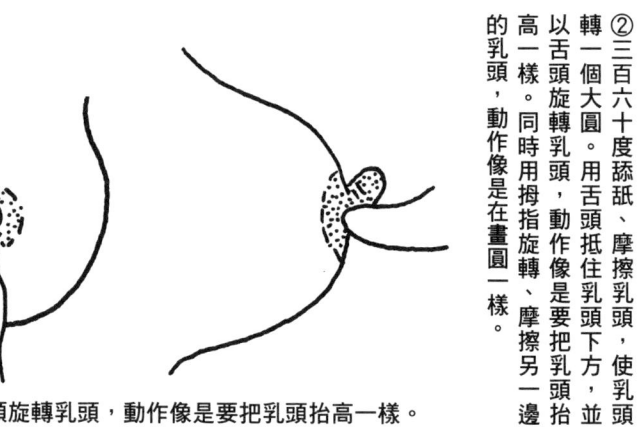

用舌頭旋轉乳頭，動作像是要把乳頭抬高一樣。

③用舌頭抬起乳頭，往右旋轉、舔舐。若舌頭在乳頭左邊，就施加壓力使乳頭往右偏，同時輕輕捏住另一邊的乳頭，往左右旋轉、摩擦。

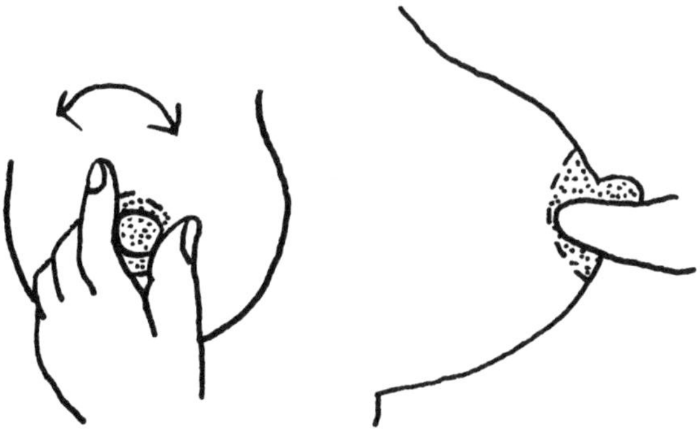

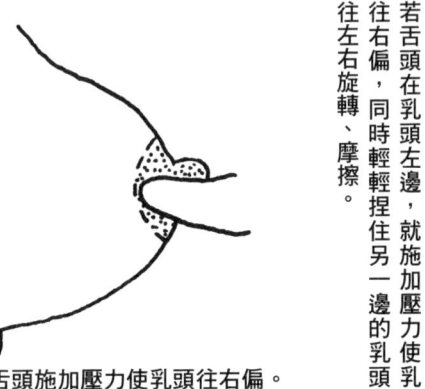

用舌頭施加壓力使乳頭往右偏。

④一邊對乳頭用力，一邊把舌頭轉到乳頭上面，使乳頭往下偏。來回舔舐，以乳頭根部的乳暈為基點，使乳頭轉一個大圓。

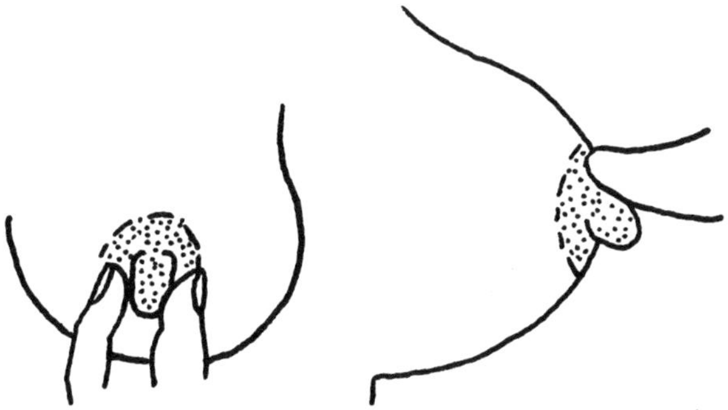

使乳頭以三百六十度轉一個大圓。

⑤當舔到乳頭右側時，施力壓迫乳頭，盡量讓乳頭往左彎曲，同時輕輕拉扯另一邊的乳頭，溫柔地往左右揉捏、旋轉。這兩個動作都是以乳頭根部為基點。

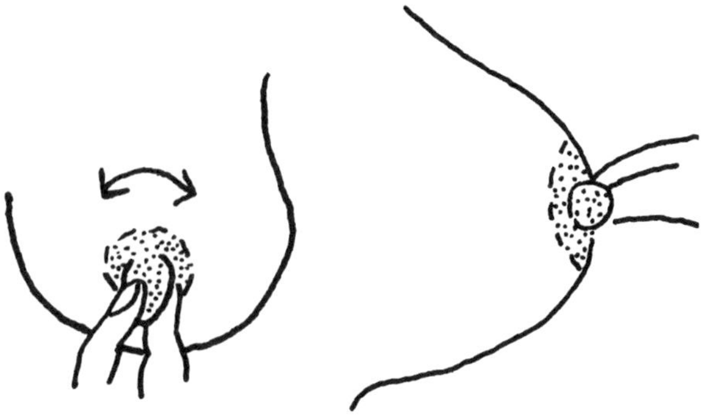

以乳頭根部的乳暈為基點，愛撫兩顆乳頭。

⑥以三百六十度旋轉舌頭。以乳頭根部為基點，三百六十度旋轉，並且持續加速來回舔舐。來回舔舐的速度愈快，快感也會愈強。

三百六十度舔完一圈之後，加快速度來回舔舐。

舔舐乳頭最後的一招。用舌頭中央抵住乳頭，以最大的力量把乳頭壓進乳房中，同時用中指把另一邊的乳頭也壓進去，這種壓力會產生超級快感。

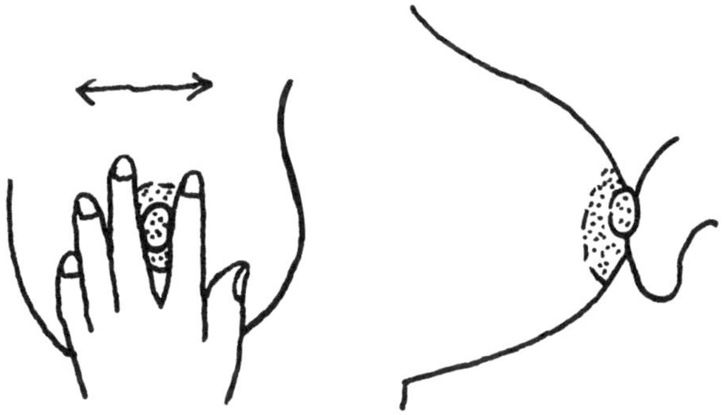

把兩顆乳頭壓進乳房。

●請充分愛撫吧

揉搓胸部的方法、用指頭愛撫乳頭的方法、吸吮乳頭的方法、舔舐乳頭的方法，這些已經讓我非常滿足了（微笑）。若是胸部能受到如此愛撫，就可以確信陰蒂也會受到同等的愛撫，等於是就要高潮了。

從一七二頁開始，我們讓一百位女性看過這本書的樣書，再從中取材，選出八十八位女性的感想眞心話來介紹。絕大部分的女性都支持《極致愛撫①——胸部特集》這本書，並表示「我也想被這樣愛撫胸部」。反過來說，這也證明了女性的胸部都沒有受到足夠的愛撫，很多女性都希望對方能更加愛撫她們的胸部。各位男性讀者，請充分愛撫胸部吧！

●用陰莖摩擦乳頭，讓人興奮

最近的成人影片中，基本上都會有以陰莖摩擦乳頭或是乳交的鏡頭。對男性來說，用陰莖摩擦胸部的行為就像是征服女性一樣，是一種讓人興奮的行為。此外，在色情產業中，用潤滑液進行乳交使顧客射精，已經成為一種非常普遍的服務了。

通常，在年輕男女之間，似乎都很享受這種作法。在充分愛撫胸部之後，乳交會讓人興奮，而想要進行口交。一般來說，可以嘗試享受摩擦乳頭或是乳交看看。

女性很喜歡看著陰莖，讓女方在乳交時觀察你的陰莖吧！習慣之後，女方就會主動進行乳交，或是用乳頭摩擦你的陰莖。在性愛過程中，這種愉快興奮的心情，會導致爆發性的高潮。

從一三六頁開始，本書會介紹以龜頭摩擦乳頭的技巧。用陰莖摩擦乳頭，跟用口、舌、手的愛撫是完全不同的；除了感覺很舒服之外，興奮度也會倍增，而且對彼此來說都是很愉快的行為。用龜頭最敏感的內側來回摩擦乳頭，是很舒服的哦！當然，乳頭也會很舒服，會感到羞恥、興奮、愉快。快感、興奮、愉悅，然後是高潮，這就是性愛的醍醐味啊！

根據訪問女性時聽到的眞心話，有讓男方嘗試過用陰莖摩擦乳頭的只有不到百分之二十。如果問她們想不想嘗試，絕大部分的女性都回答想嘗試看看。因為是由身為女性的我來進行巧妙的誘導詢問，所以她們都會紅著臉跟我講眞心話。對女性來說，勃起的陰莖就是SEX的象徵，很多女性都很期待被這個象徵摩擦乳頭。

我問她們是否想要仔細觀察陰莖，結果百分之百全部都回答「想要」。女性想要看、觸摸、摩擦，並且對陰莖口交。用龜頭摩擦乳頭的行為，也會對女方帶來視覺上的興奮。不管是多麼羞恥的行為，興奮的女性都能接受。為了要讓性愛更愉快，就摩擦乳頭及胸部吧！接下來就來介紹「用龜頭摩擦乳頭的方法」。

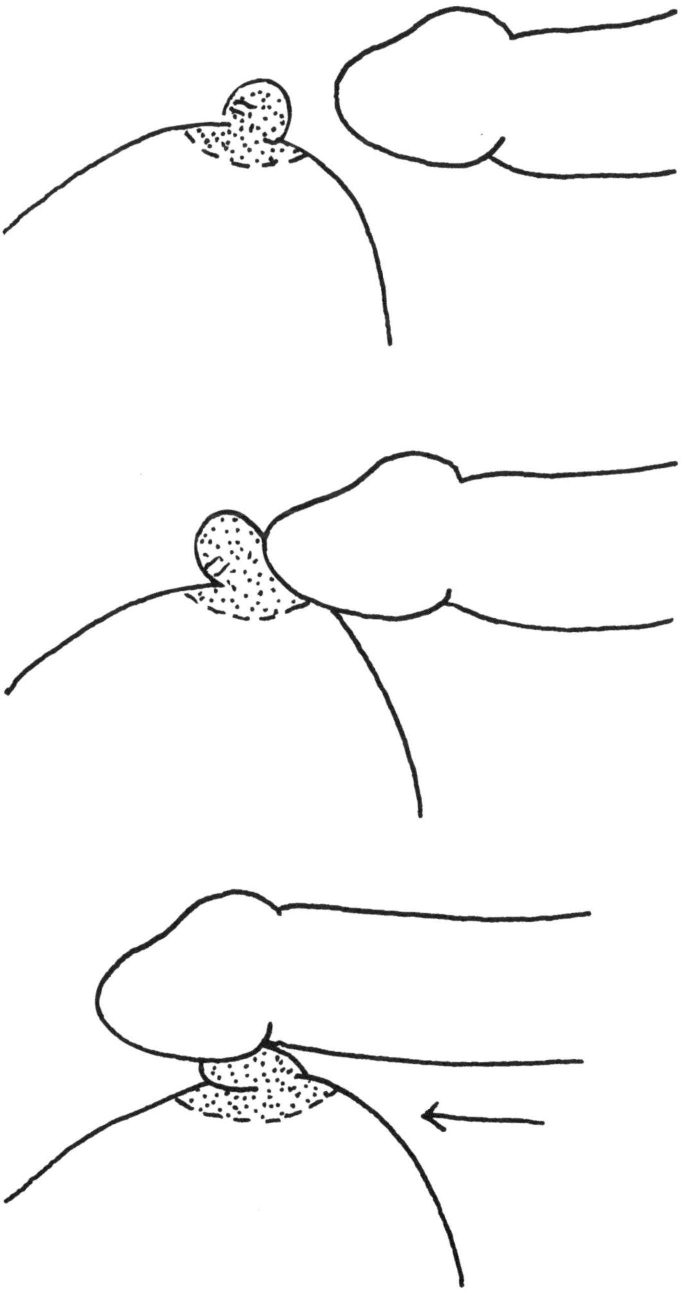

女方自己也想做

就像三井京子訪問女性時聽到的真心話一樣，絕大部分的女性都想要嘗試用乳頭或胸部摩擦陰莖。女性認為陰莖就是SEX的全部，會想要仔細觀察、玩弄、摩擦看看。

女方用自己的乳頭摩擦龜頭內側時（是龜頭最敏感的地方），會非常興奮，進入愉快的性愛過程。用乳頭摩擦陰莖的時候，陰莖如果突然彈起來，女性會露出高興的表情。對女性來說，進行取悅陰莖的行為時，會感到興奮及高興，或是產生愉快的情緒。

男方讓女方享受完摩擦乳頭的的感覺之後，可以再讓女方跨在自己身上，自己也享受摩擦乳頭的樂趣。擴展各種愛撫胸部的方法，讓雙方都能感受到愉悅、興奮。乳頭受摩擦變得敏感，龜頭內側也因摩擦變得敏感，兩個人都很敏感。

過於敏感的乳頭及龜頭內側。敏感的兩人互相摩擦，使雙方都能興奮、愉悅。互相觀察對方，可獲得新鮮的興奮感。如果情侶沒有嘗試過用陰莖摩擦乳頭或是胸部的話，請務必要嘗試一次。這種行為可以讓雙方都拋開知識的束縛，從羞恥的行為中得到興奮。

用敏感的乳頭來回摩擦敏感的龜頭內側。陰莖產生快感，猛然往上跳起，女方也因此露出高興的表情，導向愉悅、興奮、高興的性愛過程。對女性來說，陰莖是SEX的象徵，用這個象徵去摩擦女性SEX的象徵「胸部」上的乳頭，這種感覺是很愉快的，也會讓女方在性愛中更積極。

●用乳頭來回摩擦龜頭

很多女性都不知道陰莖最舒服的地方，這點我很意外。爲了讓雙方都能愉悅的摩擦乳頭，請告訴你的女朋友，龜頭內側是最舒服的地方。女朋友知道你陰莖最舒服的地方，看到你露出愉悅的表情，自己也會感到快樂及興奮。

用你勃起龜頭的內側去摩擦女方勃起的乳頭，這種觸感與興奮是會上癮的（微笑）。

首先，先用龜頭內側去摩擦女方的乳頭。女方知道這種快感之後，自己就會想要用乳頭去來回摩擦你的龜頭。用龜頭摩擦乳頭，會讓人覺得又羞恥又興奮。

用龜頭內側摩擦乳頭

用陰莖摩擦乳頭，會讓雙方都很愉悅，並藉由共同擁有的快感而感到興奮和快樂。之前在「愛撫胸部的方法」的篇章中，已經介紹過很多愛撫乳頭的方法了，先思考乳頭愉悅的心情，再用讓龜頭得到快感的方式摩擦。

在用陰莖摩擦乳頭時，最方便的做法是讓女方仰躺著，用陰莖向女方逼近，挑起她的期待感。等到龜頭移動到乳頭附近時，女方的眼神就會盯著龜頭看。用龜頭前端抵住乳頭，試著前進突刺看看。把龜頭內側放在乳頭的尖端，前後擺動腰部，用龜頭內側摩擦乳頭。

握住陰莖的根部，持續往左右移動摩擦。龜頭內側不斷地左右摩擦乳頭，使乳頭和陰莖雙方都能產生快感。要用陰莖平均摩擦兩顆乳頭。

用陰莖摩擦女方胸部的行為，就好像是在用陰莖對女方惡作劇一樣，是一種令人興奮的行為。用勃起的陰莖戳向胸部，像是在對乳頭惡作劇一樣的方式摩擦。龜頭的內側最為敏感，用此處摩擦上半身的陰蒂，會讓雙方都能感到興奮，敏感度也會提升。乳頭根部的乳暈部分被撥弄，會感到相當愉悅。

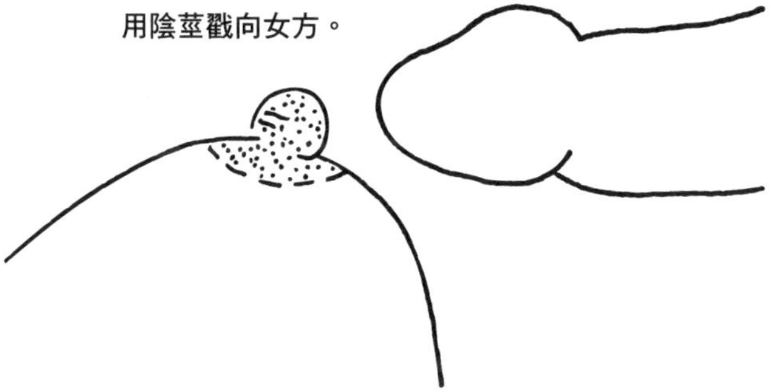

用陰莖戳向女方。

用陰莖戳向女方，往乳頭靠近。這是一種愉快興奮的行為，女方的眼神會因此而盯著陰莖看。用乳頭摩擦陰莖的行為也會讓男性興奮。

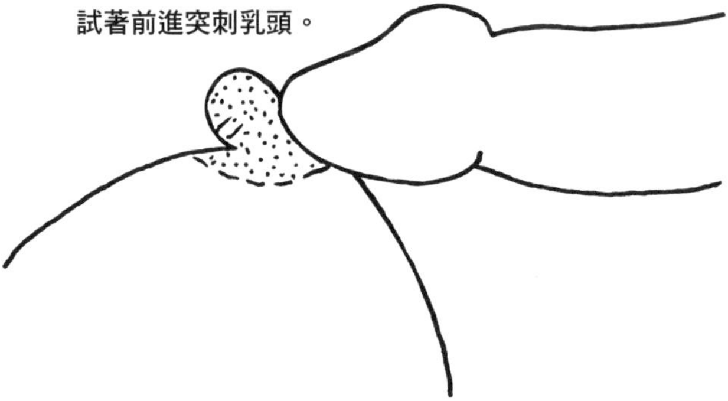

試著前進突刺乳頭。

試著前進突刺乳頭根部。可愛的胸部，加上美味可口的乳頭，此時再用陰莖摩擦，會感到羞恥及興奮，這對雙方來說都是強烈的視覺刺激。

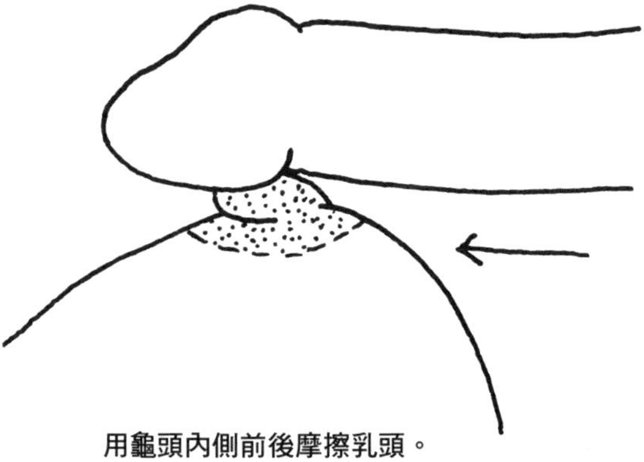

用龜頭內側前後摩擦乳頭。

把敏感的龜頭內側放在乳頭前端，前後擺動腰部，來回摩擦乳頭。以小動作摩擦，讓龜頭內側產生快感，如此乳頭也能產生羞恥的快感。

把龜頭內側放在乳頭前端，小動作前後擺動腰部。乳頭的快感是陰蒂的百分之八十，龜頭則是百分之百，雙方都能同時產生快感。

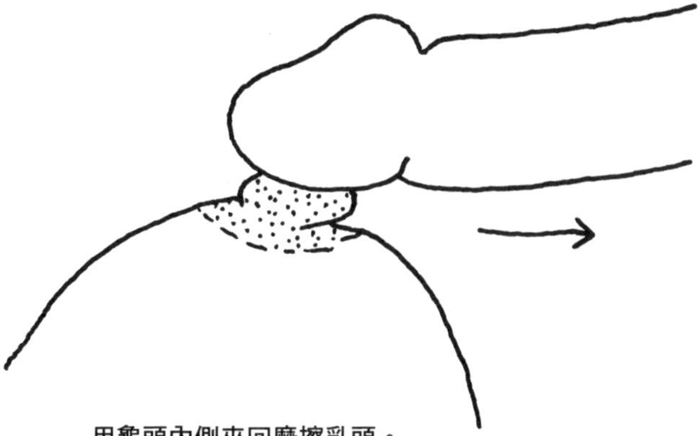

用龜頭內側來回摩擦乳頭。

把龜頭最為敏感的內側放在乳頭的前端，並用手移動陰莖壓迫乳頭。雙方敏感的部位都受到壓迫，能同時獲得快感。時而輕壓，時而重壓。

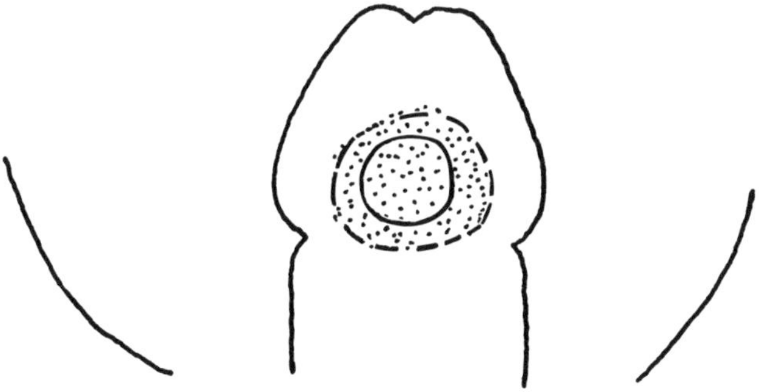

用龜頭內側壓迫刺激乳頭。

輕輕壓迫乳頭，並左右移動陰莖來回摩擦。乳頭和龜頭內側同時都會很愉悅，兩人都注視著對方，產生視覺刺激，使性行為更加愉快。

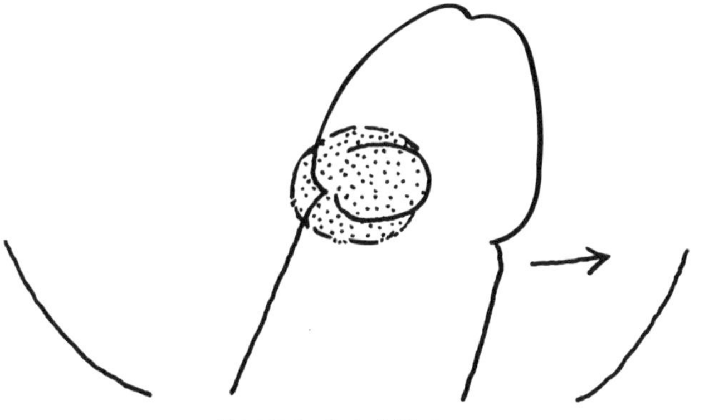

用龜頭內側左右摩擦乳頭。

輕輕壓迫、摩擦乳頭，時而用力壓迫、摩擦。用力壓迫，像是要把乳頭壓進乳房一樣，同時再左右摩擦，乳頭和龜頭內側的快感都會提高。

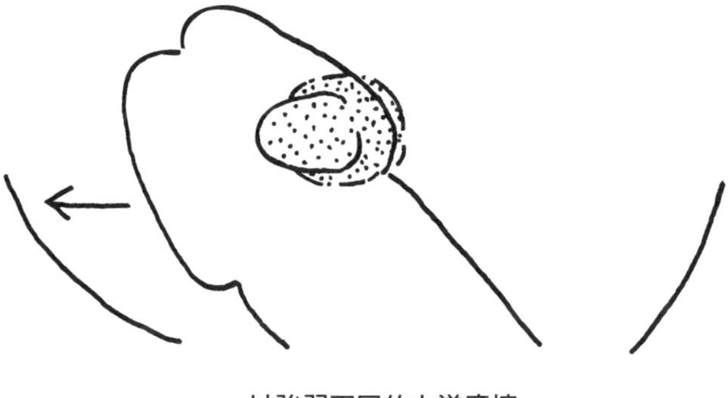

以強弱不同的力道摩擦。

快速左右移動陰莖，可以同時提高羞恥度及興奮度。有時輕輕壓迫，有時用力壓迫，造成不同的快感變化，興奮度和快感度也會提升。

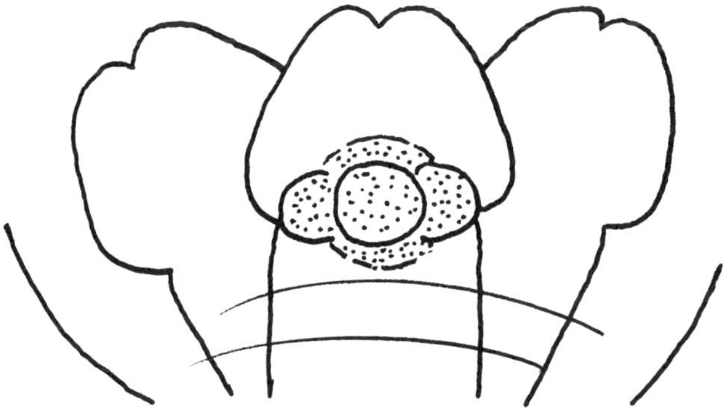

快速左右移動陰莖。

●驚人的視覺刺激

堅硬勃起的陰莖，是讓人又羞恥又興奮的存在，也是男朋友對我產生興奮的證明。只要他勃起，就會讓我高興且興奮。對女性來說，以陰莖對乳頭惡作劇的行爲，會使女性感到非常愉快、非常興奮，並且會產生快感。

男朋友用陰莖對乳頭惡作劇時看起來很高興，女方看到這種狀況也會很高興。陰莖有著堅挺的形狀，當它進行取悅乳頭的動作時，光是看著就會有驚人的視覺刺激。這是很愉快、很興奮、很舒服的事，女性也很喜歡。我訪問過的女性也都對陰莖摩擦乳頭感到興奮。龜頭內側和乳頭都會感到很舒服，這是用陰莖摩擦乳頭的醍醐味。

更進一步享受摩擦乳頭

習慣之後，摩擦乳頭就會變成一種溝通的方式，如果下流地移動陰莖，雙方會更加高興，使性愛過程更愉悅，兩人也會露出滿足的笑容。把龜頭最舒服的部分放到乳頭前端，輕輕壓迫乳頭，同時以腰部畫圓，以三百六十度旋轉、摩擦乳頭。以乳頭根部為基點旋轉，用龜頭內側來回摩擦乳頭，會感到又愉快又舒服。

用陰莖敲擊乳頭，會有一種惡作劇的感覺，讓人興奮且愉悅。把陰莖從乳頭上面抬起來，再利用反作用力，放開手讓陰莖落下，有時輕輕敲擊，有時用力敲擊，可以讓乳頭及龜頭內側同時享受到敲擊的快感。男方用陰莖享受乳頭，女方則用乳頭享受陰莖。如此更能享受陰莖摩擦乳頭時的快感。

把龜頭最舒服的部分放到乳頭前端，同時以腰部畫圓，以三百六十度旋轉、摩擦乳頭。以乳頭根部為基點，用陰莖畫圓旋轉。龜頭就像是在乳頭上畫圓，來回給予刺激。龜頭接觸到乳頭的感覺很棒，非常舒服。對乳頭來說，龜頭內側的觸感也很好，可以享受到最棒的連續快感及視覺刺激。

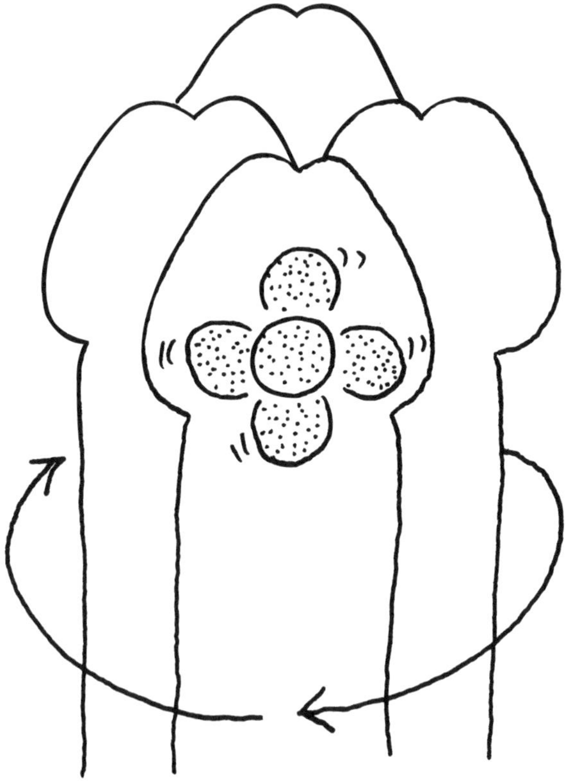

用龜頭內側抵住乳頭，並以腰部畫圓，來回旋轉、摩擦乳頭。

把龜頭最舒服的部分放到乳頭前端，用手抬起陰莖，再利用反作用力放開手讓陰莖落下敲擊乳頭。用力敲擊，像是要把乳頭敲進乳房裡一樣，以龜頭內側衝撞乳頭。

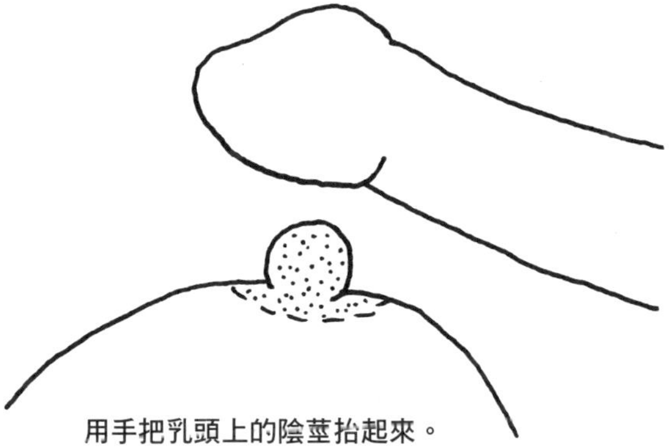

用手把乳頭上的陰莖抬起來。

龜頭與乳頭相撞，可以享受瞬間衝撞的快感。女方露出笑容欣賞乳頭和陰莖的衝撞，同時產生快感。這種乳頭遊戲是很愉快的溝通方式。

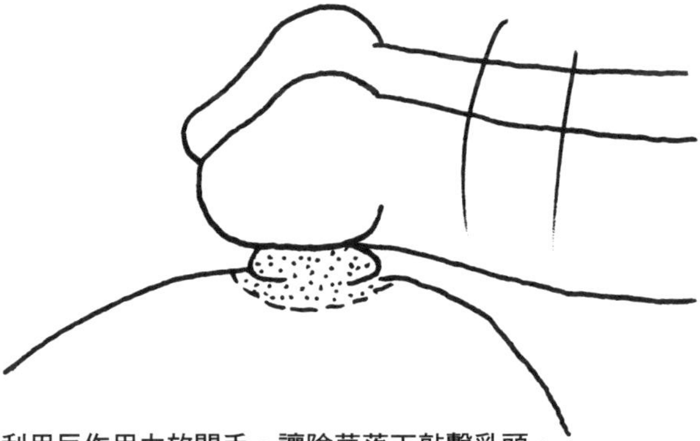

利用反作用力放開手，讓陰莖落下敲擊乳頭。

●再用陰莖多打我一點

用陰莖摩擦乳頭到這種程度之後，就會變成快樂的情色遊戲。大家現在都知道，陰莖中最有快感的部分就是龜頭內側，用最有快感的龜頭內側三百六十度旋轉、摩擦乳頭，陰莖會很舒服，乳頭也會很舒服，是既愉快又興奮的溝通方式。因爲很舒服，所以也有可能會不小心笑了出來。

女性也喜歡被勃起陰莖敲擊。在替男方口交的時候，男方用陰莖敲擊臉頰或是敲擊臀部，會讓人不禁脫口而出「再多打我一點」（笑）。我訪問過的女性也紛紛說出眞心話，表示想試試看乳頭被龜頭敲擊的感覺。

同時用龜頭摩擦兩邊的乳頭

若女方胸部豐滿，可以用兩隻手把胸部往中間擠，在擠壓的同時就用龜頭摩擦乳頭。兩個陰蒂同時被龜頭摩擦，這種快感正是摩擦乳頭的醍醐味。若是用前述的技巧進展至此，那麼女方臉上的笑容應該已經消失了，轉而沉浸在陰蒂的快感中，同時用乳頭去品味陰莖的觸感。有時可輕輕衝撞、摩擦，有時再用力衝撞、摩擦。

極致的技巧就是用陰莖同時摩擦乳頭和胸部。把陰莖放在巨乳的乳溝之間，用兩手把胸部往中間擠，擺動腰部，用陰莖同時摩擦兩顆乳頭，同時用龜頭摩擦胸部。擠壓胸部後，要兩顆乳頭夠靠近才能使用這種技巧，乳頭會很有快感，龜頭摩擦胸部的同時陰莖也抵著乳頭，這種快感會讓人上癮。

用兩隻手把胸部往中間擠，使兩顆乳頭靠近。用龜頭前端突刺、摩擦乳頭，乳頭會被推向胸部內側。以小動作快速擺動腰部，突刺、摩擦乳頭。用龜頭的內側去摩擦兩顆乳頭的上側，雙方都能獲得非常強烈的快感。這是摩擦乳頭的高級技巧，不過，最強的技巧則是利用巨乳同時摩擦胸部及乳頭。

用兩隻手把胸部往中間擠，
同時摩擦兩顆乳頭。

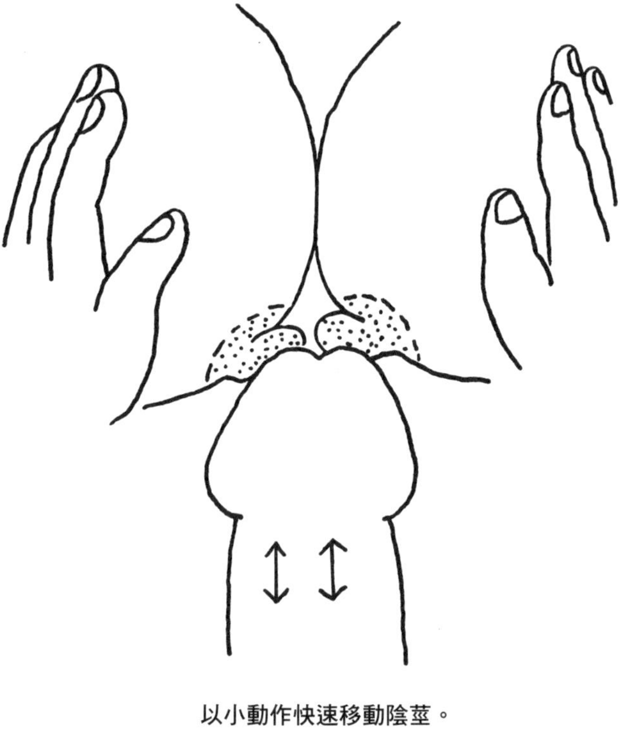

以小動作快速移動陰莖。

把胸部往中間擠，同時摩擦胸部及乳頭。

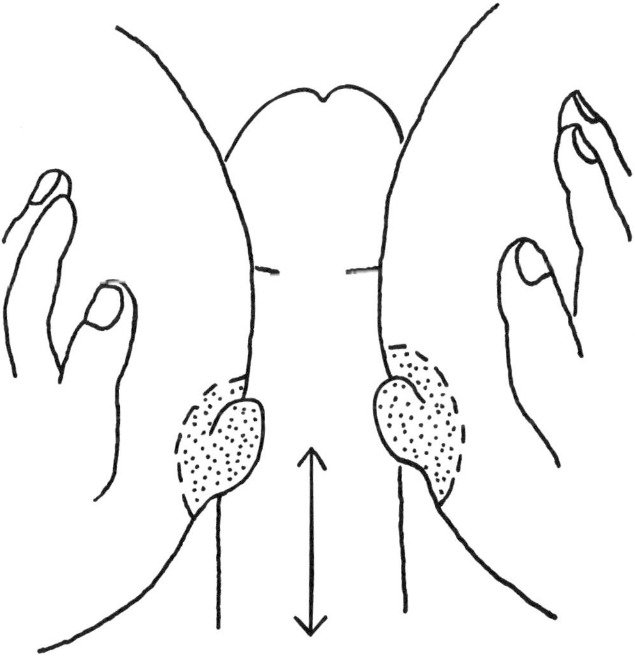

以大動作摩擦，效果極佳。

女方的胸部受陰莖摩擦，同時兩顆乳頭又被龜頭摩擦，感覺真的很舒服。男方則能享受到用陰莖摩擦乳頭的觸感，以及龜頭被包在胸部裡摩擦的快感。如果以大動作摩擦陰莖的話，雙方都能長時間享受到摩擦的快感。我推薦各位務必要試試看。

●光是想像，那裡就……

平均給予兩顆乳頭相同的刺激，會產生最棒的快感。再加上是以龜頭刺激，這種興奮會讓快感倍增。乳頭被龜頭前端所刺激……光是想像，我那裡就已經開始發疼了。我和我男朋友也常常同時摩擦乳頭和胸部。如果使用潤滑液，那種溼潤的感覺就像是到了天國一樣（笑）。

對男性來說，用陰莖摩擦乳頭的觸感很舒服，這時如果龜頭再被胸部摩擦，會產生雙重的興奮與快感。女性也是一樣，兩顆乳頭被陰莖摩擦時的觸感與快感，加上胸部被陰莖摩擦時的觸感與興奮，成爲三重快感。關於這兩頁介紹的愛撫技巧，我推薦各位一定要試試看。

用陰囊摩擦乳頭的觸感

據說女性除了喜歡握著勃起陰莖的觸感以外，也覺得陰囊柔軟的觸感很舒服。以正常體位做愛時，腰部碰撞時陰囊會有節奏地敲擊肛門附近，這種觸感會讓女性興奮。對女性來說，陰囊也是性器，但在三井京子訪問的女性中，沒有一位有被陰囊摩擦過乳頭的。

女方用手把胸部往中間擠，使兩顆乳頭靠近，用乳頭摩擦龜頭內側。接下來則由男方探出身體，用陰囊摩擦乳頭，陰囊的觸感會給乳頭帶來獨特的快感。陰囊柔軟的觸感會給乳頭帶來溫柔的快感，兩顆乳頭摩擦到兩個陰囊，產生雙重快感。依據三井京子的體驗，乳頭碰到陰囊的觸感很舒服，而且只要抬起頭就能同時把陰莖含在口中品嘗，興奮度也會提高。

女方用手把胸部往中間擠，使兩顆乳頭靠近。把龜頭內側放在雙乳乳尖之上，前後擺動腰部，同時前後摩擦兩顆乳頭。旋轉腰部，同時旋轉、摩擦兩顆乳頭。這時用手抬起陰莖，再利用反作用力放開手，讓陰莖落下，同時擊打兩顆乳頭。接下來則由男方探出身體，把陰莖插入女方口中，並用兩個陰囊摩擦兩顆乳頭。

女方用手把胸部往中間擠，使兩顆乳頭靠近。

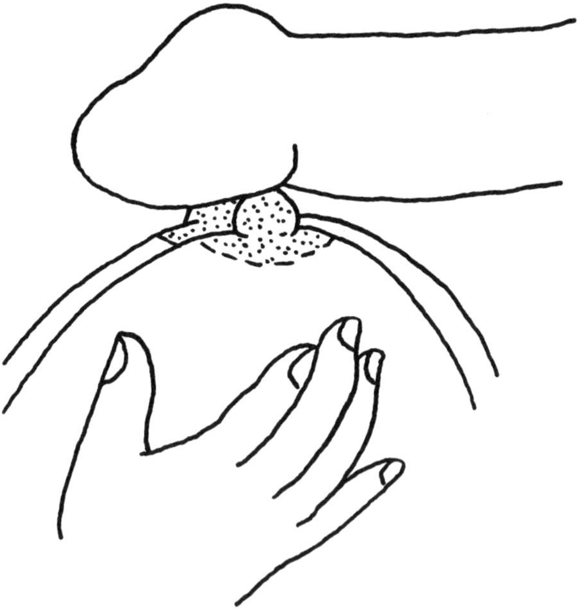

用龜頭內側摩擦兩顆乳頭，以前後、左右或是畫圓的方式摩擦。

把兩個陰囊放在兩顆乳頭上，前後擺動腰部摩擦，陰囊柔軟的觸感會讓乳頭產生獨特的快感。以腰部畫圓摩擦，具有彈力的乳頭跟柔軟的陰囊互相摩擦，雙方都能獲得令人戰慄的快感。此時陰莖往前伸出，被女方含著，龜頭和陰囊都很舒服。

用兩個陰囊摩擦兩顆乳頭。

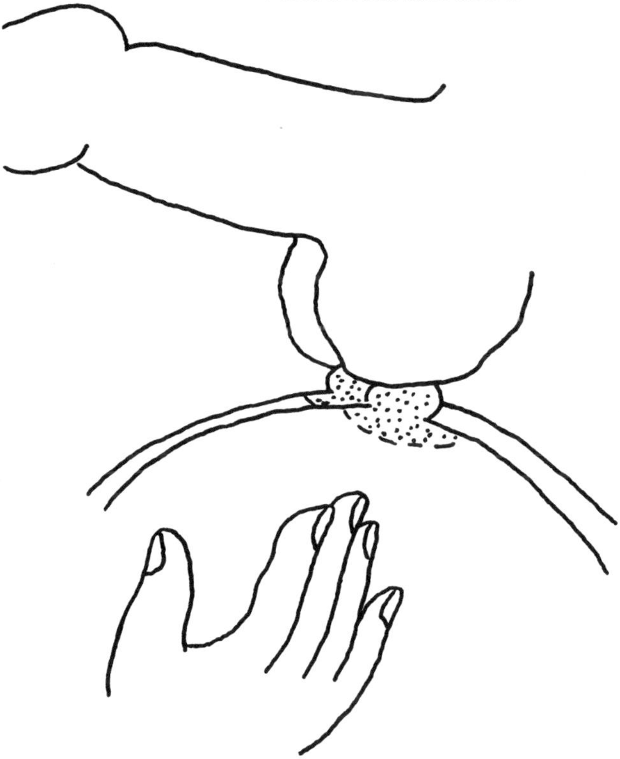

陰莖往前伸出，被女方口交。

這裡換個角度，再次用插圖解說。左右移動腰部，用陰囊左右摩擦乳頭，像是在畫圓一樣旋轉、摩擦乳頭。乳頭根部受到轉動刺激，產生興奮的快感。

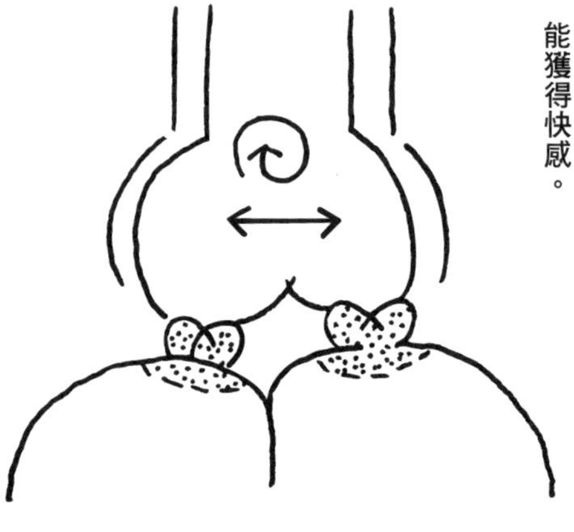

乳頭被陰囊摩擦，雙方都能獲得快感。

摩擦乳頭、摩擦陰囊，雙方都能享受。

愛撫胸部的獎勵，讓男方射精在上面。

作為充分愛撫胸部的獎勵，讓男方也充分享受乳交，且讓他在乳交時射精。也可讓男方在摩擦乳溝或乳頭時射精。

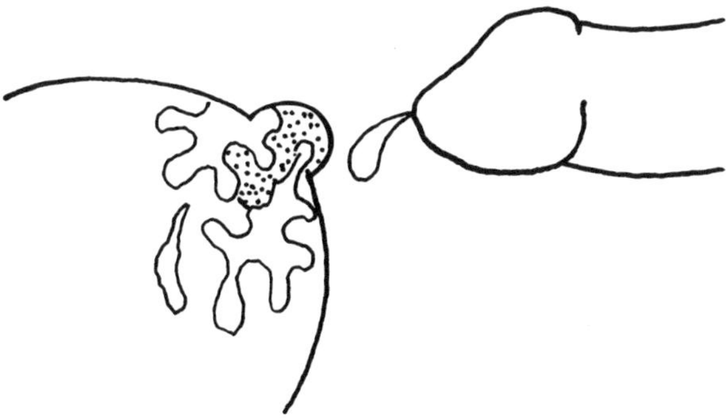

乳交與乳頭射精，很想嘗試一次看看。

●做為獎勵，讓男方在乳交時射精

女性會喜歡陰囊柔軟的觸感。辰見老師也有提到，在正常體位時，男方腰部擺動會使陰囊有節奏地碰撞肛門，這種觸感很舒服。而且，被陰囊碰撞時會覺得很下流，因而感到興奮。如果是用後背位，陰囊有時會碰到陰蒂，這種興奮的觸感讓人心癢難耐。

用陰囊摩擦乳頭的技巧，我自己也是第一次實際體驗；當然，我是跟男朋友做。我在做的時候感到很興奮喜悅，男朋友卻比我更興奮喜悅（微笑）。

受到如此愛撫後，就讓男方在乳交時射精，這種事男性好像都想做一次看看，就實現他的夢想吧！

第 5 章　同時愛撫三顆陰蒂

同時攻擊三顆陰蒂

在愛撫女性時，最能有效提高快感的，就是同時愛撫兩顆乳頭及陰蒂的「三點攻擊」。一邊吸吮女方右側乳頭，同時用手指愛撫左側乳頭，並把另一隻手伸進雙腿間，以手指愛撫陰蒂。

若是確實進行三點攻擊，就能簡單地讓女性高潮。或者可以等到陰道非常想要被勃起的陰莖插入，感到心癢難耐，到達會想要說「拜託，快點來」的狀態時，再行插入，這樣就能確實將女方引導至高潮。陰蒂和乳頭不同，形狀比較小，常常會沒有確實愛撫到重點。接下來要解說在愛撫乳頭的同時，也能確實愛撫陰蒂的方法。陰蒂是百分之百的快感，乳頭一顆是百分之八十的快感，單純把三者加起來就是百分之兩百六十的快感。換成男性，就像是有三個龜頭，真讓人羨慕。

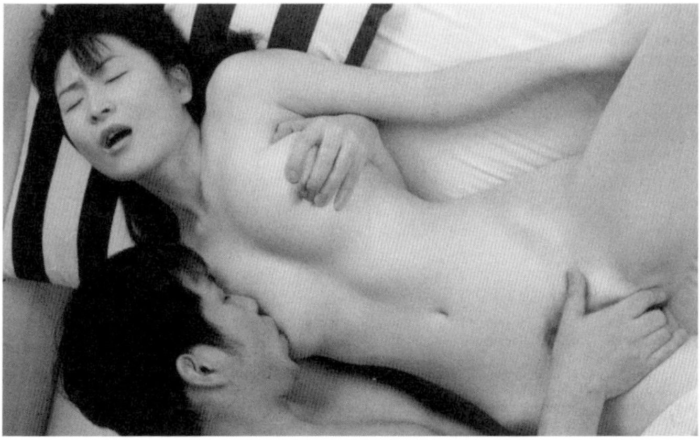

這裡以四位女性來說明。吸著一邊的乳頭，同時用中指摩擦、旋轉另一邊的乳頭，並確實愛撫陰蒂。這是快感程度最高的三點同時攻擊。

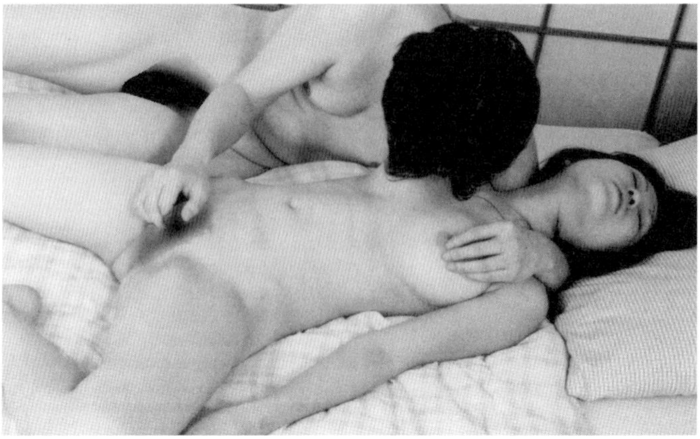

吸舔一邊的乳頭，同時連著乳暈整個捏住另一邊的乳頭，開始撫摸或摩擦、旋轉；另外用指尖確實摩擦溼透的勃起陰蒂。女方已經沉浸在快感中了。

用舌頭旋轉、舔舐乳頭，再用手指捏住另一邊的乳頭旋轉、揉搓；同時用三根手指確實愛撫陰蒂。如果陰蒂埋在包皮裡，用三根手指愛撫也很有效。

用力吸吮一邊的乳頭，另外用中指旋轉、摩擦另一邊的乳頭；同時用另一隻手的中指插入陰道，並以拇指按壓、摩擦陰蒂。這樣加上了陰道，是極致的四點同時攻擊。

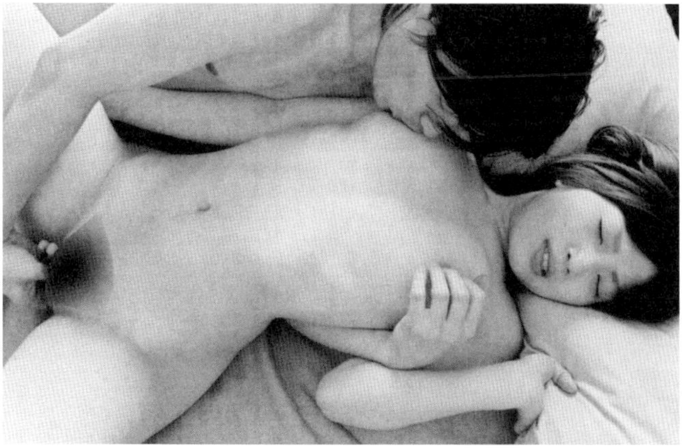

●把手指插進陰道的四點攻擊

若能確實做到三點攻擊，就能輕易讓女性升天。照本書的方法充分愛撫乳頭之後，下一個問題就是陰蒂了。就算拚命摩擦陰蒂，也不一定能確實愛撫到。即使沒有確實愛撫，有些女性還是會發出喘息，這是在體諒跟她做愛的男性。

從一五二頁開始，會用插圖來解說如何在愛撫胸部的同時愛撫陰蒂。請各位要確實摩擦陰蒂，在愛撫兩顆乳頭的同時，也要確實愛撫陰蒂，並同時把手指插進陰道。兩顆乳頭、爲了快感而存在的陰蒂、還有陰道，這種四點攻擊能夠讓女性直奔高潮。

同時確實愛撫陰蒂

乳頭是百分之八十的快感，這點之前也提過很多遍了；陰蒂則是百分之百的快感。不過，雖然有百分之百的快感，但如果沒有確實愛撫到，那麼連乳頭的快感也會減少一半，這點非常重要。提升愛撫乳頭的技巧是為了要提升愛撫陰蒂的技巧，必須要完全掌握確實愛撫陰蒂的技巧。

如果陰蒂比較大，用手指就能摸得出來的話，就能夠確實摩擦。但如果用手指摸不出來，就要用食指和無名指把陰蒂給翻出來，再用中指找出陰蒂摩擦，確實愛撫。或是把食指和中指插入陰道，再用手掌用力按壓陰蒂摩擦，效果也非常好。

一邊的乳頭用拇指摩擦旋轉，另一邊的乳頭則是邊吸邊舔，同時再確實愛撫陰蒂。這種三點或四點的同時確實愛撫足以取悅女性。

要讓女性高潮，問題不在於陰莖的大小（但如果非常短小的話，確實會有問題），重點在同時確實愛撫兩顆乳頭還有陰蒂。

用四跟手指捏住乳頭和乳暈，輕輕撫摸，同時含住另一邊的乳頭和乳暈，並用舌頭按壓、舔舐。這時也要確實愛撫陰蒂。

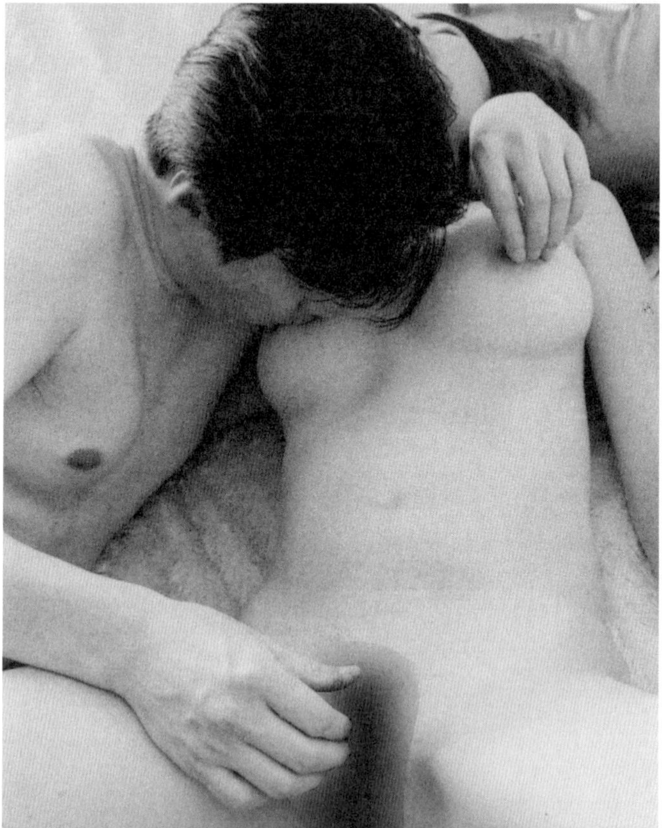

這裡繼續使用之前用過的插圖，來教授確實愛撫陰蒂的方法。因為是之前用過的插圖，比例不太平均，這點就請用想像力來補足。

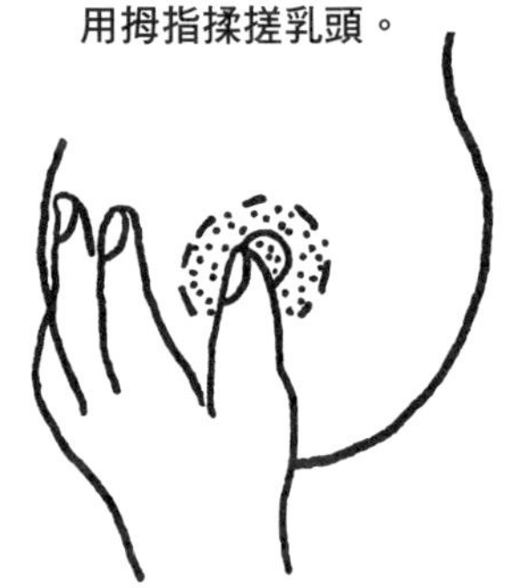
用拇指揉搓乳頭。

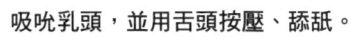

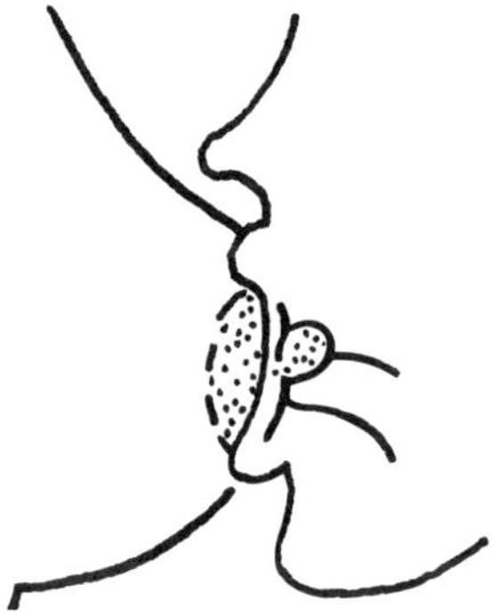
吸吮乳頭，並用舌頭按壓、舔舐。

同時用食指和無名指把陰蒂翻出來，再用中指確實摩擦，達成三點同時攻擊。

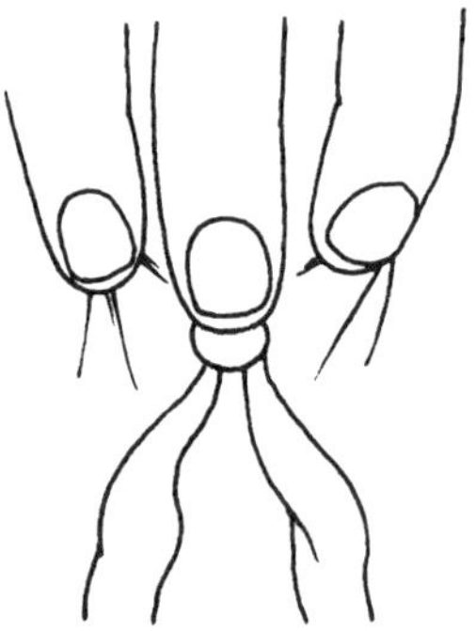

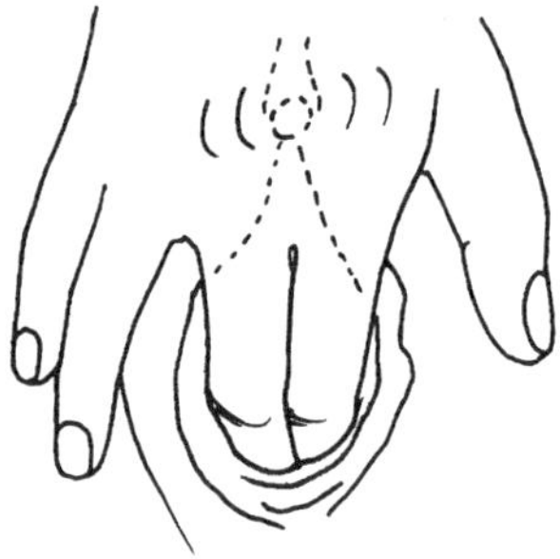
接續上一段，同時用兩根手指插入陰道，並且用手掌用力壓迫、摩擦陰蒂。

●這也是女性的自慰方法

這對陰蒂較小，被包皮包覆住的人很有效。陰蒂被翻出來之後，就算輕輕摩擦也能得到不小的快感，輕輕敲打的話，三顆陰蒂會產生共鳴，達到百分之兩百六十以上的快感呢！

這種把手指插入陰道，同時用手掌用力壓迫、摩擦陰蒂的方法，其實女性也會用來自慰，效果當然也很好。乳頭被充分愛撫之後，陰蒂和陰道都會變得敏感，同時再把手指插入陰道的話，女性就會非常想要勃起陰莖了。兩顆陰蒂、雙腿間的陰蒂、還有陰道，竟然可以同時愛撫。我在寫原稿的同時就已經心癢難耐了。

這裡要介紹同時攻擊五點的方法。先愛撫上半身的兩顆陰蒂，再用拇指摩擦雙腿間的陰蒂，並且用食指與中指插入陰道，同時用無名指插入肛門；如果肛門距離較遠，也可以用小指代替。這招五點同時攻擊在還沒熟練時，手指的動作會很僵硬，但習慣之後，就可以馬上讓女方升天。

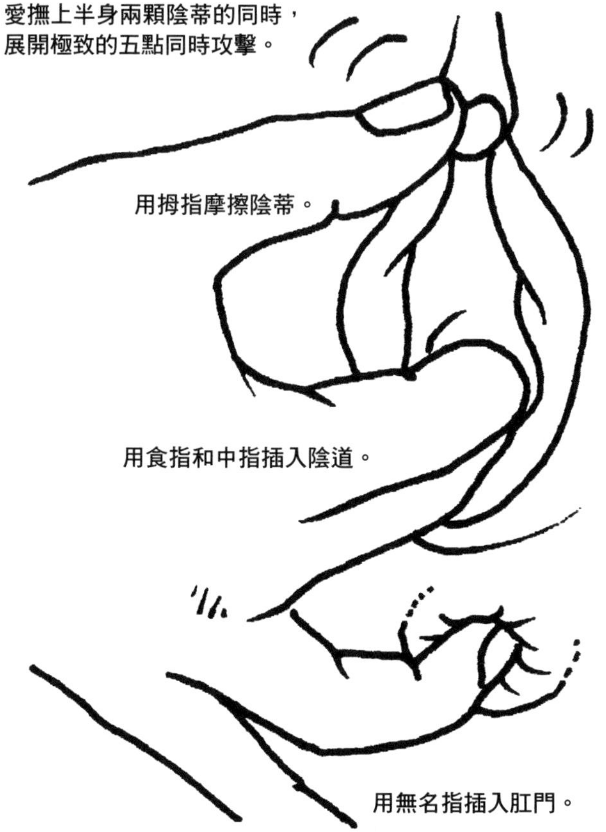

愛撫上半身兩顆陰蒂的同時，展開極致的五點同時攻擊。
用拇指摩擦陰蒂。
用食指和中指插入陰道。
用無名指插入肛門。

●瞬間就會升天

面對這種極致的五點攻擊，我也會在一瞬間就升天。我的乳頭和女性性器已經被充分開發，也體會過肛門的快感，對我來說，這種攻擊在短時間內就能讓我難以忍受，變成「陰莖快點來」的狀態。

辰見老師有一本著作是《肛交性愛手冊》，我也體驗過肛交，但就算不用陰莖插入肛門，也有書籍是講到關於開發肛門的性感帶的，所以可以讓女方先體會到肛門的快感，再進行五點攻擊，這麼一來就可以讓她很有意思地高潮。

確實愛撫陰蒂的方法，在下一頁開始會以插圖來解說，這對被包皮包覆住的陰蒂也很有效。

①併攏兩根或三根手指，用指縫抵住陰蒂，連著包皮一起壓迫、摩擦。

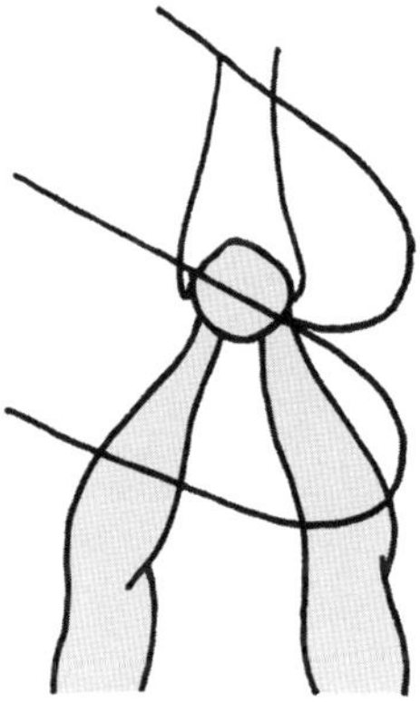

②照著箭頭的方向，用手指畫圓移動。手指要碰觸陰蒂，不要偏離目標。

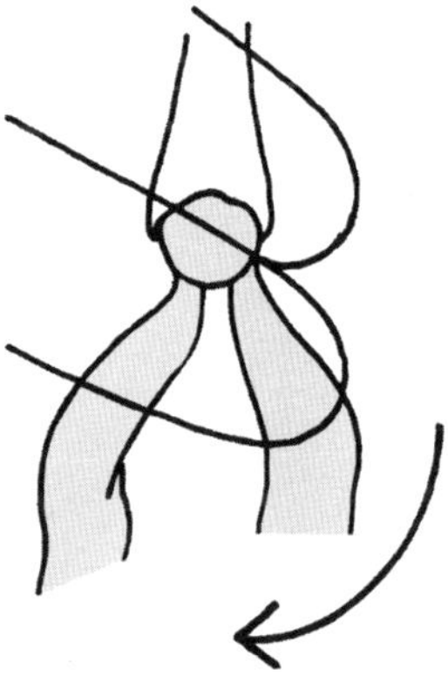

③用手指畫小圓，使陰蒂保持常常被壓迫、摩擦成圓形的狀態。

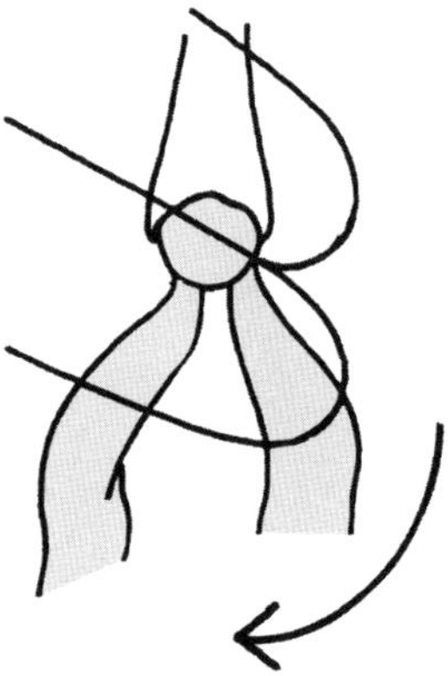

④照著箭頭的方向繼續移動手指，盡量連著包皮一起壓迫、摩擦陰蒂。

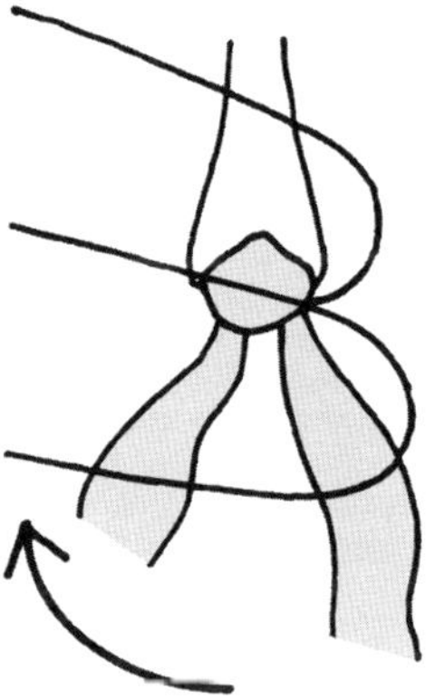

⑤照著箭頭的方向輕輕壓，有時用力壓，這種方式對所有的陰蒂都有效。

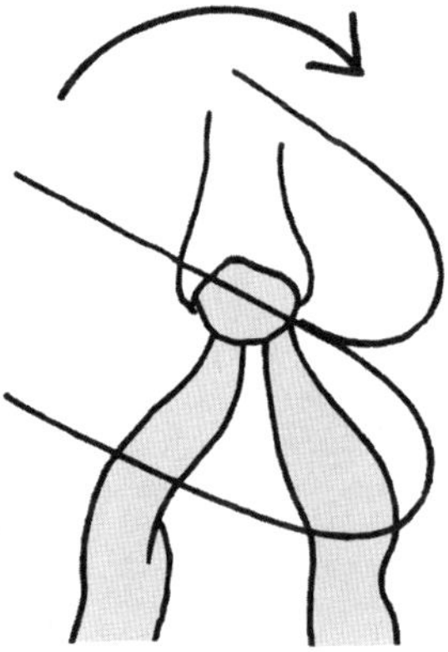

⑥在溼潤狀態下，照箭頭方向用力壓，再加強其他愛撫的力道，效果會很好。

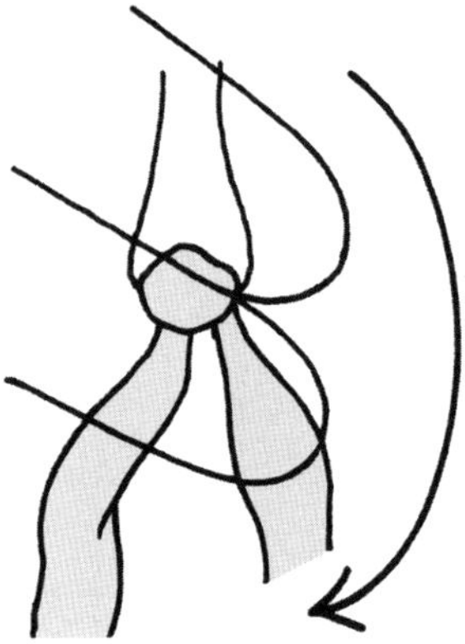

用力吸吮乳頭，同時捏住另一邊的乳頭左右拉扯，並且一起使用本頁中段圖片的陰蒂愛撫方法。用手指夾住陰蒂，像是在自慰一樣地摩擦。

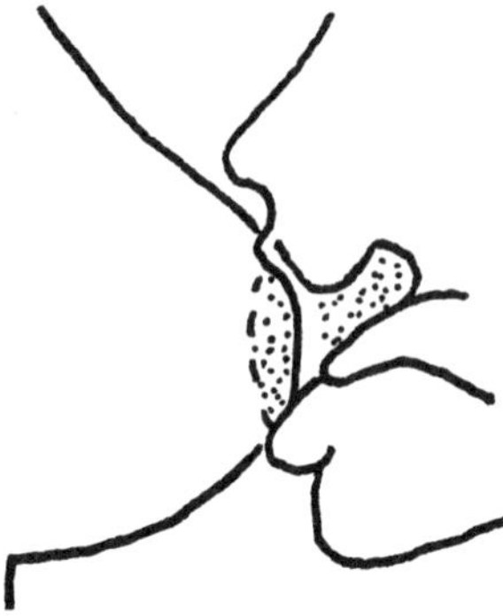

用力吸吮乳頭及乳暈。

捏住乳頭，左右拉扯。

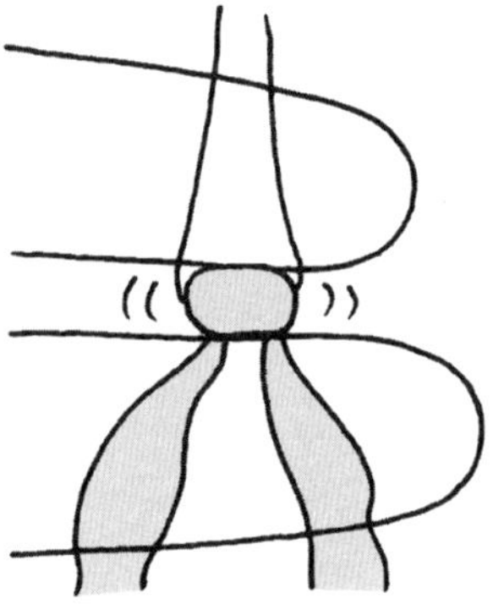

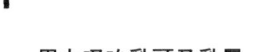

用手指夾住陰蒂，用力壓迫使陰蒂露出，這是用手指夾住、壓迫的愛撫方法。

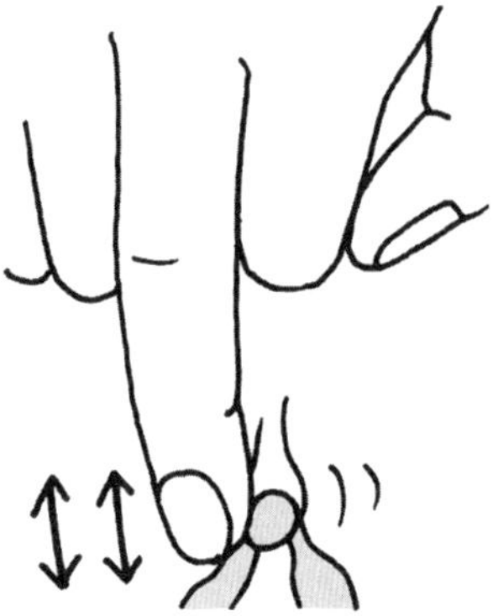

以中指固定動作上下愛撫的方法。這在女性自慰時也常常使用，效果很好。

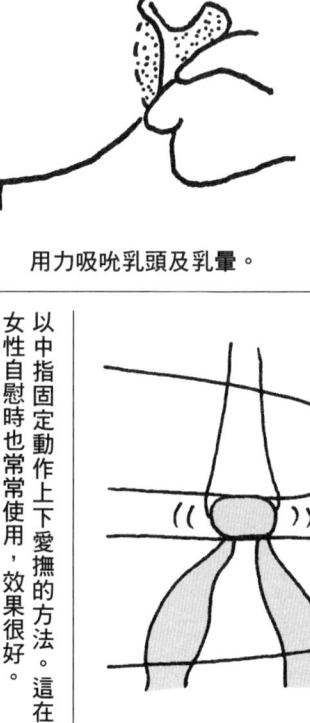

●沒有確實愛撫到，產生快感的落差

只用一根手指愛撫陰蒂的話，常常會產生快感的落差。要說的話，確實以手指愛撫到陰蒂的話，就像是男性在幫女性自慰一樣，有很高的快感。但是如果是在溼潤的狀態下，常常會沒有確實愛撫到，這就會產生快感的落差。

同時用兩根或三根手指的中段部分按住陰蒂，那麼就算手指在滑動，也不會兩三根手指同時都滑出去。這種方式比較穩定，可以持續產生高昂的快感。如果陰蒂產生快感，那麼上半身的兩顆陰蒂也會有反應，快感互相傳遞，如此一來快感會變得更強烈。

吸舔上半身的陰蒂，或是用手指來回轉動摩擦，賦予有變化的快感，同時也確實愛撫雙腿間的陰蒂。用兩根手指愛撫，才不會滑開。

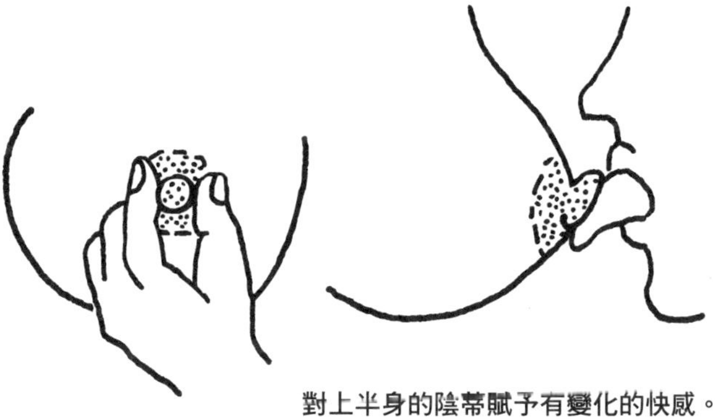

對上半身的陰蒂賦予有變化的快感。

併攏食中兩指，在陰蒂上面畫小圓摩擦，如此即可確實愛撫。

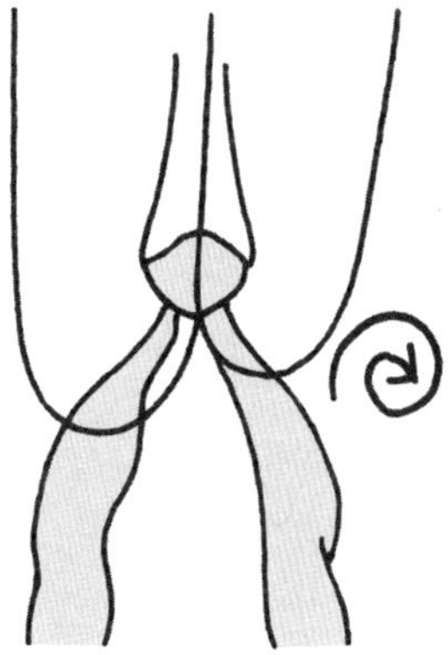

以食指和中指的指縫抵住陰蒂，上下摩擦，如此即可確實愛撫。

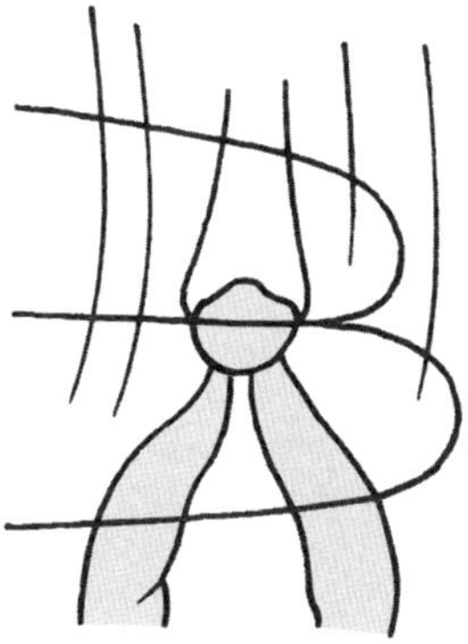

●女性用手指自慰時最常使用的方法

本頁中段右側的愛撫法，是女性用手指自慰時最常使用的方法。因為是自己的陰蒂，所以用一根手指也能確實愛撫到；但如果用兩根手指的話，指縫間可以碰觸到陰蒂，再畫小圓按壓摩擦的話就是完美的作法了。

本頁中段左側的愛撫法，即使手指動作較大，用力摩擦也會感到很舒服。

愛撫陰蒂有一點很重要，就是不要常常滑開沒愛撫到；如果能連續給予快感，那麼三顆陰蒂將會產生相乘效果。

下一頁開始要介紹在口交的同時愛撫乳頭。

在口交的同時愛撫乳頭

先讓女方仰臥，使其雙腳張開，對她口交，同時再伸出雙手愛撫兩顆乳頭。一邊愛撫乳頭，一邊舔舐整個女性性器，雙方都會很興奮。這時陰道已經大洪水了，還會再分泌出更多的愛液。如果再舔舐陰蒂的話，愛液及唾液會使陰蒂保持溼潤，這時用溼潤的舌頭摩擦敏感的陰蒂，就會達到快要高潮的狀態。

愛撫兩顆乳頭的同時，把陰蒂連包皮一起含入口中吸吮。吸吮、舔舐乳頭的方法對陰蒂也有效；先用舌尖左右來回舔舐、摩擦，再用舌尖連續突刺陰蒂，同時女方的乳頭也受到愛撫，喘息聲愈來愈激烈。這時再讓她對你口交，之後插入時也能享受悠閒的性愛運動。兩人有機會一起達到高潮，是最棒的性愛。

伸出雙手，用拇指旋轉、摩擦兩顆乳頭。同時舔舐陰蒂，把陰蒂連包皮一起含入口中吸吮。三顆陰蒂的快感產生共鳴，使敏感度更加提升。

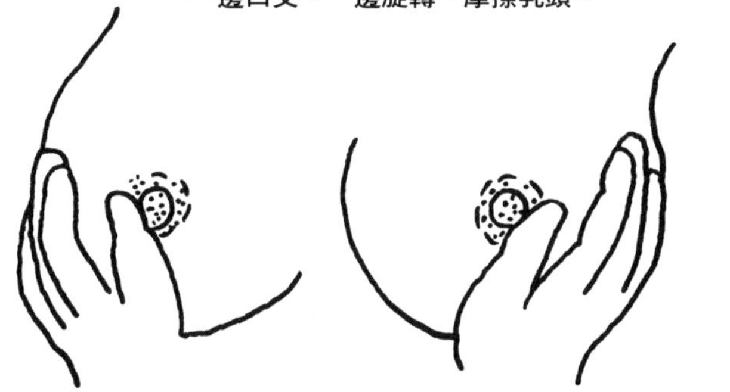

一邊口交，一邊旋轉、摩擦乳頭。

在愛撫乳頭的同時舔舐、摩擦陰蒂。用力舔效果會非常好。

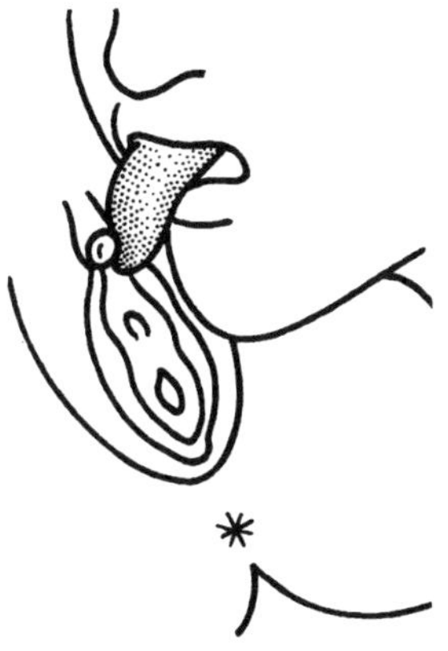

在愛撫乳頭的同時，把陰蒂連包皮一起含入口中吸吮。用力吸效果會非常好。

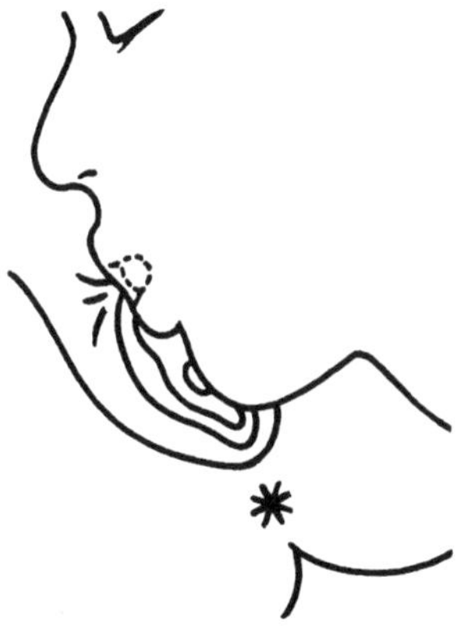

一邊對女方口交，一邊用三根手指的指腹左右摩擦乳頭。這時乳頭已經受到充分愛撫，所以愛撫力道可以放輕，這樣陰蒂的快感才會比較強烈。

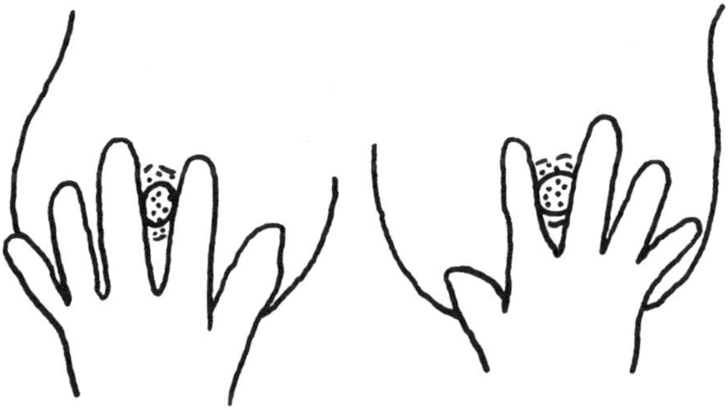

一邊口交，一邊輕輕愛撫乳頭。

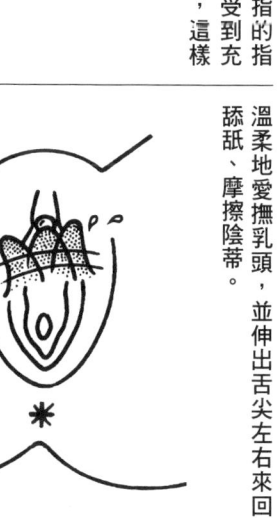

溫柔地愛撫乳頭，並伸出舌尖左右來回舔舐、摩擦陰蒂。

溫柔地愛撫乳頭，並用力伸出舌尖連續突刺陰蒂。

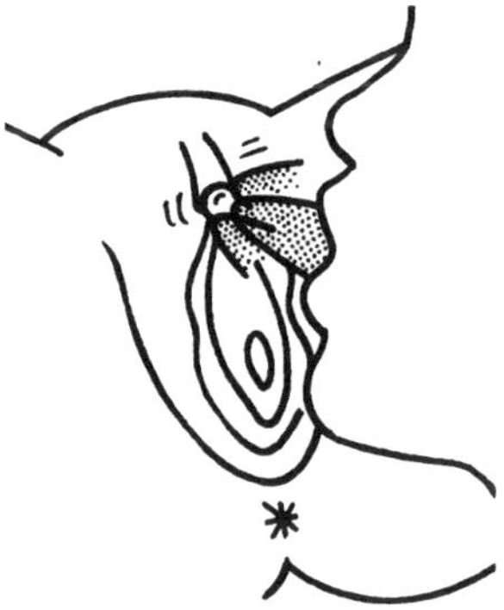

●請再忍耐一會

辰見老師（本書的共同作者），我已經不行了，受不了了，三井京子也已經變成「拜託，快點進來」的狀態了，連我和男朋友的實地體驗，也沒有到達這個階段。在途中我就忍耐不住，於是就跟他做愛，在黏膜與黏膜猛烈摩擦之下就結束了。各位女性讀者，如果能被這樣愛撫的話，一定會高潮的。各位男性讀者，是否有這樣愛撫你們的女朋友過呢？

對於已經想要陰莖想到受不了的女朋友，在一六四頁開始會介紹性愛的最高潮——也就是兩人做愛的時候。在這之前，請再忍耐一會，同時愛撫乳頭與口交已經剩下最後四頁了，請先不要高潮。

讓陰蒂被翻出來

溫柔地輕輕愛撫乳頭，同時用溼透的舌頭用力舔舐、摩擦陰蒂，這時陰蒂已經充滿愛液和唾液了。上半身的陰蒂和雙腿間的陰蒂兩者的舔舐方法很接近，可以突刺，也可以從三百六十度壓迫、舔舐。

握住女方的雙手，引導她自己把陰蒂翻出來，在愛撫乳頭的同時也來回舔舐、摩擦陰蒂，或是伸出舌尖突刺。

上半身的陰蒂已經受到充分愛撫了，所以這時可以輕輕愛撫，會讓女方的注意力集中在陰蒂的強烈快感中。陰蒂被翻出來之後，就用快感最高的舌頭愛撫方式來愛撫，讓女方情緒高漲，接下來再抬起她的雙腳，使陰部整個露出，實施三點攻擊。這時女性的理性已經完全被抹去了。

乳頭已經受到充分愛撫。在口交的同時再溫柔地輕輕愛撫乳頭。胸部得到輕柔的快感，會讓意識集中在陰蒂的強烈快感上。

溫柔地輕輕愛撫兩顆乳頭。

溫柔地愛撫兩顆乳頭，同時用舌頭用力突刺陰蒂，來回壓迫、摩擦。

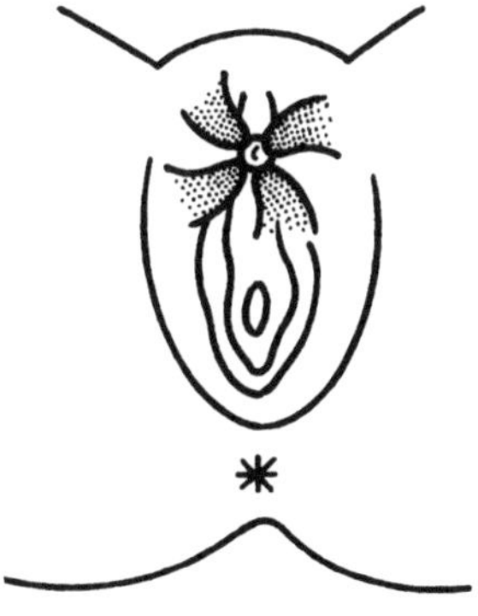

以舌頭用力抵住陰蒂，大動作往上舔，會流出更多愛液。

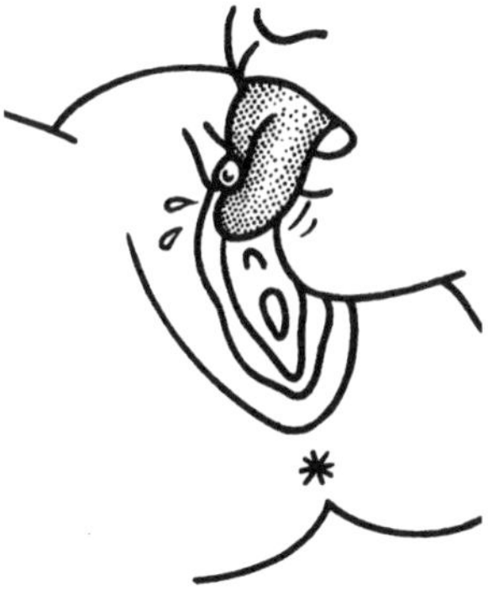

讓女方自己把陰蒂翻出來，溫柔地輕輕捏住上半身的陰蒂，來回轉動、摩擦，並且以舌頭用力愛撫陰蒂。女方已經是「拜託，快點進來」的狀態了。

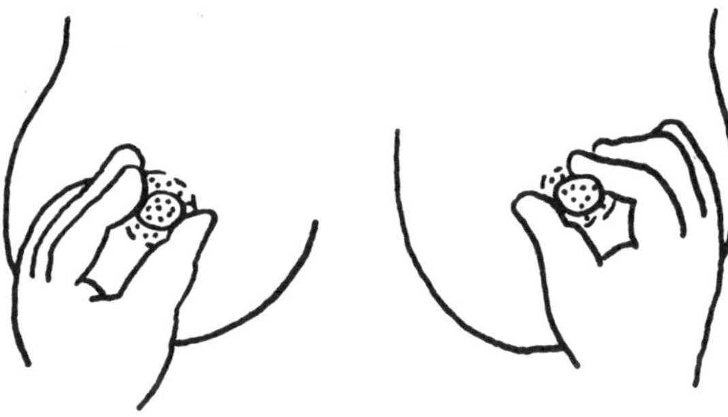

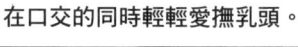

在口交的同時輕輕愛撫乳頭。

溫柔地愛撫兩顆乳頭，同時用舌尖左右來回摩擦被翻開的陰蒂。

用力伸出舌頭，對已被翻開的陰蒂用力連續突刺。女方已經快到極限了。

●下一步是抬起雙腳露出陰部，再實施三點攻擊

辰見老師，我已經受不了了，我想替你口交，然後請你放進來摩擦我，「拜託！快點進來」！在共同寫作這本書的時候，直到全書完成之前，我和我男朋友實地取材了好多次。之前也說過，我沒有撐到這一步，好幾次在途中就做愛，達到高潮了。

除了我舒服的親身體驗取材之外，還加上了辰見老師的實地體驗而完成本書，所以幾乎大部分的女性都沒辦法撐到這步吧！在做愛之前，還有最後一步才算是完成，這部分由老師來解說：是抬起雙腳使陰部露出，實施三點攻擊。很羞恥也很興奮。

抬起雙腳使陰部露出，實施三點攻擊

突然抬起雙腳使陰部露出的話，會讓女性非常害羞。不過如果照之前的步驟充分愛撫三顆陰蒂，那麼女方會因快感而陷入恍惚狀態，就算抬起雙腳使陰部露出，雙方也會感覺很興奮、很愉快。抬起雙腳使陰部露出，可以解開女方理性的防禦，能讓她身心都變得全裸。

在愛撫胸部的同時對女方口交的話，可以把女方的臀部往上抬，一口氣使陰部露出，粗獷地舔舐女性性器；同時也粗獷地揉搓胸部，這樣可以產生淫亂的氣氛，雙方的興奮狀態都能達到最高潮。

之後，把雙腳放回原處，讓女方對你口交，品嘗過陰莖的味道之後再做愛，如此雙方可以幾乎同時達到高潮。從一六四頁開始，會解說在做愛時愛撫胸部的技巧，女性也能確實達到高潮。

在愛撫胸部的同時對女方口交的話，可以把女方的臀部往上抬，使陰部露出。粗獷地舔舐女性性器，同時也粗獷地揉搓胸部，這樣可以產生淫亂的氣氛。

抬起雙腳使陰部露出的方式可以讓興奮度達到最高，效果非常好。極度的性興奮會讓高潮容易產生，陰莖勃起到發疼，陰道也處於潮吹狀態。

粗獷地舔舐女性性器之後，就集中舔舐、摩擦陰蒂，同時捏住乳頭壓迫，或是來回旋轉、摩擦乳頭。女方被抬起雙腳露出陰部，正喘息著；如果愛液發出聲音的話，女方的興奮會達到極限。把腳放回原狀，讓她對渴望已久的陰莖口交，開始做愛，互相摩擦性器。

●先讓女方對你口交再做愛

對於沒有試過把雙腳抬起使陰部露出的情侶，我建議一定要試看看。就像辰見老師寫的一樣，這招可以解開理性的束縛，讓性愛更加愉快。但是，一開始就使用這招的話，會讓女方感到太羞恥，而沒辦法產生快感。

先充分愛撫三顆陰蒂，讓女方心癢難耐之後，再抬起她的臀部使陰部露出。雖然女性性器處於露出的狀態下，但興奮狀態也已經到達了最高潮，所以不會害羞。

抬起雙腳使陰部露出，實施三點攻擊之後，陰道就會強烈渴求陰莖。理想狀態是先讓女方對你口交再做愛。

在高潮體位時同時愛撫乳頭

女方離高潮還很遠的時候，如果先讓女方替你口交再做愛，這樣陰莖也沒辦法撐多久，會比女方先高潮。但如果女方已經快高潮了，藉由替陰莖口交，她能夠品嘗陰莖的味道，會更加興奮，陰道也會非常想要嘴裡含的那根陰莖。

在這種狀態之下做愛的話，就有可能兩人同時達到高潮。做愛時幾乎不會愛撫胸部，不過很多女性喜歡在這時被愛撫乳頭。陰莖就算沒有持久力，也可以在做愛的同時愛撫乳頭，會讓女方高潮的機率提升。

高潮體位最多的是正常位。從正常位的變形狀態下扭腰，同時愛撫乳頭。一邊的乳頭用吸的，另一邊則可以用手指愛撫；做愛時大部分的女性都喜歡被吸吮乳頭。我在實際取材時，會在高潮前持續吸吮乳頭，等到達高潮之後再停止所有動作，沉浸在餘韻中。

一邊扭腰，一邊吸吮乳頭，同時用手指愛撫另一邊的乳頭。

也有些女性在做愛時不喜歡被愛撫乳頭。關於這點，三井京子在本頁下方會說明。這種是想要把快感集中在陰道的類型。在這種情況下，可以使力地扭腰，使胸部搖晃，這也是愛撫的一種。在對方扭腰時胸部也會劇烈搖晃，會產生搖晃的快感和精神快感。對男方來說則是有強烈的視覺刺激。

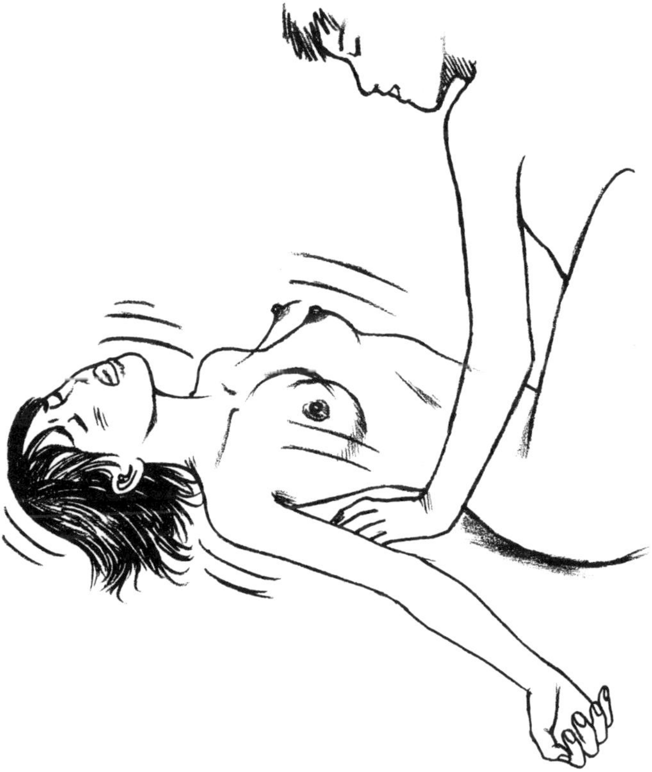

面對不喜歡被愛撫乳頭的女性，可以粗暴地扭腰，使胸部劇烈搖晃。

●因為陰道敏感

有些女性在做愛時不喜歡被愛撫乳頭，是因爲陰道敏感的關係。在性行爲時被愛撫乳頭的話，就會產生妨礙，使意識難以集中在陰道的快感上。雖然如此，但也不是說乳頭就完全沒感覺了；她們只靠勃起陰莖摩擦陰道的快感就已經足夠了。這種女性是比較容易產生高潮的體質呢！

我嗎？我喜歡在陰莖摩擦陰道的同時，讓對方吸吮我的乳頭；但這也不是說我的陰道就不敏感了（微笑）。要分別這種人很簡單，只要在進行性行爲的時候吸吮乳頭，女方會喘息就代表她是在插入時喜歡同時愛撫乳頭的那派。

在騎乘位的同時愛撫胸部

騎乘位可以隨女方高興扭腰，藉此獲得快感，是很受歡迎的高潮體位。陰道派是上下運動；陰蒂派則用陰蒂摩擦男方的恥骨，前後迴轉、摩擦。

女方以前傾姿勢扭腰，男方在下面用兩手愛撫乳頭，朝向高潮邁進。利用沙發，女方就能夠一邊扭腰，一邊穩定讓胸部被交互吸吮。在騎乘位時，女方為了獲得高潮而扭動腰部，如果這時陰莖撐不住的話，女方會很失望的。因為胸部和陰蒂已經獲得充分愛撫了，所以會在陰莖撐不住之前高潮。

騎乘位可以隨女方高興扭腰，只要陰莖撐得住的話，是能夠確實高潮的體位。男方在下面伸出手愛撫兩顆乳頭的話，就和已經高潮了沒兩樣。

以本書中解說的方法，對女方進行舒服的手指愛撫，讓她沈浸於陰莖的快感中。如果女方是陰蒂派，正用陰蒂摩擦恥骨，那麼輕輕愛撫乳頭會比較有效。

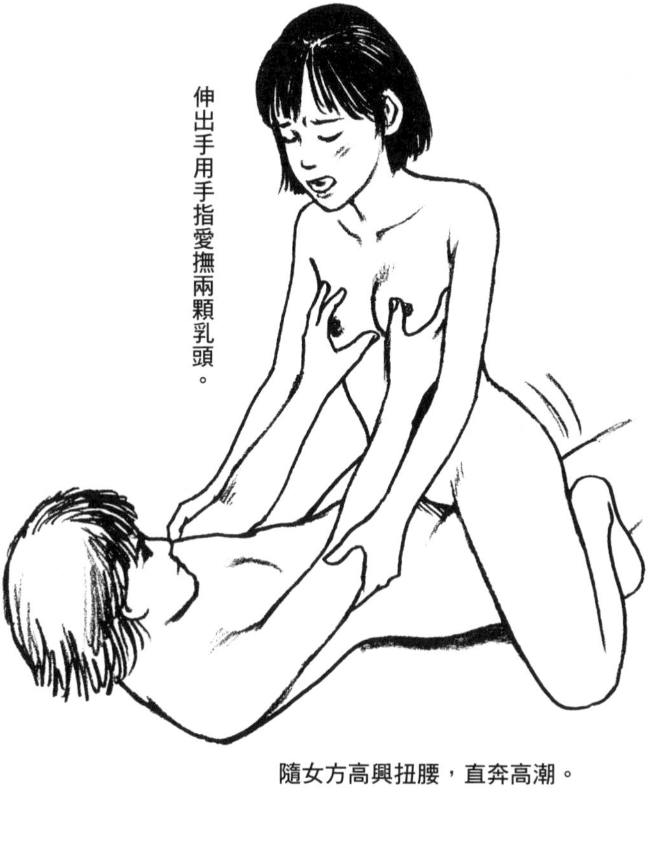

伸出手用手指愛撫兩顆乳頭。

隨女方高興扭腰，直奔高潮。

利用沙發靠在背上，使女性可以隨自己高興扭腰，並穩定愛撫胸部。雖然是騎乘位，但看起來很像抱著的姿勢。這是在吸吮乳頭的同時，兩人身體結合，能感受到愛的體位。隨著女性對乳頭的快感，自己可以體驗到只差一部就高潮的情形。如果想要同時產生高潮，就緊抱對方吧！

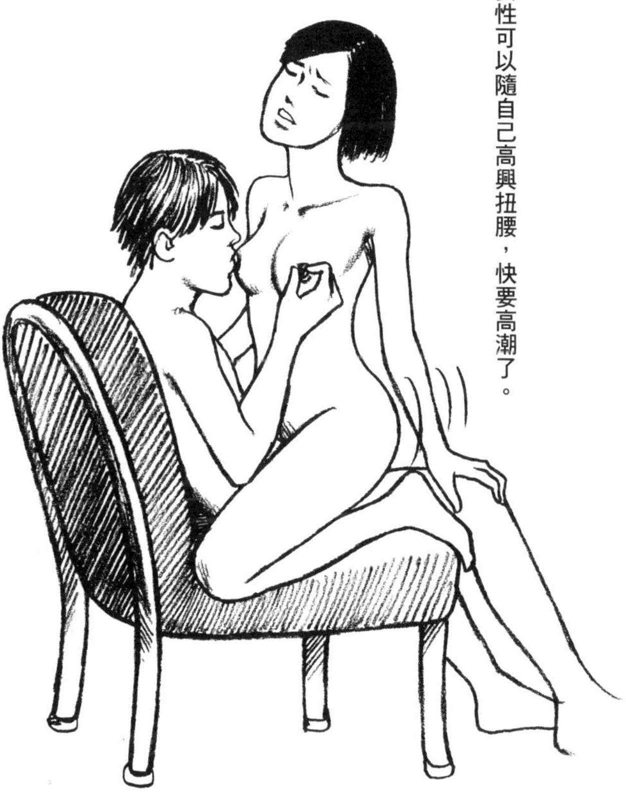

女性可以隨自己高興扭腰，快要高潮了。

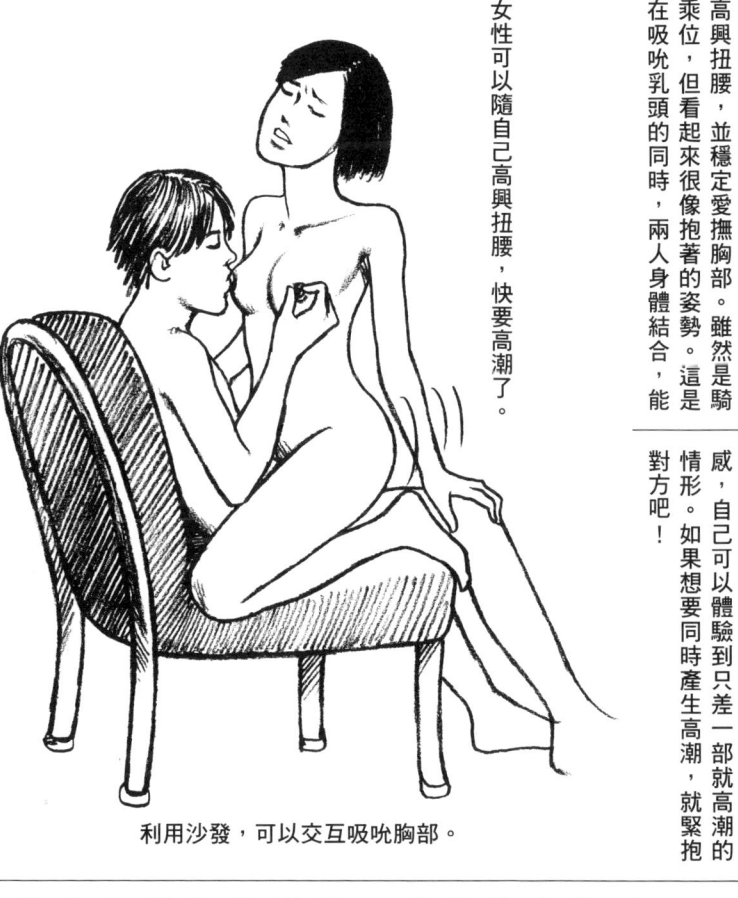

利用沙發，可以交互吸吮胸部。

●如果很難撐下去的話……

當男性在主導時，常常會使用正常位或後背位；不過女性最喜歡的是騎乘位。因為自己騎到男友身上會有點害羞，所以請積極引導女性吧！就我而言，我會積極地騎到男性身上去，光只是想著自己的快感，不斷地扭腰。

對男性來說，女性在騎乘位一邊扭腰，一邊搖晃胸部的姿態是很強烈的視覺刺激，陰莖常常會有撐不住的問題。不過，女方的胸部已經如書上所寫的愛撫過了，應該也快要高潮了，所以我覺得問題不大。如果很難撐下去的話，就抬起上身，以不可能的姿勢吸吮乳頭以轉移注意力。

以後背位達到四點攻擊高潮

在成人影片中，常常可以看到從後方猛烈扭腰撞擊女性臀部的鏡頭，不過一般來說，女性很少以後背位達到高潮。這只能算是體會一種體位的樂趣，最後還是要回到女性輕鬆的姿勢（正常位）才能容易達到高潮。

但就算是後背位，同時愛撫兩顆乳頭和陰蒂的話，也可以簡單地讓女方達到高潮。先用後背位扭腰，同時以前傾姿勢伸出一隻手，愛撫兩顆乳頭，另一隻手則伸往雙腿間，同時摩擦陰蒂。

兩顆乳頭、陰蒂，還有陰道配上陰莖的四點攻擊，可以取悅陰蒂派，嘗到後背位的好處。此外，也有把兩手伸向雙腿間，用一隻手翻開陰蒂，再用另一隻手摩擦的方式。

以後背位扭腰，張開手伸向胸部，用拇指和中指同時旋轉、摩擦兩顆乳頭。並用另一隻手伸向雙腿間摩擦陰蒂。這種同時四點攻擊可以簡單地讓女性獲得高潮。正常位的高潮也很舒服，不過後背位的高潮可以讓女性軟腳，全身感到虛脫無力。

後背位，極致的四點攻擊。

張開雙手，用拇指和中指同時旋轉、摩擦兩顆乳頭，並用另一隻手伸向雙腿間愛撫陰蒂。

利用沙發，抬起女性的身體進行後背位。一邊扭腰使雙方身體密合，一邊同時愛撫兩顆乳頭，陰蒂也更容易愛撫了。在這種狀態下直接到達高潮也不錯，但如果想在正常位迎接高潮，我建議不要拔出來直接變換體位。

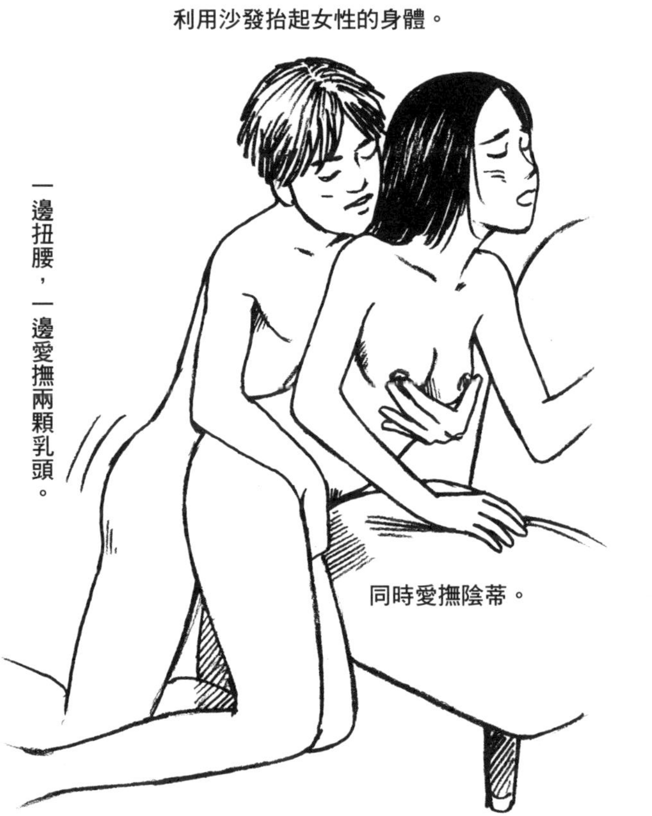
利用沙發抬起女性的身體。
一邊扭腰，一邊愛撫兩顆乳頭。
同時愛撫陰蒂。

●陰道中的陰莖也可享受最棒的餘韻

最後要解說做愛的部分，辰見老師有給我一本他的著作《性愛體位手冊》，我也拿來做參考了，書中有詳細解說在插入狀態下的連續體位變換，請各位務必要買一本，跟女朋友一起體驗吧！

後背位是體位的一種，會讓人感到下流和興奮。如果同時再愛撫兩顆乳頭及陰蒂的話，那麼兩顆乳頭、陰蒂，還有陰道被陰莖摩擦，全身都是快感，這會變成爆發性的高潮。

確認女性高潮以後再射精的話，會受到正在收縮的陰道刺激，產生最棒的射精快感。在陰道中的陰莖也可享受最棒的餘韻。

從抱著的體位變化到正常位。如果是在正常位做愛的話，就抬起女方的上半身，換成抱位來進行。兩人互相擁抱，女方進行腰部的上下運動、前後運動，使陰道和陰莖摩擦，同時陰蒂也和恥骨摩擦。這種互相擁抱的性愛動作，是可以感受到愛情的性愛。等到女性快要高潮時，再轉回正常位。

以正常位做愛後，再變化成抱位。

互相擁抱，女方可盡情扭腰，同時交替吸吮她的乳頭。

等到女性快要高潮時，再轉回正常位。

●解說到此為止

抱位（前座位）是兩人互相擁抱，讓女性扭腰用的體位；也是能夠感受到愛情，女性喜歡的體位之一。如果同時吸吮乳頭的話，可以讓女性感到幸福及快感。等到快要高潮時，再轉回正常位，你就可以盡情衝刺了。你愈是使勁地衝刺，興奮愈能傳到女方身上，女方腦中也變得一片空白，達成最棒的快感高潮。

本書《極致愛撫①——胸部特集》的解說到此爲止。下一頁開始要介紹的，是把本書的原稿給一百位女性看過之後，受採訪女性的眞心話。我們從中挑出八十八位女性的眞心話來介紹。知道女性的眞心話之後，就更能理解愛撫胸部的方法了。

第6章 八十八位女性的真心話

看過本書的女性的真心話

我們讓一百位女性看過這本書的原稿，再由我三井京子採訪，詢問關於《極致愛撫①——胸部特集》的感想與真心話。女性的高潮可說是取決於胸部也不為過。我採訪過的女性百分之百都支持這本書。

「如果胸部能更有快感的話，就能更享受SEX了」，很多女性有這種想法；這也就是說，輕視胸部愛撫的男性很多。從愛撫胸部的插圖圖解可以知道，愛撫胸部有多采多姿的方式，乳頭也有各種各樣的刺激方法。

如果能知道八十八人的真心話，就能知道你女朋友胸部的心情了。在愛撫雙腿間的陰蒂之前，先愛撫上半身的兩顆陰蒂，可是很重要的。

●感覺興奮了起來

朋子（21歲．公司職員）

男人都很喜歡胸部吧（微笑）！不過，像這本書裡寫的被充分愛撫的經驗，我是一次也沒有。雖然對方在揉搓或用嘴巴愛撫胸部時，會感到舒服，但他馬上就會轉向「那裡」，完全忘了胸部了。會突然碰觸是因爲男人想要興奮而已，我希望對方能更加愛撫我的乳頭。

如果胸部受到如此愛撫，就能確定會有高潮，感覺會很舒服。我支持這本書，看的時候感覺就興奮了起來（微笑）。比起「那裡」，胸部被看到時比較不會害羞。我也覺得我的胸部比一般人好看，所以被看的時候也能因此自傲。這本書似乎很好玩。

●感覺好像會很不得了

美知（19歲．學生）

關於愛撫胸部，我只知道揉搓、用手指愛撫，或是被吸吮而已。我從未被書中的方式愛撫過，所以也不知道到底是怎麼樣的感覺。在親吻的同時揉搓胸部感覺很美妙，我很喜歡。

書中說乳頭的快感是陰蒂的百分之八十，這是眞的嗎？我自己是覺得陰蒂的快感遠勝乳頭。但，如果被書中的方法愛撫的話，我應該也可以獲得陰蒂百分之八十的快感吧！這麼一來，感覺好像會很不得了（笑）！陰蒂竟然有三顆，我可能會因此失神吧（笑）！陰蒂的三點同時愛撫，感覺馬上就要高潮了。這本書出版之後請務必要給我一本。

●光是胸部就要高潮了

真央（20歲・店員）

我的乳頭很敏感，特別是對刺激很敏感，摩擦到胸罩就會立起來。如果沒穿胸罩的話，擦到睡衣時也會立起來，有時會興奮到難以入眠。因此，在被男朋友愛撫時感覺非常舒服，他也說：「眞央的感受度很棒呢（笑）！」。

如果被這本書的方式對待，感覺似乎光靠胸部就能高潮了，眞厲害（笑）。陰道、陰蒂，還有兩顆乳頭，竟然同時攻擊四個點，好像會變得暈頭轉向了（笑）。因爲是三井小姐我才說的，我喜歡被男方從後面衝刺，讓胸部跟著搖動，這也算是胸部愛撫的一種吧（笑）！

●胸部是女性的生命

奈奈枝（26歲・外商）

胸部的確被忽視了呢！男性在揉我胸部的時候會感到興奮，這點我很高興，不過他們馬上就把手伸到那裡，太性急了。胸部是女性的生命吧，我希望胸部能受到更多、更多的愛撫。

如果被如此愛撫的話，似乎就能感到身爲女性的幸福感，達成美妙的SEX。我支持這本書，但後半部分太過於刺激了，不過感覺好像會很舒服（微笑）。

就算只看第二章的胸部、乳頭愛撫方法，也能獲得充分受到寵愛的感覺，這麼一來，就能確實感受到高潮。如果已經確定會有高潮，我會變得非常狂亂，也能完全展露出自己隱私的一面，感覺受到治癒了。

●啊！乳頭立起來了

菜穗（19歲・專門學校）

我接受這種訪問時，總覺得有種興奮緊張的感覺（笑）。三井小姐是性愛作家嗎？感覺好像很有趣（笑）。《極致愛撫①——胸部特集》啊？似乎很舒服的樣子。不過我的性經驗還不多，對於胸部的快感還不太能理解。妳是問現在嗎？我現在沒有男朋友哦（笑）！

這本書請一定要給我一本。如果我交到男朋友的話，就可以叫他看這本，讓他充分愛撫我的胸部（笑）。眞不得了啊，內容對於沒有男朋友的我太過刺激了。啊！我的乳頭立起來了，怎麼辦（笑）？如果被年紀比我大的男性這樣做的話……光是這麼想我就產生一種奇妙的感覺了。

●就算自己的樣子再怎麼丟臉也沒關係

恭子（21歲・行政）

如果胸部能受到如此愛撫的話，那眞是太美妙了。男人都喜歡胸部，不過對於胸部都是抱著玩弄的感覺，馬上就會感到興奮而想要直接衝向那個地方。我自己都還沒充分感受到快感，直接就碰那裡，感覺太害羞了。害羞的話，就算對方用嘴巴幫我做，我的陰蒂也沒辦法充分沉浸在快感裡，每次都是意猶未盡的結束。

如果非常舒服的話，就算是女性也會喜歡下流的事。要是舒服的不得了，可以預感快要高潮的話，就算自己的樣子再怎麼丟臉也沒關係。兩人做愛的時候，胸部也同時被愛撫，感覺會很舒服的樣子……

●只要是女性都會支持

由香（27歲・專業主婦）

三井小姐的工作很快樂呢！我從來沒想過會受到這種採訪（笑）。這本書發售的話，獲得幸福的女性會增加吧，能被這樣愛撫很幸福。

剛結婚的前三年算是戀愛期間吧！在這段期間兩人就像是磁鐵一樣互相吸引渴求。結婚六年之後，SEX也變得習慣了，每次做的事都一樣。

眞是厲害。雖然大部分都是我沒有嘗過的方式，但是總覺得興奮了起來（笑）。最近先生都沒有找我做，我要不要試著引誘他看看呢？這本書，只要是女性都會支持的。請務必給我一本。

●男朋友不會對我做這種事

祥子（33歲・公司職員）

妳是問我對這本書的感想嗎？只有一句話：很厲害！我雖然有讀過女性雜誌的H特集，不過上面從來沒看過這麼厲害的內容。我自己絕對說不出「想要被這樣對待」這種話，所以如果男性讀了之後，照書上的方法對待我的話，我恐怕會變成淫亂的女人（微笑）。

當男性對我口交的同時一併愛撫胸部，或是雙腳被抬起，陰部整個露了出來之類的，這種感覺會讓我非常興奮，感到很舒服，讓我很想試一次看看。不過，如果沒有先照這本書的作法充分愛撫胸部的話，突然做這些動作就太讓人害羞了。我雖然有交往中的男友，但他有所顧慮，不會對我做這種事。

●感想是……我想要男人

真知子（27歲・金融業）

圖片的說明很具體，感覺會很舒服，若是能被這樣愛撫的話就太幸福了。不知道有沒有男性願意充分愛撫我的胸部（笑）。如果讓男性讀這本書的話，他們應該會想做得不得了吧（笑）！

性愛作家辰見老師及三井小姐合著的這本書，實在是很厲害啊（笑）！因爲太厲害了，讓我一直笑個不停（笑）；不過我也很興奮。SEX算是人類的本質吧，能把這個當作工作眞的很令人羨慕。像我，每天就是在公寓和公司間來回，完全沒有會讓我興奮或心動的事情。三井小姐，我讀完這本書的感想是……我想要男人（笑）。

●徵求男友中

貴美（21歲・派遣）

就算乳頭被愛撫，我覺得應該也不會有這麼舒服。不過如果被書中的方式愛撫的話，確實有可能會產生陰蒂百分之八十的快感。這本書，我想只要是女性都會支持的。如果男朋友讀了這本書之後，能對我這樣做的是最好，不過我現在正在徵求男友中（笑）。

就算是面對同性，也很難說出SEX的眞心話，不過對象如果是性愛作家三井小姐的話，就能夠輕鬆的談論這個話題。三井小姐有被這樣對待過嗎？眞的嗎？我超羨慕的（笑）。離過一次婚，還有年輕的男友，眞是太酷了。妳的SEX一定很不得了吧！

●那地方感到陣陣疼痛

真知（19歲・專門學校）

我的乳頭十分敏感，只要被舔的話，那地方就會感到陣陣疼痛，我的胸部也想要被充分愛撫。如果能被書中的方式愛撫的話，感覺光靠乳頭就能高潮了，這讓我的心情也開始變得有點色了。乳頭是上半身的陰蒂嗎？這麼說來，我的乳頭過於敏感，感覺就跟陰蒂一樣。女人有三個陰蒂啊！那地方的感覺也很舒服。

光是胸部，就有那麼多種愛撫方法，男人眞該好好愛撫胸部才對。如果我的三顆陰蒂同時受到攻擊之後，再把陰莖放進去，想必會非常舒服吧！好想做啊……

●只覺得癢癢的

正子（23歲・會計）

我的胸部沒有被這樣愛撫過，所以乳頭也不太感到快感過。只覺得癢癢的，一旦開始有點感覺時，對方就已經轉向愛撫那個地方了。我很害羞，希望對方能更加愛撫我的胸部之後，再愛撫那個地方。

我雖然有男朋友，不過都是在禮拜五的晚上見面，喝完酒、吃完飯之後，再到Love Hotel。因爲他累積了一個禮拜的分量，所以在SEX時都很性急，我從來沒有高潮過。等這本書出版之後，我會跟他兩個人一起讀，讓他充分愛撫我的胸部。請務必要給我一本，我很期待。

●感覺只不過是為做而做而已

由香里（32歲・公司職員）

如果能被這樣愛撫實在是太美妙了。我和男朋友已經交往六年了，因爲我和父母一起住，所以除了約會之外，每個月大約會有兩次去他住的社區大樓SEX。剛開始交往的時候，我們都激烈的渴求對方，但是最近的SEX不像以前那樣，熱情好像消退了，感覺只不過是爲做而做而已。

拿到這本書之後，我會把書給他看，跟他說要更愛撫我多一點（微笑）；雖然書裡面也有過於激烈的內容啦！不過，如果我的胸部能被這樣愛撫，說不定也會想做這些事情看看。我沒有用後背位做過，想要他在做的同時愛撫我的胸部。

●總覺得興奮起來了。

菜穗（27歲・講師）

眞厲害！感覺似乎很愉快又很舒服（笑）。只要是女性被這樣愛撫的話，不管是誰都會支持的。這種光是愛撫胸部就能讓人心癢難耐的SEX，我很想要試一次看看。仔細想想，乳頭雖然很敏感，但受愛撫的程度跟那個地方相比，確實是受到忽視了。如果被同時三點愛撫的話，我會產生一定能高潮的預感。總覺得興奮起來了。

我很尊敬辰見老師和三井老師，竟然能寫出這麼厲害的書。這本書感覺非常舒服，辰見老師能寫出這本書，一定會很多種愛撫胸部的方法吧！三井老師應該也被充分愛撫過了吧！

●刺激太強了（微笑）

直美（21歲・超商店員）

要我講感想實在是很害羞。妳是問乳頭嗎？我覺得乳頭敏感一點比較好。不過，我沒有被這樣愛撫過，所以也不知道感覺會多麼舒服；但是，好像會變得很舒服呢。因爲我沒有男朋友，所以這本書對我來說刺激太強了（微笑），眞厲害！我在讀的時候愈讀愈感到刺激。咦？妳問我會不會興奮？那個……我講過的話會刊登在書上面嗎？匿名？啊，妳是說用假名嗎？拜託請一定要用假名。怎麼辦，有種心跳不停的感覺。

因爲我跟父母一起住，請不要把這本書寄給我，我會到三井小姐那邊去拿的。

●我的乳頭已經立起來了

沙織（19歲・打工族）

我常常被揉搓胸部，但是都沒有什麼感覺，還是說是愛撫我的人技術不夠呢？我的胸部滿大的吧！我常常被揉、被玩弄，但是乳頭卻感覺沒什麼被開發。不過，我喜歡男人把臉埋在我胸部向我撒嬌。

因爲我胸部很大，所以胸部會變得很顯眼，每次都能感受到男人強烈的視線。當我感受到視線後，就會開始興奮，乳頭也立起來摩擦到胸罩。因爲胸部很大，所以摩擦時力道也很強，有時還會痛，這種時候，會變得很想要被吸舔。我的乳頭已經立起來了，怎麼辦？

●希望也能同時愛撫我的乳頭

奈美子（23歲・公司職員）

咦～妳說愛撫胸部的方法嗎？感覺好像是一本有趣又舒服的書呢（微笑）！男性都會喜歡胸部吧！這對女性來說也很高興，如果被喜歡的人觸摸的話，心情會變得幸福的。被男性吸吮時也很舒服，我覺得自己生爲女性實在是太好了。

哇～感覺好舒服的樣子（微笑），我的胸部也想要被這樣愛撫看看。男人在做愛的時候都是悶著頭猛衝刺吧！在對方放進去抽動時，我希望也能同時愛撫我的乳頭；如果這樣做的話，一定可以高潮。當快感愈來愈強烈時，對方卻先高潮了，這種只有對方高潮的情況常常發生。

●我喜歡被輕咬

靜繪（27歲．非營利組織職員）

我對這類的書籍很有興趣。身爲女性，書中有很多事是想要對方幫自己做的，感覺做起來應該非常的舒服。因爲害羞，從女性口中很難說出「要對我這樣做、那樣做」之類的話，這本書應該請男性讀後，再來充分愛撫胸部（笑）。

我覺得，乳頭被吸吮時也很舒服，但我也很喜歡乳頭被輕咬的感覺。三井小姐妳呢？喜歡被輕咬嗎？妳比較喜歡被用力咬（笑）？

雖然書中也有過於刺激的地方，但如果一開始能先這樣愛撫胸部的話，就算之後雙腳被抬起，陰部整個露了出來，我應該也會感到興奮。我還沒有被這樣對待過。

●希望對方能多愛撫胸部一點

千佳（26歲．銀行業）

我理想中的愛撫胸部方法，應該要先輕輕地揉，然後再慢慢加強力道後粗暴地揉。還有，如果在熱吻的狀態下，突然就把手伸進裙子裡的話，雖然我會感到興奮，但會這麼做的男性通常也會早洩。因爲他太興奮了，在進來的時候就已經快撐不住了，我都還沒什麼感覺他就射出來了。

在性行爲中，愛撫胸部是很重要的。有的人會自顧自地興奮起來，揉搓、吸吮過胸部之後就想要往下面進攻了。我明明還想要他多愛撫胸部一點，有種想說「再多吸一點啦」的感覺（笑）。我希望男人們可以在看了這本書之後多加用功。

●那地方會有一股感覺慢慢擴散到全身

里香（19歲．打工族）

當胸部被揉搓的時候，女性會感到被愛的感覺，而產生幸福的情緒吧！乳頭被愛撫時，感覺會愈來愈舒服，在這種美妙的氣氛之下，那地方會有一股感覺慢慢擴散到全身；我很喜歡這種感覺。如果胸部被如此愛撫的話，那麼只要是女性都會想要男性的「那個」的。

這種話說出口會很害羞，因爲對方是三井小姐我才講的。我平常絕對不可能說這種話（笑）。不過，這本書是爲了女性所寫的，是很棒的書。我最近打工很忙，沒時間交男朋友；但是我之後打算去專門學校讀書，然後就會交到男朋友的。

●讓男性讀完後親身體驗

真菜（20歲・無職）

我在用後背式做愛的時候，只要對方一邊揉我的胸部，一邊愛撫我的乳頭，我就一定會高潮。如果是一隻手揉胸部，一隻手摩擦陰蒂的話，我也會輕鬆地就高潮了。因爲我喜歡SEX，所以只要被搭訕，然後我也對對方有意思的話，就會馬上跟他上床，因此我常常跟男性發生關係（笑）。

胸部受到如此愛撫之後，再被對方抬起雙腳，陰部整個露了出來，對方一邊扭腰，一邊愛撫胸部……感覺是一本會非常舒服的書。我拿到這本書之後，會給來搭訕我的男性看，再讓他們親身體驗，三井小姐感覺也很喜歡性愛（笑）。咦？妳是性愛作家？難怪（笑）。

●我是有點M的女生（微笑）

明子（27歲・公司職員）

愛撫胸部的方法嗎？這本書的標題眞棒。如果是愛撫那裡的方法，我會感到害羞而不敢買，如果是愛撫胸部的方法的話，女性也可以在書局購買了。我對於這種書滿有興趣的，但是書名跟性愛有關的話就買不下去了（微笑）。我認爲每位女性都對性愛有興趣，關於胸部的愛撫方法，我想應該全部人都會支持的。

我喜歡被長時間溫柔地愛撫，這麼做的話，我就會感到心癢難耐，那地方也會變得很敏感；之後我喜歡被粗暴地對待，我是有點M的女生（微笑）。妳問我有沒有男朋友嗎？有啊，很粗暴（笑）。這本書一定要給我一本哦！

●那地方好像被借出去一樣

洋子（29歲・兼職主婦）

感覺好像很舒服的樣子（笑），我的胸部也想要被如此愛撫。最近我大概每個月只有做愛一次，有時候整個月都沒有。剛新婚的時候兩個人明明這麼相愛，但現在偶爾一次的SEX就好像是義務一樣，就好像是我把那個地方借給了我先生一樣，眞傷心。

這本書出版之後請給我一本，它讓我有種心動的感覺，我已經很久沒有這種感覺了。今天晚上，我要不要把這件事跟老公說，請他愛撫我的胸部呢（笑）？這本書看起來眞的很舒服，後半部分也很驚人。不過，如果我的胸部能受到這種對待，那我也想變得淫亂一點看看。

●我現在還是處女

愛美（20歲・女大學生）

眞棒，這是會讓女性幸福的書。如果有男人能夠如此愛撫我的胸部，那我一定會變得很幸福的。我高中是讀女校，父母親也很嚴格，到現在我的門禁都還是八點。

說起來有點不好意思，我現在還是處女。不過，我在別間大學的校慶上有認識了一個男朋友，也過了生平第一次的約會（微笑）。

我脫離處女應該也是時間上的問題了，很期待（微笑）。第一次的時候會很痛嗎？我對這點有點不安，不過還是想早點畢業。能對第一次見面的人（三井）說這種話，感覺很愉快也很高興。這本書請不要送到我家，我會自己過去拿的。

●我只是把身體任由他擺布而已

英子（35歲・育嬰主婦）

最近，我不再是女性，而是媽媽了。先生也不再叫我的名字，改叫我「媽媽」，所以有時候我想要變回女性看看。他在做愛的時候也叫我媽媽，因此我變得很消極，完全無法享受性愛。幾乎都是讓先生一個人做，我只是把身體任由他擺布而已。

我們是跟婆婆一起住，所以這也是我的壓力之一。這本書眞厲害，我第一次聽到抬起雙腳露出陰部這種事……眞不得了，我開始興奮起來了。我很久沒有對於性愛這麼緊張興奮了；不過現實生活應該沒辦法這麼順利吧？

●變得想做了

美羽（19歲・店員）

眞的是訪問呢。我還以爲是AV的星探（笑）。在接吻的同時揉搓胸部，感覺很有氣氛，過程應該會很美妙吧！如果在深吻時被用力揉搓胸部，我會感到非常興奮，乳頭也會非常敏感。

男人都喜歡胸部吧！我男朋友常常從衣服上愛撫我的胸部，我被愛撫的時候乳頭也會感到很舒服，就變得想做了。《極致愛撫①——胸部特集》眞的是一本非常好的書，如果男朋友能夠這樣愛撫我的胸部的話，那我一定會很幸福（微笑）。我喜歡騎乘體位時的胸部愛撫，也喜歡被對方抱著做，然後被吸吮乳頭哦！

●要上天堂了

翔子（21歲．加油站店員）

哇～這本書感覺很舒服的樣子（笑）。了解胸部的心情再愛撫，我支持這本書。如果在書局有賣的話我應該會想買。咦？要送我嗎？眞高興（笑）。可以的話我想要兩本，一本自己用，一本給男朋友用。哈哈哈，眞厲害！如果我的胸部被這樣愛撫的話，應該會感到心癢難耐吧！

沒錯，我的乳頭很敏感。雖然被揉搓也不錯，但我被吸吮的時候比較有快感。如果被邊吸邊舔，那地方就會感到難以忍受了。在愛撫陰蒂的時候，同時對我口交的話，我每次都會感到要上天堂了。陰蒂竟然有三個啊！眞有趣（笑）。

●要不要請他愛撫我的胸部呢

由香（22歲．求職中）

我目前一直等不到公司的錄取通知，非常煩躁。《極致愛撫①——胸部特集》聽起來很舒服，讓我感到鬆了一口氣（微笑）。這麼說來，我最近都沒有做愛啊……

我的男朋友跟我讀同一間大學，也是同一個年級，正在找工作，他也是一直等不到公司的錄取通知，感到很煩躁。我們兩個心情都很緊繃，平時也沒有聯絡。今天晚上，要不要打個久違的電話給他，請他愛撫我的胸部呢（微笑）。三井小姐，謝謝妳來跟我說話，我想這本書會受到許多女性支持的。雖然也有部分內容過於刺激，但我感覺很興奮，也很愉快（微笑）。

●那個地方應該會變得很不得了吧

繪真（19歲．援交）

我今天眞幸運（笑）。採訪很有趣，拿到了謝禮，又讓妳請客吃了好吃的蛋糕，還看到了很舒服的書，眞是愉快極了（笑）。我的胸部從來沒有被那樣愛撫過，如果被那樣愛撫的話，那個地方應該會變得很不得了吧！這張吸著乳頭的插圖，感覺眞的好舒服哦（笑）！一邊吸，一邊舔乳頭，我也想被這樣做（笑）。妳問我的工作嗎？援交（笑）。

被人搭訕、上床、拿錢，就靠這個生活（笑）。因爲，靠那個地方賺錢是最輕鬆的，而且我又不討厭做這種事，所以感覺會很舒服。

●這本書會讓女性幸福

涼子（21歲・打工族）

我喜歡被同時愛撫三顆陰蒂。乳頭體積較大，比較容易產生快感，陰蒂比較小，有時候會沒被愛撫到重點；但我還是會因此發出喘息聲，眞是丟臉。我支持《極致愛撫①——胸部特集》，這本書會讓女性感到幸福。由於裡面也有寫到愛撫陰蒂的方法，所以看起來非常的舒服呢！

我喜歡對方舔舐我的陰蒂，然後同時愛撫兩顆乳頭。我希望對方能一直做這個動作，會讓我非常有快感。然後我再對他口交，讓它完全變硬之後再讓他放進來，這樣男性會很舒服吧！我沒有男人就活不下去，每天都會做愛（笑）。

●我想要男人啊～

舞子（31歲・百貨業）

我的胸部也想被愛撫。我目前正找不到男朋友，很焦急。我已經五年沒被愛撫過胸部了，看了這種舒服的書之後，今天是睡不著了（微笑）。

如果有男人可以這樣充分愛撫我的話，我應該會變幸福吧！不過，會有這種人嗎？三井小姐妳有嗎？咦～好羨慕啊（笑）！

因爲我五年沒被愛撫過胸部了，所以也忘記被男人愛撫乳頭的快感到底是怎樣了。不過我讀了這本書之後，又回想起來了，開始感到心癢難耐，那個地方也想被男性愛撫。我想要男人啊（迫切需要）～

●因為我男朋友喜歡這種書

芽衣（19歲・有時會去打工）

我的乳頭是粉紅色的，常被人說很漂亮，所以男朋友充分愛撫我的胸部時，我會很有快感。不過這本書眞厲害，連我男朋友也沒有這樣愛撫過我。不，我想應該說他不知道要這樣愛撫我。

我的男朋友喜歡這種書，所以我收到書的話他會高興的。他也有這個作者的書哦！我想想……對了，是關於男性對女性口交，以及女性對男性口交的書。他看了以後，口交技術就變好了，我的口交技術也是（笑）。這本書如果裡面有作者的簽名就太好了，請三井小姐也幫我簽名，因爲我的採訪內容也會刊登在裡面，我就可以當作紀念（笑臉）。

●我的胸部也想被揉

美代子（36歲．專職主婦）

我的胸部被小孩子吸過，已經不像年輕時那麼有彈性了，不過我的胸部也想被揉。如果能被那樣愛撫的話會很幸福。我已經很久沒有做愛了，連上一次是什麼時候都想不起來。買了這本書的男性應該會做這裡面的事情吧！如果有這種男性的話，我真想出軌看看。這本書就是這麼舒服的書，我想被吸吮乳頭……（微笑）。

妳是問乳頭嗎？會有快感。雖然可能沒有到陰蒂的百分之八十那麼多，但是如果我的胸部受到那樣愛撫的話，我想我會受不了的。講這個有點害羞，不過我想要男性把我的陰蒂翻出來舔，然後同時愛撫我的乳頭。我好像說了很不得了的話。

●男朋友變得可愛了

雅美（21歲．服裝業）

雖然裡面也有過於刺激的內容，不過關於愛撫胸部的部分實在是太棒了。如果有人能夠這樣愛撫我的胸部，我會想找他當男朋友。女性被喜歡的人揉搓胸部，會產生幸福的感覺。如果胸部被撒嬌的話，母性本能會受到刺激，讓男朋友變得可愛。

我的夢想是讓對方從後面抱住我，一邊揉著胸部，同時一邊親吻或舔舐我的脖子。我認爲，買了這本書的男性應該會充分愛撫胸部。如果書賣得好，那麼銷售量就能夠代表幸福女性的數量了。如果我未來的男朋友也能讀過這本書就好了（微笑）。

●身體開始變熱了

惠美（25歲．電腦業）

我的乳頭非常敏感，不過在被手指愛撫的時候，刺激感會愈來愈強，感覺會有點痛。如果對方能在愛撫之前先用嘴巴吸吮的話，我的乳頭會變得溼潤且非常敏感。這本書，應該是在充分了解乳頭之下而進行解說的吧！

女性的快感是緩緩上升的。如果被如此愛撫，不管再怎麼害羞的事，都會變得不害羞，愛撫胸部的方法就是這麼重要。如果胸部受到充分愛撫，我就會產生高潮的預感，會變得非常想要。不管是在後背位時愛撫胸部，或是在騎乘位時愛撫胸部，我都喜歡。感覺我身體開始變熱了。

●婚外情加上高竿的愛撫胸部技巧

真菜（29歲・雙薪夫婦）

我想要被這樣揉胸部，被這樣愛撫乳頭。妳說我老公嗎？不行不行，他揉的方式就像是把胸部當成自己的東西一樣，跟愛撫胸部的方法差遠了。了解女性的心情後再愛撫胸部的方法，是非常美妙的。

這麼說來，我在結婚前交往過的男性（六人）都沒有這樣愛撫過我。如果有男性能夠這樣愛撫我，我就會把身體交給他哦（笑）！

我上班的公司裡，有一位男性上司很棒，我會想像他對我做這種事，然後就開始想要去引誘他了。婚外情加上高竿的愛撫胸部技巧，想到我就興奮了（笑）。

●哇~我超羨慕的

誠子（32歲・IT產業）

眞不得了，愛撫胸部的方法竟然有這麼多，讓我跌破眼鏡了。哦~是由作者的實地體驗取材啊，裡面也有三井小姐的實地體驗吧？若非這樣的話，也很難想像妳能如此了解胸部的心情呢！

這麼說的話，三井小姐的胸部也被這樣愛撫過囉？哇……我超羨慕的（笑）。咦？不是跟妳先生，是跟年紀比妳小的男朋友？這也很令人羨慕（笑）。

所謂的性愛作家，會在採訪時SEX嗎？眞是不得了的職業啊，不過我很羨慕妳（笑）。可以找年輕又有活力的男性採訪吧（笑）？

●被陰莖摩擦乳頭時，我……

綾子（26歲・設計師）

我的乳頭在一開始被愛撫時會感到有點癢，但是等到胸部被揉開了以後，敏感度就會逐漸提高，乳頭也會變得舒服。所以我希望對方能充分揉搓我的胸部之後，再愛撫乳頭。等到乳頭變得堅硬有彈性之後，就會希望對方能吸吮、舔舐它。

我也喜歡被輕咬，這時候我會發出「啊」的聲音，身體也會不自主地抽動一下。雖然我說的是我個人對胸部愛撫的喜好，不過我想女性想被愛撫的動作大部分都差不多。

被陰莖摩擦乳頭時，我也會感到興奮且很舒服，想到我下流的發言被刊登在書上，又讓我開始興奮，乳頭也立起來了。

●希望對方吸舔乳頭的時間可以久一點

美由紀（23歲・護士）

雖然胸部被愛撫感覺非常舒服，但男性都會想要馬上對女性口交，這種時候我會感到很害羞，快感就難以集中。如果先讓胸部產生快感之後，那地方也會變得心癢難耐，這時再被口交的話，腦袋會因爲快感而一片空白。愛撫胸部技巧好的人，做愛技巧也會好。當乳頭感到非常舒服的時候，就會想「啊！這個男人會讓我高潮」，我也會變得很狂亂。

這本書感覺能讓胸部變得很舒服，我被這樣愛撫的話，一定可以高潮的。我希望對方吸舔乳頭的時間可以久一點，然後我就會變得心癢難耐，陰蒂也想要被舔舐一下。

●開始想要陰莖了

優子（25歲・百貨業）

哇～感覺很舒服的樣子（笑）。在接吻的同時愛撫胸部眞是太棒了。乳頭明明這麼敏感，爲什麼男人都會輕視愛撫呢？男人似乎都覺得陰蒂就是全部，都不知道乳頭的心情。如果能充分愛撫乳頭的話，我就算被做了什麼事也不會感到害羞。不只如此，我還會自己把陰蒂翻出來（笑）。如果我的三顆陰蒂同時被愛撫的話，就會開始想要硬梆梆的陰莖了。討厭，我現在說的東西好色哦（笑）！我說的話都會被刊登在這本書上吧？我想對男性說一句話：請更加愛撫胸部哦！

●就算是下流的事也沒關係

玲子（22歲・銀行業）

我想要如同書上寫的一樣，被充分愛撫胸部。我也喜歡對方向胸部撒嬌，像是把臉埋進去，或是用臉頰摩擦胸部，這樣一來我會覺得對方很可愛而抱緊他。這本書的標題不錯，女性能夠被愛，是最令人高興的事了。我覺得愛撫胸部的方法很棒，會支持。

如果我的胸部被揉搓的同時，乳頭也被愛撫，這樣那個地方就會開始發癢吧？乳頭被吸吮時非常舒服，陰蒂也會愈來愈難以忍受。我也喜歡對方不時咬一下我的乳頭。雖然這本書也有過於刺激的地方，不過要是胸部被這樣愛撫的話，就算是下流的事也沒關係。我覺得我的心情開始變得愈來愈色了。

●看著老公吸吮我乳頭的臉

香苗（32歲・主婦）

我老公會充分愛撫我的胸部。我的胸部很大，這是我老公最喜歡的胸部（微笑）。我也喜歡讓胸部被他玩弄，當我看著老公吸吮我的乳頭時的臉，就會覺得很舒服又很幸福哦！

等到兩邊的乳頭都被他吸到滿足之後，他也會用嘴巴吸吮我的下體。因為這時已經溼到很害羞了，所以感覺會非常舒服。如果花足夠的時間愛撫胸部的話，女性也會比較容易高潮。這本《極致愛撫①——胸部特集》如果拿給我老公看的話，我想他應該會很高興，而且我也會變得更舒服（微笑）。會送給我嗎？我會期待的。

●忍耐的快感令人心癢難耐

紗智（雙薪夫婦）

我喜歡對方輕輕愛撫我的乳頭。揉搓的時候也是輕輕的，旋轉、揉搓乳頭時也輕輕的，然後再被輕輕吸吮、舔舐的話，這種焦急的快感會讓我心癢難耐。要忍耐這種「想要對方更用力愛撫」的快感，會讓我感到十分難以承受。等到我快忍耐不住之後，再請對方用手指用力摩擦溼透的那裡，他愈粗暴對待我，我愈感到舒服，所以對方都會激烈地舔舐我的那邊。

我從沒想過我會講到這件事。不過能聊性愛的話題，都是託三井小姐的福（微笑）。我沒有對象能講這種話題，所以能講出來會感覺很愉快。我完全支持《極致愛撫①——胸部特集》！

●多愛撫胸部一點

桃子（27歲・公司職員）

我喜歡在做愛的時候被愛撫胸部。像書裡寫的在騎乘位時愛撫胸部的方法，還有在後背位時愛撫胸部的方法，看起來都很舒服，一定會高潮的。如果在正常位一邊吸吮乳頭，一邊粗暴地擺動腰部，這一瞬間男人會覺得很舒服，女人會覺得能出生在這個世界真好。

我覺得有很多女性都會希望對方能多愛撫胸部一點。這本書如果能夠讓充分愛撫胸部的男性增加，那麼幸福的女性也會增加吧？我希望能夠更享受胸部，也希望能變得更舒服。《極致愛撫①——胸部特集》真是一本好書（微笑）。

●我想我的性愛觀會因此改變

美咲（25歲．研究生）

如果我的胸部被這樣愛撫的話，我想我的性愛觀會因此改變。這本書上面記載了女性想要被對待的行爲，是所有男性必讀的一本書。對於乳頭敏感的女性，如果用手指執拗地愛撫的話，乳頭會變得過於敏感，反而麻癢了起來。這種時候就要吸吮乳頭使其溼潤，在溼潤的狀態下就會變得舒服，被吸吮又會變得更舒服。我的乳頭也很敏感，所以很能理解這本書的愛撫方法。

我覺得這本書應該能賣得很好。男性讀過這本書之後，會再次認識愛撫乳頭的方法。因爲我自己沒辦法把「更多愛撫胸部一點」給說出口，所以我希望這本書能暢銷。

●我交到男朋友的話會讓他讀這本書

優香（19歲．專科生）

如果胸部能被這樣愛撫的話會很舒服的。啊～我也想被充分愛撫……（笑）。雖然我到目前爲止並沒有想過，不過男性愛撫胸部的方法是完全不夠的吧！如果男性能夠理解乳頭是上半身的陰蒂，那應該就會多愛撫一點了。

我覺得男人在做愛的時候，會無視周遭環境，也沒有空閒能愛撫胸部。能夠有餘裕愛撫乳頭的男人，就代表他有持久力，能夠讓我高潮（笑）。如果我的兩顆乳頭和陰蒂都能同時受到愛撫的話，那光是這樣就會讓我高潮了（笑）。我交到男朋友的話會讓他讀這本書（笑）。

●希望能多被愛撫一點

陽子（26歲．在自家公司工作）

如果能被這樣愛撫的話，好像光靠乳頭就能高潮了（微笑）。我很羨慕書中模特兒的胸部。對方在口交時花了很多時間，但愛撫胸部的時間我覺得有點少。如果胸部能被這樣愛撫的話，我的那裡也會變得敏感，而會覺得自己能確實達到高潮，這樣就可以安心享受性愛了。要是男性過於興奮，愛撫技巧不佳的話，那我就會沒有高潮的感覺，也無法享受性愛。

愛撫胸部的方法有這麼多，不過我交往過的男性在愛撫胸部時花的時間都幾乎都很短。因爲是上半身的陰蒂，所以我會希望能多被愛撫一點（笑）。

●那地方也會一邊哭泣一邊感到喜悅

友子（23歲・居酒屋）

陰蒂的快感很直接，但是乳頭的快感是慢慢擴散的，所以才要花時間溫柔地愛撫，如此身體才會有快感。而且胸部是女性的生命，如果在愛撫的同時能夠稱讚她的話，女性會感到非常高興，那地方也會一邊哭泣，一邊感到喜悅的（笑）。

我男朋友很喜歡我的胸部，不過我看了這本書，才知道他愛撫的方法也不夠。但是，一邊被他吸著乳頭，一邊抱著男朋友，會感到很幸福。如果能被他這樣愛撫，會感到更幸福、更舒服吧？這本書出版之後我會再過去拿，然後跟男朋友一起讀，再讓他充分愛撫。我很期待（微笑）。

●我也光靠乳頭就能高潮了

麻美（21歲・酒店小姐）

我常常被AV的星探叫住，我還以爲三井小姐妳也是這樣（笑）；因爲妳是熟女系，像是當過模特兒的（笑）。

這本書很有趣，看起來也很舒服（笑）。乳頭的快感是陰蒂的百分之八十嗎？我認爲雖然兩者快感的品質是不同的，但乳頭快感的程度卻跟陰蒂差不多舒服。不過我從未被這樣愛撫過，至今爲止我也沒有這樣想過，但乳頭的愛撫確實常常被忽視了。

三井小姐有像這本書一樣被愛撫嗎？哇～哦，我好羨慕，被這樣愛撫的話，我說不定也光靠乳頭就能高潮了（笑）。

●愛撫胸部的方法，真棒

成美（25歲・公司職員）

接吻時先輕輕的，再逐漸愈吻愈熱情，並隔著衣服揉搓胸部，這種自然的流程對女性來說很棒。當接吻愈來愈激烈的時候，胸部同時也被粗暴地揉，這種感覺會讓我興奮。因爲我的胸部不大，所以馬上愛撫乳頭的感覺也不錯。

我的乳頭算是比較大顆的，如果用手指揉搓的話會很有快感。對男朋友來說，吸起來也很有感覺，他還說嘗起來有甜甜的味道。如果他時而輕吸時而用力吸，我就會變得非常淫。我也喜歡乳頭被拉扯或是用力捏，在胸部被愛撫的時候，我就會覺得「啊，今天晚上應該會高潮」，這麼想的話通常就眞的會高潮哦！

●如果我被這樣愛撫的話……

理惠（30歲・兼職主婦）

男性對胸部太不了解了。明明有這麼多愛撫的方法，但愛撫的時間卻這麼短。比起陰蒂，我希望對方能愛撫乳頭久一點。還有，胸部被愛撫時我會感到很舒服很愉快。看著我先生愛撫我胸部的樣子，我也會想要愛撫他當作回報。

我的乳頭如果被含在嘴裡，用舌頭旋轉、摩擦的話，那我的陰蒂也會有感覺，下面會溼的很厲害。如果我被這樣愛撫的話，感覺應該會更有快感，做愛的次數也會增加吧！我已經結婚六年了，現在和老公依然也是很熱情；其中的祕訣就在於他會愛撫我的胸部（微笑）。

●第一次被男性達到高潮

千鶴（29歲・超商店長）

我之前有跟一位男性交往過，他能讓我的乳頭很有快感。我在這之前，從來都不知道乳頭竟然會有這種快感，是第一次被男性達到高潮。不過在那時候我發現一件事，如果乳頭已經很有快感的話，對方把堅硬的陰莖放入我的那裡並同時愛撫乳頭的話，那裡的快感就沒辦法集中。這是只有我會這樣嗎？是嗎？每個人的狀況都不太一樣呢！

不過，我跟另一位男性交往時，他愛撫胸部就比較倉促了事，當他進入的時候，我會感到有點不滿足，想要他多愛撫乳頭一點。要說的話，我比較喜歡對方能充分愛撫我的胸部。這本書非常棒。

●手會想伸到那裡去

早紀（27歲・公司職員）

善於愛撫胸部的男性都很溫柔，他們會想要讓女性更舒服，會充分愛撫我。雖然程度沒有像這本書這麼厲害，但是愛撫的方式也很接近，我每次都會很舒服地達到高潮。在我客戶那邊有一位比我大十五歲的男性，他就是這樣。雖然我跟他的婚外情已經持續一年了，但我還是離不開他的身體。

如果男性能夠更加愛撫胸部的話，我想女性一定都能夠高潮的。這本書，我覺得沒有男朋友的女性也會買。就算只讀這本書也會興奮，手會想伸到那裡去（笑）。這本書一定會暢銷。

●這本書能帶給女性快感

桃香（20歲・學徒）

胸部被長時間愛撫的話，我會感到很舒服、很享受。口交的時間就沒有那麼長，而做愛雖然是最高潮的部分，但時間也很短吧！如果是胸部的話，雙方都能充分享受，回過頭來才發現已經愛撫三十分鐘了。所以我希望對方能長時間愛撫我的胸部，這樣的話那地方也會變得敏感，用手指摩擦或是對我口交時都會讓我心癢難耐。

我想應該很少女性有被這樣愛撫過吧！這本書能帶給女性快感，我支持（笑）。對了，如果能給我這本書的話，我希望兩位作者能簽名，拜託了！

●男朋友讀了應該會很高興

彩夏（19歲・簡餐店店員）

我喜歡被撫摸胸部。男朋友也很喜歡我的胸部，會直接就揉過來。透過衣服揉搓乳頭的，我會開始有感覺，然後也會去幫他那邊揉一揉（笑）。雖然我的胸部不算大，但是男朋友很會愛撫我的胸部。當乳頭被吸吮的時候，我會感到非常幸福，也會很有快感。他愛撫我胸部的時間很長，會一邊吸吮乳頭，一邊愛撫陰蒂。當乳頭和陰蒂兩邊都產生快感的時候，我就會溼的非常厲害。

我覺得他讀了《極致愛撫①——胸部特集》之後應該會很高興，而且應該會更加愛撫我的胸部，讓我更舒服（微笑）。

●愛撫胸部的方法還不足夠

美鈴（26歲・公司職員）

我讀了這本書之後，覺得男性在愛撫胸部的方法還不足夠。當我的胸部被揉搓或是吸吮的時候，我會感到充分被愛的感覺，很幸福。我希望對方能夠讓我更幸福。

每個男性都應該要讀這本書，才能知道胸部的心情。在接吻的同時愛撫胸部的那張照片很棒。

比起私處的愛撫，我認爲愛撫胸部更加重要。男性都會馬上用手指或是嘴巴去愛撫私處，但是只要兩顆乳頭被充分愛撫的話，私處也會變得很敏感的。這時女性就會哀求說「我已經不行了，快點進來」，這麼一來就確定能高潮了。

●來個人愛撫我的胸部吧

百合子（27歲・電腦業）

如果能夠這樣愛撫胸部的話，一定會高潮的。做愛會有一種噁心的感覺，不過愛撫胸部時卻有一種美妙的氣氛，女性對這種氣氛很難抵抗。如果胸部能夠被這樣溫柔愛撫的話，我會十分迷戀愛撫我的男性的哦！

我覺得，能夠這樣愛撫胸部的男性，對女性應該也會很溫柔。如果被從後面抱住，再愛撫我的胸部的話，我什麼都會讓他做，什麼事都會（微笑）。

三井小姐妳是性愛作家，胸部也被這樣愛撫過嗎？眞羨慕妳。快點來個人愛撫我的胸部吧（微笑）！

●創造出對方會想摸的狀態

雛乃（資訊業）

這本《極致愛撫①——胸部特集》寫得很詳盡，插圖的部分看起來也很有快感（笑）。我只要有喜歡的男性，就會穿一些能夠凸顯胸部的服裝，創造出他會想摸的狀態。因爲男人都很喜歡胸部，所以我的成功率是百分之百（微笑）。

首先一邊接吻，一邊輕輕把手放到胸部上，之後接吻愈來愈激情，變得大膽地揉。我會感到期待，私處也開始發癢（笑）。如果對方在揉的時候以拇指碰觸我的乳頭，我會感到很舒服，會把舌頭伸出去跟他的舌頭交纏。不過如果是像輕撫的揉搓方式，就有很多人不擅長。一個人擅不擅長做愛，看他愛撫胸部的方法就知道了。

●我想變得更敏感

千帆（19歲・專門學校）

這張吸著乳頭的插圖感覺很舒服的樣子。我的第一個男人是我在專門學校的男朋友，他也是第一次，我們的第一晚非常不順利，我沒有印象有被他愛撫過，只是覺得很痛，在完事之後私處還是一直有異物的感覺，結束之後只覺得是很空虛的初夜。

之後雙方也比較沒有那麼緊綳，所以比較能享受了，但到目前爲止都沒有多餘的心力能愛撫胸部。如果能讓我男朋友看到這本書，應該會很有幫助。我想要被他以書中的方法愛撫胸部。乳頭是上半身的陰蒂啊？我也想變得更敏感。

●如妳所見，我是巨乳（笑）

夏子（23歲・店員）

妳該不會是看到我的胸部才來訪問我吧！如妳所見，我是巨乳（笑）。如果我穿T恤的話就很顯眼，會被男人一直盯著看，我男朋友會感到不舒服，他認爲我在夏天的胸部是專屬於他的。

我男朋友喜歡把臉埋在我的胸部裡，我被他撒嬌的話，母性本能也會受刺激，會想抱緊他。我的胸部雖然沒有像書中那樣被愛撫過，不過也讓他充分撒嬌了。三井小姐妳是性愛作家，應該能了解吧，用陰莖摩擦胸部時，自己會非常高興，會用乳頭戳他的陰莖來享受。這本《極致愛撫①——胸部特集》，他看了一定會高興的。

●先對胸部按摩

櫻子（23歲・製造業）

我都是坐在床上，讓他按摩我的胸部，所以胸部能受到充分的揉搓；揉的比這本書還厲害哦（微笑）！然後他再用手指來回揉搓或是吸舔我的乳頭，我感覺很愉快也很有快感，胸部的形狀也變得更漂亮了。

因爲我乳頭的快感已經被充分開發了，所以能感受到跟陰蒂不同的快感，會溼的很厲害（微笑）。這本《極致愛撫①——胸部特集》看起來也很舒服，不過我已經和男朋友在親身實踐了。的確，要達到高潮，必須先充分愛撫胸部。性愛是要先對胸部按摩才能開始的。

●我已經被充分愛撫了

夕夏（26歲・新婚）

我剛結婚而已（笑臉）。男人都喜歡胸部吧！我先生也說這樣能讓他感到安心和舒適，所以一回到家就馬上來找我的胸部撒嬌，我就會跟他說「辛苦了」，然後再抱緊他。胸部是能夠讓兩人感情加溫的存在，我會讓他充分撒嬌的。

當我被揉的時候就會變得想要做，不過我會等吃完飯之後再一起洗澡，在浴室時也讓他揉胸部。先用肥皂起泡，再用手沾泡沫揉搓胸部，這樣乳頭也會處於溼潤的狀況下，非常舒服。妳說洗完澡之後嗎？直接上床。雖然我的胸部已經被充分愛撫了，不過還是敵不過這本書（笑）。

●性經驗嗎？跟兩個人做過

葉月（22歲·飲食店）

這本《極致愛撫①——胸部特集》看起來非常舒服，在讀的時候我就感到愈來愈心癢難耐。我的胸部從來沒有被這樣愛撫過，所以也沒辦法想像這到底有多舒服。妳是問性經驗嗎？跟兩個人做過。不過，他們愛撫我的胸部的時候都很舒服。是嗎？比那時候還會再舒服好幾倍嗎？眞厲害（微笑）。

我現在沒有男朋友，是一個人住，所以如果想到這本書，今天晚上可能會睡不著。如果拿到書的話，可以當作紀念，但是就算我讀過之後了解了愛撫胸部的方法，男方不了解的話，我恐怕會感到很不高興的。

●總是這樣把我抛下

彩葉（21歲·店員）

書裡面有圖解，感覺很容易懂。妳問我的感想嗎？我想女性應該都會講同一句話吧：希望對方能多愛撫胸部一點。男性讀了這本書之後，應該會更加充分愛撫胸部吧！我想要這樣的男朋友。

在男方對我口交時，我一直都會覺得很害羞，沒辦法感到快感。不過如果是胸部的話，就不會覺得害羞，等到產生快感之後，再被口交的話應該就能夠獲得快感了。

男人都會太早放進來吧！我才剛覺得有點舒服，他就射出來了，總是這樣把我抛下。如果我的胸部能夠受到這種愛撫就太棒了。

●只要是女性都會支持的

美樹（26歲·美容師）

哈哈哈，竟然有這種書啊，眞厲害（笑），只要是女性都會支持的。特別是手指愛撫和吸吮的插圖很擬眞，光是看著乳頭就立起來了。一般來說，男性應該是不會這樣愛撫胸部的吧，頂多是自己享受一下之後，就馬上把興趣轉到其他地方去了，像是那個地方之類的。

妳問我有沒有男朋友？有啊，不過跟這本書比起來差的遠了，簡直是天差地遠。不過這是好機會，等這本書出版，送到我手上之後，我會好好調教他愛撫胸部的方法的（笑）。如果沒有像這樣愛撫的話我就不讓他放進來（笑）。雖然突然來訪我，我有點嚇到，不過感覺滿有趣的（微笑）。

●會讓我想做愛的快感

泉（20歲・專科生）

這本書讓我覺得，我到目前爲止的SEX都是什麼東西啊？如果能被這樣愛撫的話，我一定會高潮，這是能取悅女性的書。乳頭的快感是能讓女人慢慢想做愛的快感。如果我被這樣愛撫的話，一定會馬上想做的（微笑）。書裡面的插圖和照片也很多，很容易理解。

今天眞是難得的經驗，突然就把我叫住，讓我看這麼好的書，又和三井小姐認識了。性愛作家寫的都是這種書嗎？哇～好多哦（看著書後面的作品介紹）！我對這種書很有興趣（微笑）。

●寫到進入SEX的地方很不錯

亞由（24歲・證券業）

我的乳頭沒什麼感覺。不知道是對方愛撫不夠，還是我太遲鈍了，都只有癢癢的而已，應該是敏感度還沒有被開發吧！

作者辰見先生都是實地體驗取材的嗎？眞厲害。因爲這本書是跟三井小姐一起寫的，所以才能寫出了解女性心情的內容吧！如果我也接受這種實地體驗取材，那我的快感應該也能被開發吧？

我認爲這本書寫到進入SEX的地方很不錯，一邊接吻，一邊揉胸部的話，感覺會很有氣氛，女性都會喜歡吧！如果我第一次的時候也是這樣的話，那我應該就不會害羞，而且也會變得積極。

●我可能會失神

千尋（20歲・打工族）

如果我最愛的男朋友用他的大手包住我的胸部揉搓，那我應該會全身無力，完全被他攻陷吧！我的胸部不大，所以可以剛好被男朋友一手掌握。女性只要被稱讚胸部就會很高興的，太高興就會有感覺了（笑）。

如果男友用大手揉我的胸部，同時再吸吮另一邊的乳頭，那我就會產生恍如在作夢一樣的快感。如果像這本書一樣愛撫我的胸部，那我應該會更愛我男朋友。如果乳頭像陰蒂一樣敏感，等於是三顆陰蒂同時都被愛撫的話，那我可能會失神也說不定（微笑）。這本書請一定要給我一本。

●很舒服，但也很難過

春菜（19歲．超商店員）

我的感想是：竟然有人能寫出這種書（笑）。女性最想被愛撫的就是胸部了。如果胸部有快感的話，全身就會變得敏感，陰蒂和私處也會想要被愛撫，變得心癢難耐。

雖然我有男朋友，他也會充分愛撫我的胸部，不過我跟他已經好一段時間聯絡不上了。我常常想著他，胸部都疼到睡不著。這時候再讓我看到這本書的話，會讓我更想他的。不過，這本書等於是幫女性說出想要被對待的方式，光是看著插圖我就有感覺了，很舒服，但也很難過。

●會觸發我的母性本能，很愉快

瑞穗（21歲．簡餐店店員）

我很喜歡對方吸我的乳頭。我會像抱嬰兒一樣抱著他，讓他像嬰兒在吸奶一樣吸吮我的乳頭。另一邊的乳房就讓他揉，等到兩邊的乳頭都吸夠之後，我的私處也已經溼透了。他變得像小孩子一樣，也會觸發我的母性本能，很愉快（微笑）。

如果對方一直吸吮我的乳頭，那麼乳頭就會產生一種和陰蒂不一樣的快感，感覺非常舒服。這本書只是要女性都會支持的。如果能夠像如此愛撫，那私處會變得很不得了，一定可以高潮的。如果女性有高潮的預感，態度就會變得積極。我想要這本書。

●就算是平胸，乳頭也有快感

舞子（24歲．公司職員）

爲什麼會選上我呢？我是大家口中的平胸啊。所以我才會對胸部自卑，也沒有男朋友。（等到慢慢讀了這本書之後……）好厲害！就算是平胸，乳頭也會有快感呢！妳讓我看了這種會有快感的書，我就會想要被人愛撫乳頭了啊！果然還是被男性愛撫才最有快感。

我的乳頭嗎？我想應該是一般大小吧！妳說就算是平胸，也會有願意愛撫我的男性出現？眞的嗎？不是在安慰我吧（笑）？我覺得我的臉還算滿可愛的，總感覺心情好起來了（笑）。

更加激情的女性真心話

吸著一邊的乳頭，同時用手指愛撫另一邊乳頭，再用另一隻手的拇指愛撫陰蒂，食指和中指則插入陰道，同時以無名指插入肛門。關於這種「五點攻擊」，以及在插入的同時愛撫乳頭和陰蒂的組合技巧，我訪問到一些女性的感想，接下來要介紹更加激情的真心話。

這本書似乎讓她們強烈的性慾覺醒了。她們沒有經歷過五點愛撫，也沒有體驗過在插入的同時被愛撫乳頭和陰蒂，對這本書極為稱讚，而有：「如果有男人能對我做這種事的話，不管是誰我都會想跟他做」、「我收到這本書之後會讓男朋友看」之類的感想。

其中有一位讀者表示：「我沒有男朋友，看了這本書之後，如果沒有人對我做這些事的話我就受不了，該怎麼辦才好？」也有女性像這樣認真來拜託我的。

●不管是誰都好，請跟我做吧

理沙（23歲・百貨業）

雖然愛撫胸部的方法也很棒，但是五點攻擊眞的太厲害了。我從來沒有被這樣對待過，如果有人能夠這樣對我的話，不管是誰都好，請跟我做吧！

這本書是會讓女性性慾覺醒的書。如果我被這樣對待的話一定會高潮，如果被能夠這樣做的男性叫住的話，我的那裡也會變得有感覺的。三井小姐也被這樣對待過嗎？我好羨慕啊！

如果我被插入的同時，乳頭和陰蒂也被愛撫的話，我可能會失去意識吧！三井小姐，我之後要怎麼辦才好，如果沒有被這樣對待的話，我的性慾就沒辦法消退了。

●幸福的女性會增加

明里（19歲・大學生）

只要是女性，都會想要被這樣對待吧！眞厲害，總覺得我心臟一直跳，開始興奮了起來。今天能被三井小姐叫住，眞是太幸運了。在充分愛撫胸部之後，又受到同時五點攻擊，對方在插入的同時一併愛撫乳頭和陰蒂，這樣子的性愛感覺會變得非常舒服。

我現在跟男朋友的SEX很有快感；不過要是讓他看了這本書，照這本書上寫的做，那我可能會每天晚上都在做愛（微笑）。這本書能夠確實讓女性高潮。如果跟男朋友做愛時都能確實達到高潮，那幸福的女性就會增加的。我覺得這本書一定會暢銷。

●我要睡不著了

結菜（20歲・專門學校）

哇……感覺好舒服哦（笑）！

三井小姐不愧是女性，能知道胸部的心情。五點同時攻擊嗎？我有被三點同時攻擊過（笑）。被男方吸著乳頭的同時再摩擦陰蒂，感覺非常舒服。不過，我並不是每次都會高潮；如果先用五點攻擊再插入的話，我說不定每次都能高潮。插入的同時乳頭和陰蒂也被愛撫的話，那就確定會高潮了（笑）。

這種書在書店我會覺得害羞而不敢買。如果是男性買了，照上面的方法對待我，那麼性愛也會變得更愉快吧！我拿到這本書之後會認眞讀的，感覺我要睡不著了（笑）。

●我也想要更舒服一點

凜子（29歲・主婦）

我從來沒有被這樣對待過。讀了這本書以後，我才發現我跟我先生的做愛太公式化，內容也太不足了。感覺我心裡的火被點著了；五點攻擊這種事，如果有人能對我做的話，就算外遇也無所謂。

我先生嗎？如果我讓他看這麼不得了的書，他一定會說：「妳是不是有點怪怪的？」而且他就算看了，也不會照書上寫的對我做。他總是照他的意思來做愛，我只能處於被動而已，而且也一直認爲這是正常的。在插入的同時愛撫乳頭和私處感覺不錯呢！我也想要更舒服一點，想要放縱一下。

●身體裡女性的部分覺醒了

美月（42歲・兼職主婦）

眞是很不得了的訪問。最近沒什麼讓我心動的事，這個訪問讓我心跳好快，開始興奮，好久沒這樣了。我一早起來就先做老公和孩子們的便當，十點到下午四點在超市的鮮魚賣場打工，之後就買東西回去準備做晚餐，每天都是同樣的行程，我已經忘記上一次做愛是什麼時候了。

讀了這本書之後，我身體裡女性的部分覺醒了（微笑）。五點攻擊嗎？說來眞不好意思，我也想要試一次看看（微笑）。做愛時能夠同時被愛撫乳頭和陰蒂，眞是太棒了。光是這樣我就好像要高潮了。

我眞羨慕三井小姐，性愛作家感覺很有趣啊（微笑）！

●會請他對我這樣做（笑臉）

夏菜（19歲・專科生）

如果我的胸部能被這樣愛撫，然後再被五點攻擊，之後再插入的話，我一定會高潮的。我還沒嘗過高潮的感覺。現在的男朋友是我第一個男人，我跟他交往的時間也還不長，所以目前還是很沉迷於性愛，但是到目前爲止我都沒有經歷高潮過。我收到這本書之後，會拿給男朋友看，請他對我這樣做（笑臉）。

有了這本書，性愛應該會變得更有趣的。我男朋友也喜歡這種書，所以我想他應該能讓我更舒服。在插入的同時愛撫乳頭和陰蒂的話，我一定會高潮的（笑臉）。今天很高興能認識三井小姐，以後也請多多指教。

●我要怎麼辦才好？

美繪（19歲・打工族）

我現在沒有男朋友，看了這本書之後，如果沒有被這樣對待，我就受不了了，我要怎麼辦才好？妳說這種事嗎？我沒有體驗過。我高中只讀了一半就沒讀了，腦袋很笨，所以都是一些笨男人來接近我，他們馬上就想跟我上床，上床過膩了之後馬上拋棄我，所以我從來沒有被愛過。

我不是在爲難妳啦！只是，看過這本書之後，我也想要被寵愛一下而已。我好想要一個男朋友能對我做這些事啊！五點攻擊，一定很舒服吧……我希望對方能在插入的同時也愛撫乳頭和陰蒂。三井小姐，我要怎麼辦才好？

●那一定會非常舒服吧

真美子（35歲・銀行）

我的外表看起來比較難以親近，所以沒男朋友的時間也很長。我其實是想要受到像這本書一樣的愛撫，但都沒有人來約我。我也曾經跟素不相識的男性度過一晚，不過他突然就用嘴巴愛撫我的私處，我覺得太害羞了，完全沒有快感。

如果我的胸部能被這樣愛撫，或是五點愛撫，那一定會非常舒服吧！我很想要男性硬梆梆的那裡，我該怎麼辦才好？

三井小姐是性愛作家，應該會認識各種男性吧！可以介紹一位給我嗎？就算只有肉體關係也好。

●我還是找個男朋友吧

枝理（28歲．公司職員）

我的工作很忙，所以沒時間想性愛的事。不過，這次偶然受到採訪，讀了這本書之後，我才體會到我也有很強的性慾。就算我和男性能夠在工作上互相競爭，我果然還是個女人。

這本書光是看插圖，就可以知道有多麼舒服了（微笑）。妳問男朋友嗎？有是有，但是都是像草食動物一樣的男人，性慾也很弱。就算我好不容易有休假了，也不會約我到旅館去。約會時也說明天還要早起，所以八點就回去了（笑）。如果我讓他看這本書，要他照書上寫的對我做，我想他一定會逃走（笑）。我還是找個新男朋友吧！

●我那邊開始興奮了

香奈子（22歲．店員）

真是的，我好興奮，那邊也熱了起來。我很喜歡做愛，跟數不清的男性做過了，但是他們做的事都差不多。都是先接吻，然後吸吮、舔舐我的胸部，之後再對我口交，然後換我對他口交，或是雙方同時替對方口交，然後就是插入扭腰。雖然我也是有高潮過，但常常都是對方先高潮了。我很不滿意！

這本書的插圖很容易懂，看起來很舒服。五點攻擊啊，兩顆乳頭再加上陰蒂，然後手指插入陰道和肛門，光這樣我恐怕就要高潮了。如果在插入的同時愛撫乳頭和陰蒂的話……想到這裡，我那邊就開始興奮了（笑）。請給我這本書。

●一定會想自慰

果穗（20歲．超商店員）

我有被口交，同時又被愛撫乳頭的經驗，感覺非常舒服，溼到連我都覺得害羞了。一邊吸吮乳頭，一邊愛撫陰蒂也很舒服，不過我還沒有體驗過五點攻擊，感覺應該也很舒服吧！

會有這種書，就代表寫這本書的人有做過這些事吧！三井小姐妳也做過嗎？是嗎，性愛作家眞令人羨慕啊（笑）！對方在口交的時候，陰蒂被舌頭來回舔舐或突刺的感覺很舒服吧？女性讀過這本書之後，如果沒有男朋友，一定會想像著書中內容來自慰的（笑）。因為根本忍不下去啊！

●如果他能夠對我這麼做……

香澄（26歲・兼職主婦）

我已經結婚三年了。剛新婚的時候每天晚上都做，現在大概是每週一次吧！這本書看起來很舒服的樣子，如果給小功（我先生）看的話，他應該會很高興吧！雖然我們該做的都會做，但是我從來沒有想過愛撫能做到這種地步。有了這本書的話，我想就能夠跟新婚時一樣，有著令人興奮的性愛了。

做愛的次數愈多，如果他能夠對我這麼做，那我也什麼都會幫他做的。當然，我指的是色色的事情（笑）。一般來說是想不到「五點攻擊」，大概就像小功一樣，同時愛撫乳頭和陰蒂而已。小功他進入我身體之後，也會愛撫我的乳頭和陰蒂。我很期待能拿到這本書。

●都是我想要對方做的事

瑞葉（24歲・公司職員）

我不知道愛撫竟然能夠做到這種地步。我也沒有被這樣對待過，無法了解，不過身為一個女人，我覺得應該會很有快感。一般來說，男性也不知道愛撫能做到這種地步吧？我現在正在徵男友，如果有男朋友能對我做這種事的話……光是想到這個我就非常期待了。

妳問這本書的感想嗎？我讀過之後很興奮。因為裡面寫的都是我想要對方做的事，如果我被五點同時攻擊的話，應該會高潮到不行。眞是的，我說的話好色哦（笑）！

因為彼此都是女性，所以我說的妳應該能了解吧？我會很想要能夠確實高潮的性愛。

●因為他還很年輕，所以會累積很多

櫻（21歲・兼職主婦）

光是看著插圖我就興奮起來了（笑）。像那張用舌頭愛撫陰蒂的插圖，我也想要被那樣做。光是想像乳頭被這樣愛撫，我就感到愈來愈興奮了。竟然能夠同時愛撫乳頭、陰蒂、私處，還有屁股，我從來沒有被這樣對待過。比起這本書，我和我先生的做愛實在太單純了。

妳問床事嗎？每個禮拜六我都很期待，大概會做三次左右。我和我先生是高中同學，因為他還很年輕，所以會累積很多。大概做到第三次，我的私處就開始刺痛了。不過他人很好，工作也很認眞，所以我還是會讓他做。我也會要他像這本書一樣的方式對我做的。

●被這樣對待的話，我應該會上天堂吧

晴子（26歲・行政）

說老實話，應該沒有男性能夠做到這種愛撫。我在讀這本書之前，從來不知道竟然會有這麼多愛撫胸部的方法。如果能夠被這樣愛撫的話，應該會很幸福。

如果要找結婚對象，我想找工作優秀、性愛技巧又好的（笑）。我以前曾經跟三位男性交往過，就算交往的對象不同，但是做的事都幾乎一樣。我還沒有高潮過。比起這本為了女性而寫的書，他們的愛撫技巧完全不夠。

五點同時愛撫嗎？被這樣對待的話，我應該會上天堂吧（笑）。如果我交到男朋友之後，被他這樣做的話，我一定會跟他結婚。

●如果是能夠像書中那樣愛撫女性的男人

美景（23歲・某國立大學）

如果真的能被這樣對待的話，只要女性都會高潮的。妳問我嗎？我當然是想被這樣對待啊（笑）！如果有男性能這樣對待我，他邀我的時候我一定不會拒絕。就算有點不是我喜歡的類型也沒關係（笑）。

如果男性臉上的表情就像是「我想跟女人做」的樣子，那我想那個男的做愛時應該很自私。如果是能夠像書中那樣愛撫女性的男人，那他應該會對女性很溫柔。我第一次給了一個笨男人，那件事讓我留下了心裡創傷。說來丟臉，我的性經驗就只有跟他做過兩三次而已。這本書如果是讓沒有男朋友的女性讀，會感到很寂寞吧！

●看起來很有快感，讓人頭暈眼花的

芹那（27歲・圖書館職員）

我的感想是：好難過啊！看到這麼詳盡的愛撫方法，不就會想要讓別人幫我做這些事了嗎？可是沒有男人能夠這樣對待我，所以我才會難過。

如果能這樣愛撫女性的胸部，不管是哪個女性都會覺得感激的。用嘴巴做感覺很舒服，五點攻擊看起來更是有快感，讓人頭暈眼花的。如果一邊插入，一邊愛撫乳頭和敏感的地方，那就算是冷感症的女性也會高潮的。

我收到這本書，會好好保存的。等交到男朋友，會把接受採訪的事跟他說，再讓他充分愛撫我。不過，我似乎沒辦法忍到那時候了。

後記

●愛撫胸部的方法不足，這是顯而易見的事實（辰見拓郎）

各位讀者覺得本書《極致愛撫①——胸部特集》如何呢？本書的共同作者三井京子採訪了一百位女性，介紹了其中八十八個人的眞心話，可以看出愛撫胸部的方法不足，這是顯而易見的事實。各位男性讀者，如果把這本書拿給你的女朋友或是太太看，那她們應該會如同書中介紹的女性眞心話一樣，確實感到胸部沒有被充分愛撫；各位男性讀者在讀了這本書之後，應該也感到自己對胸部的愛撫有多麼不足了吧！如果能實踐這本書的內容，那麼你的女朋友或太太一定會對你刮目相看，也能使她達到最棒的高潮。

●最愛的胸部，要給予最多的愛撫

充分對你最愛的胸部按摩，使其放鬆；再充分愛撫胸部，使陰蒂和陰道變得更敏感。敏感的陰道跟養精蓄銳的陰莖結合，才能成爲使女性滿足的性愛。如果陰莖太過興奮，在陰道離高潮很遠時就直接插入，那麼常常就會比女性先高潮了。這樣下去，雙方在性事上無法配合，就有可能會失去你重要的人。

常常能引導女性到高潮的話，女性也會變得更溫柔。如果常常只有自己高潮，女性會感到愈來愈不滿或煩躁，變得容易生氣。這不是女性的錯，而是愛撫胸部的方法不夠；原因在於男朋友或是丈夫那邊。最愛的胸部，要給予最多的愛撫。

●女性有三顆陰蒂，陰道、肛門也都是性感帶（三井京子）

我想說的雖然跟辰見老師有重複，不過各位看了《極致愛撫①——胸部特集》，以及八十八位女性的眞心話之後，應該能深刻了解到自己對於愛撫胸部的方法有多麼不足了吧！其實，女性的性感帶本來就比男性多，如果能充分愛撫胸部的話，全身都能成爲性感帶。男性只有一個龜頭，女性跟男性不同，有三顆陰蒂，而陰道是能夠達到高潮的最強性感帶，肛門經過調教之後也能成爲強烈的性感帶。

女性喜歡在接吻的同時被揉搓胸部，等接吻愈來愈激情，胸部被用力揉搓時就會感到興奮。如果乳頭產生快感，那女性性器也會因此而淫潤。愛撫胸部的技巧好，就代表性愛技巧好，這點在本文中已經有提過很多次了，性愛高潮的關鍵是在於愛撫胸部的方法。請充分愛撫你女朋友或太太的胸部吧！

●座右銘是「陰莖要有精神，人生也要積極向上」

本書《極致愛撫①——胸部特集》是辰見老師和我的共同著作。各位讀者在讀這本書的時候，我正在跟老師合著另一本書，進行讓人愉悅的實地體驗。乳頭……不，我這次是淫著性器在寫原稿的。

辰見老師的座右銘是「陰莖要有精神，人生也要積極向上」。他確實看起來比實際年齡小了十歲左右，非常有精神（笑）。如果這本書也能讓你的陰莖有精神，突然產生性慾的話，京子也會高興的淫透了。那麼，就請各位期待下一次的作品吧！

國家圖書館出版品預行編目資料

極致愛撫①，胸部特集 / 辰見拓郎、三井京子著；
張紹仁譯. -- 二版 -- 臺中市：晨星，2020. 04
面；　公分. --（十色SEX ；50）
譯自：おっぱいの愛し方
ISBN 978-986-177-674-3（平裝）

1.性知識

429.1　　109004364

作　　者 / 辰見拓郎、三井京子
插　　畫 / 角愼作
譯　　者 / 葉廷昭
編　　輯 / 莊雅琦
封面設計 / 王大可
內文排版 / 林姿秀

請填寫線上回函

創 辦 人 / 陳銘民
發 行 所 / 晨星出版有限公司
407台中市西屯區工業30路1號1樓
TEL：04-23595820　FAX：04-23550581
行政院新聞局局版台業字第2500號
法律顧問 / 陳思成律師

總 經 銷 / 知己圖書股份有限公司
（台北公司）台北市106大安區辛亥路一段30號9樓
TEL：02-23672044 / 23672047 FAX：02-23635741
（台中公司）台中市407工業區30路1號
TEL：04-23595819 FAX：04-23595493
E-mail：service@morningstar.com.tw
網路書店 http://www.morningstar.com.tw
郵政劃撥 / 15060393（知己圖書股份有限公司）
讀者專線 / 02-23672044
印　　刷 / 上好印刷股份有限公司

初　　版 / 2014年03月01日
二　　版 / 2020年04月23日
二版二刷 / 2021年04月28日
定　　價 / 350元

ISBN 978-986-177-674-3
OPPAI NO AISHIKATA by Takuro Tatsumi and Kyoko Mitsui

Original Japanese edition published by DATAHOUSE
This Traditional Chinese language edition published by arrangement with
DATAHOUSE, Tokyo in care of Tuttle-Mori Agency, Inc., Tokyo
through Future View Technology Ltd., Taipei